Modern Death
现代死亡

医疗如何改变
生命的终点

Haider Warraich

[巴基斯坦]海德·瓦莱奇 著

陈靓羽 译

中国友谊出版公司

献给我的妻子——拉贝尔，
她给了我一生中最好的时光

目　录

第 1 章

细胞如何死亡

那曾是最漫长的几个月——既是最美好的日子，也是最糟糕的日子。布罗克顿是个小城镇，距波士顿仅一个半小时车程，但这两个城镇在许多方面似乎有着天壤之别。驶离波士顿时，你会看到斑驳的锈迹爬满了大桥、广告牌和消防栓。波士顿带着一种老去的风韵，像一位银丝斑驳的长者。在后湾区有大量建于殖民时期的联邦风格红砖公寓，恰到好处的衰败赋予了它们深厚的底蕴。文艺复兴风格与乔治风格的建筑相互交错，令波士顿足以成为拍照的好去处。但从另一个角度来看，波士顿是个正在衰败的城镇。球场上杂草丛生，球门柱弯曲变形，这里或许已经几十年没举办过比赛了。暴力犯罪和毒品充斥着整个城镇。

在布罗克顿，有一所社区医院为人们提供服务，从这里你可以窥探到这个小镇的许多特点。我的治疗组中有许多住院医生，他们轮流在ICU（重症监护室）值班，那是一段传奇的经历。与人们熟知的拥有足够医护人员的综合型教学医院不同，布罗克顿的ICU几乎全靠住院医生打理，且患者的病情往往更加严重。我曾在一家基层医院接受培训，他们设有外科 ICU、神经科 ICU、创伤手术科 ICU、心外科 ICU 等一系列医疗 ICU，但布罗克顿只有一个 ICU，住院医生和主治医生需要在那里治疗大量急症患者。

那是一个周日，"超级碗星期天"①比赛如期而至，那也是我在布罗克顿的最后一天。一周前，"英格兰爱国者队"输了比赛，这让我对冠军赛有些兴味索然，但"超级碗"毕竟是"超级碗"。我预计晚上 7 点下班，如果堵车，得花一小时才能回到波士顿，这意味着我会错过大半场比赛直播。可这个周日居然出奇的安静。医生们中午就查完了房，之后也没有收治新的病人。这简直是不可思议的清闲，于是我做了一件平时想都别想的事。我打听了一下当天值夜班的是谁，如果接下来没什么事的话，我想早点儿叫车回波士顿。事情就这么定了。钟敲了三下，传呼机没有震动，所有病人情况良好，没人从病房出来。我又和组员确认了一次，叫了 5 点的车来接我。我兴奋地给妻子打了个电话，告诉她今天会早些下班，让她邀请我们的朋友到家里做客。她一直想好好开个"超级碗派对"，这次终于可以实现了。

挂了电话没一会儿，我的传呼机就嗡嗡地响了起来，有一间病房发出了紧急呼救。我拿起听诊器，急忙朝发出呼救的房间走去。到了那儿之后，我发现整个病区都散发着排泄

① 超级碗（Super Bowl）是美国国家美式足球联盟（也称为"国家橄榄球联盟"）的年度冠军赛，胜者被称为"世界冠军"。比赛一般在每年 1 月最后一个星期天或 2 月第一个星期天举行，因此称为"超级碗星期天"。——译者注

物的恶臭。一名护士带我来到了挤满人的病房门口。从人群中挤过，我看见卫生间里三个护士正扶着一个似乎已经失去意识的病人。他瘫在马桶座上，几乎全裸，卫生间的地板上布满了黑色和血色的排泄物。这个卫生间很小，而病人足有 6.5 英尺 [①] 高，至少 300 磅 [②] 重。护士们努力想把抬他起来，但全然白费力气。有一些人试图把床送进卫生间，但也失败了。现场完全乱作一团，谁也不知道到底发生了什么。

病人几乎没有呼吸，但还有脉搏。我马上意识到两件事：首先，我们不可能把床抬进卫生间；其次，我们无法把病人搬到床上。我让一名助理护士拿来一把轮椅，正对着卫生间的门放好。我和其他护士把病人从马桶座挪到轮椅上。考虑到他的病情如此严重，我知道或许根本没有检查的时间。我将房间清空，好让轮椅能从卫生间出来，然后推着病人前往 ICU。一名护士用床单裹住病人裸露的身体。我们推着轮椅朝 ICU 走时，他的头无力地垂着，口水滴满了胸口，呼吸极其微弱，血液和粪便拖出长长的痕迹，身后的走廊一片狼藉。和我一起的住院医生掏出手机对着走廊拍了张照片。我们从未见过这种场面。

到了 ICU，得六个人合力才能把他从轮椅上移到病床上。有一位护士此前一直在病房照顾他，也曾经陪他进过 ICU。她向我们说明了病人的情况。这名病人有 40 多岁，前一天

---

① 1 英尺等于 30.48 厘米。——译者注
② 1 磅约等于 0.4536 公斤。——译者注

晚上发生直肠出血，但不严重，在此之前从未出现过类似症状。当天早些时候，病区医生甚至考虑准许他出院。护士也已经联系了他的妻子，她正在赶来医院的路上，还以为是来接丈夫回家。

这名男子正从昏睡中逐渐清醒过来，但这并不是件好事。病人受到了惊吓，完全神志不清，开始胡乱挥舞手臂拔下输液管，而且力大无比。双手双脚各需要一个人抓住，以防他从床上摔下来。我们都很清楚，过不了多久，发生窒息的风险就会变得极高，必须给病人插管，上呼吸机，否则无法保持气道通畅。

我站在床头，单手向下固定住病人头部。他盯着我的眼睛，口齿不清地说着什么。为了防止他咬伤自己的舌头，我们在他嘴里塞了毛巾。病人血压直线下降，失血量已达总血量的一半以上。此时病情已经十分危急。我飞速地扫了一眼，开始寻找为他插管的工具。一名护士站在病房另一侧，端着一个绿色的大盒子，它看起来很坚实，放在防空洞里也不为过，其中就有我需要的所有工具。在主治医生的帮助下，我选了一把大小合适的喉镜（其实就是一副大号金属压舌板）。我取出喉镜，将其打开成常规的 L 形。这期间，我一直在考虑着下一步如何操作。我做过插管，但从未在如此嘈杂混乱的环境下进行过。而我身边的主治医生，一位医术精湛的麻醉师，毫不犹豫地把手术刀递了过来。大部分主治医生此时会很紧张，宁愿自己接手插管工作，避免新手医生把事情搞砸，但他没有这样做。

顺着病人的喉咙插进一根导管，这绝非易事。我们最怕的，是导管没有顺着气管进入肺部，而是顺着食道进入病人的胃部（这种情况确实常常发生）。舌头会堵住通道——舌根的深度其实远超大多数人的想象。还有一个小问题，就是会厌组织，它是一个看起来像活板门一样的片状物，可以在我们吞咽时盖住气管，防止食物或水进入气管之内。一旦穿过会厌，紧接而来的任务就是穿过声带，而声带简直像一块悬挂在气道正上方的飘浮窗帘。

我站在床头，看着病人倒置的脸，示意拿着注射器的护士给病人注射异丙酚，开始麻醉。尽管现场一片混乱，但护士仍然有条不紊，她先用生理盐水冲洗静脉注射管，注入麻醉剂，然后再次冲洗。异丙酚注射后，我们继续按着病人，等他的肌张力松弛下来。两分钟过去后，我们意识到需要用些更强效的药物，于是又注射了肌肉松弛剂。在我手臂中拼命乱晃头部的病人，终于放松下来了。病人刚才还在瞪着我，眼神中充满了一种难以言说的恨意，现在却只是呆望着天花板。大家松开手，病人无力地瘫软下来。他的呼吸停止了，呼吸治疗师立即用气囊面罩复苏器为病人加压给氧。一旦病人的氧饱和度达到100%，一场与死亡赛跑的比赛就开始了。在氧饱和度快速下降之前，我只有短短几秒钟时间进行插管。

我沿着舌背把喉镜送入病人口腔，用喉镜压下舌头，抬起病人的下巴，希望能瞥见我的"球门"——声带。但他的舌头过于僵硬肥大，尽管手腕已经弯曲到了极限，我还是看不到声带的位置。我用另一只手紧张地握着导管，不想盲目地插管。我身旁的主治医生也开始有些急躁，告诉我手腕转的弧度还不够大。我回头看了看病人的氧饱和度，已经降至 80%。我把喉镜向病人的喉咙更深处送去，几乎把他的头抬离床面。终于，声带厚厚的边缘被我找到了，它就像是苍白皲裂的嘴唇，被细小的毛细血管黏膜包裹着。我拿起 J 形呼吸导管，顺着喉咙向下穿过声带，将其插进了漆黑的气管中。随后，我拉出了为导管塑形的金属导丝，呼吸治疗师连上气囊面罩复苏器，为导管套囊充气，以防止空气渗入气道。接下来，我们所有人等一个信号，来证明导管被插进了肺而不是胃里。呼吸治疗师挤了挤气囊，谢天谢地，鼓起来的是肺，不是腹部。一位护士将听诊器放在病人腹部听了听，确认没有呼吸音从面罩传出。这名病人还远远没有脱离生命危险。抬头时，我自己的护目镜上已经满是水汽，手术帽也被汗水浸透了。但我稍微松了一口气，至少病人的呼吸畅通了。我摘下手套，看见助手正站在屋外准备接手，身边放着许多包血浆、血小板和凝血因子。

还没等我走出房间，我的传呼机就响了起来，正想查看时，头顶响起了广播的声音："蓝色警报，速到医院大厅。"

我犹豫地看向另一位住院医生，他让我快去，ICU 的一切由他照看。

奔跑是医院里常常能看到的景象；但我在各种情况下都尽量避免这样做，因为奔跑不仅会引起病人恐慌，还会让自己失去镇定。我给自己定了一条规矩：不能在走廊里奔跑，但楼梯间可以，那里没有病人或病人家属。这就是为什么我要找到最近的楼梯间——在那儿我可以全速奔跑。

我从大厅一端的楼梯间里出来，朝门口走去，那里也聚集着一群人。其中大多数是来医院探视的病人家属，他们是被骚乱吸引过去的。走近后，我听见一个女人在号啕大哭。人群形成了一堵看不见里面情况的墙，离门口越近，我越害怕即将看到的场景。我还没看清发生了什么，就听到一个孩子抽泣的声音："我妈妈会死吗？"

在医院大厅门口，躺着一个似乎已经不省人事的年轻女子，一名医护人员半跪在她身边。看到我过来后，医护人员立即告诉我，病人仍有脉搏，但刚刚发作了一次癫痫。她侧卧蜷曲着，很明显是个孕妇。我想这一定是惊厥引起的癫痫。我把她平放在地面上，保持呼吸顺畅，但现场的混乱仍在继续。这名女子的母亲完全情绪失控，一边撕扯自己的头发，一边大声尖叫，显然吓到了身边的人。更多医生和医护人员赶到了现场，而人群也越聚越多，比起状态出奇稳定的年轻女子，人们的注意力都被吸引到了她的母亲身上。这名母亲甚至令前来救助年轻女子的急诊室医生无法保持专注，其中一名医护人员严厉地告诉她："这位女士，请您保持镇定！"我怕是做不到这么严厉。

　　我把年轻女子送到急诊室，确保有医生为她治疗，算是完成了我作为急诊候补的任务。一切安排妥当后，已经到了我预计回家的时间。我看了一眼手机，满屏都是未读短信和未接来电。在回 ICU 的路上，我给还在外面等待的司机打了个电话，告诉他我很抱歉，有个病人情况危急，麻烦他等我确认病人情况稳定后再出发。

　　一回到 ICU，我便径直走向那名 15 分钟前刚做了插管的病人。护士立即递给我放置中心静脉导管的工具包——病人的静脉已经不足以为他提供足够的血液了。其他的住院医生都在忙着救治各自负责的患者，于是我拿起工具包，重新回到了"战场"。我们先在病人腹股沟处的股静脉建立起一条较大的静脉通道，然后在胸腔建立一条静脉通道，最后在腕关节处建立一条动脉通道。这就像是我必须在一天内把住院培训期间学到的所有程序在一个病人身上全部实践一遍。完成所有工作时，我很清楚，这个男人很可能不会醒来了。借助呼吸机，他还在呼吸，他的心脏仍在跳动，但我们不确定他是活着还是已经脑死亡了，再或者，处于这两种状态之间。

　　开始进行住院培训时，我总是不愿意交接班——把自己精心照料下勉强撑过一夜的病人交给别人照看，这实在太难了。无论做了多少口头交流，发了多少电子邮件，我还是会或多或少地觉得这样做对病人有几分置之不理的意思。一旦接手了一个病人，你就会觉得没人能比你治疗得更好，因为没人比你更清楚这个病人的情况。

　　但这一次，在住院培训的第三年，我已经足够老练，知道什么时候应该离开。我在病房待多久都可以，但这并不能改变任何结果。看着眼前的这个病人，我有些感慨：从昨天起，他彻底告别了过去的正常生活，身上连着十多条导管，能不能熬过今晚都是个问题。相比而言，我自己的烦恼是多么可笑。我快要错过大半场"超级碗"比赛了，但离开时，看着等待室里病人的妻子，我清楚地意识到，这个世界上还有许多人在今晚会很难熬。

　　我向大厅走去，这里比刚才安静多了。我叫的车已经等在外面，那是一辆黑色的林肯轿车。

　　"他挺过来了吗？"我刚上车打开从自助食堂拿的沙拉，司机便问道。

　　我看向后视镜，司机正看着我。我有些奇怪，但并不反感："谁挺过来了？"

　　"打电话时，你说的那名生命垂危的病人。"

　　我这才突然想起来，自己之前给司机打过电话说会迟一点出来。

　　"我也不太确定。"我回答道。

　　他移开了视线，转而专心看路。

　　"死亡，"他说，"还真是个古老的概念。"

　　医生经历的死亡多于消防员、警察、士兵，或是其他从业者，而我们总是从一种非常具体的角度看待死亡。死亡是一条核对清单中的条目，一道表格上的红杠，或者一项临床试验里的结果。死亡是世俗的，是洁净的，是个体的，而且不同于医学中的其他事情，死亡是完全二元性的，非此即彼。所以，把死亡看作一个概念或过程，而不是一个事实或终点，是很有趣的。

这样想来，我觉得司机的话很有道理。也许，死亡展现出来的最原始的一面，就在于我们如何面对它，如何在漫漫一生中幻想远离它，如何把它当作某种超自然的时空分裂那样害怕它。每当谈到死亡时，似乎美食会变得索然无味，天气会看起来阴霾灰暗，心情也会跟着变得沉重低落。每当想到死亡时，我们是如此沮丧，以至于无法在头脑中保留一个有意义的想法。对许多家庭而言，只有当他们深爱的人躺在ICU里，身上连着比钢铁侠还多的设备时，他们才会谈及死亡。

当我第一次想到要写一本关于死亡的书时，我告诉了我的妻子，一个普通人。但她似乎无法理解。单单是听到"死"这个字，她就会觉得很不舒服。我没预料到她的反应，但从那之后，我开始越来越习惯于别人的这种类似反应。

在社会中，许多事情在特定场合被认为是禁忌的话题。首先，人们想到的大概就是"性"了。在某些社会文化中，"猴子"也是禁忌的话题。然而，即使是性和猴子，在不同文化、不同时代的背景下，禁忌程度也并不是永恒不变的。可是，谈论死亡永远是人类社会中最难以触碰的禁忌之果。

是什么使谈论死亡如此困难？原因有两部分：一部分是社会教条；另一部分是传统观念。死亡真正的本质，以及萦绕在死亡周围的神秘，带来了不确定性。正是这种不确定性滋生出了恐惧，但与大众的普遍认知正好相反的是，人们从未像现在这样恐惧死亡。死亡越医学化、临终前虚弱的时间越长、将死之人越孤独，死亡就会越让人惧怕。过去百年的发展，给了大多数人更久的寿命作为礼物，但对长寿越来越高的期待把人们引向了一条意料之外的道路，这条路颠簸得令人有些无法接受。那些命不久矣的人们觉得自己被所谓的长寿承诺欺骗了。而唯一能真正做出改变的方法，就是在我们谈论死亡和垂死时，把缠在我们双腿上的恐惧藤蔓扯开。

现在，谈论死亡已变得格外没有意义、脱离现实。死亡往往被当作政治武器，用以挑起选民的恐慌，而不是被当作所有生物体最终的宿命。人们利用对死亡的恐惧，挑起战争，建立宗教，让社会的某些阶级坐拥超乎想象的财富，但在 21 世纪之前，我们实际上对死亡几乎一无所知。然而，知之甚少并不妨碍死亡成为争议性话题，直至今天，我们对死亡的认识仍然是有限的。

然而，那位司机又是大错特错的。死亡和生命本身一样古老。或许你会争辩，死亡先于生命出现，那么在生命之前呢？20 世纪见证了人类历史中关于死亡的最多的演化和改变。生物医学的发展不仅改变了与死亡有关的生态学、流行病学和经济学，而且以极为抽象的视角改变了社会对死亡的观念。生命与死亡之间的界线并没有变得清晰，而是越来越模糊了。如今，如果不借助一系列检查，我们甚至无法确定一个人到底是活着还是死了。但死亡也许又是个古老的概念，多数人对于现代意义上的死亡几乎一无所知。我想对司机说的事情太多了，但那天，我选择待在后座安静地倾听，什么都不说。

◆ ◆ ◆

在过去几千年的平静后，死亡在短短一个世纪中被彻底改变了。现代意义上的死亡与几十年前甚至毫无相似之处。死亡最基本的因素——原因、地点、时间、方式——与20世纪末相比，简直天差地别。

如果想了解人类为何死亡，就必须了解我们在最微观的层面上是如何生存的。人体由数十亿计的各类细胞构成，其中每个细胞都拥有生命，但并不是有意识的生命。我们体内也携带了数量庞大的细菌，它们多数寄居在小肠之中。事实上，人体内携带的细菌数量平均是人体细胞数量的10倍以上。[1] 根据我们目前所知，人类与细菌至少有40个相同的基因，如此说来，细菌就成了我们奇异的"远房亲戚"。[2] 我们每个人都像一艘母舰，携带着众多"居民"，既有人体细胞，也有细菌，它们共同构成了一个相互依存、功能完整且有知觉的群体，这种身份不仅表现在共存上，更表现在生理功能上。

　　虽然死亡看起来似乎比生存简单许多，但我们对于细胞如何死亡的认识，比了解细胞形成迟了至少一个世纪之久。1882 年，德国医生、科学家沃尔特·弗莱明（Walther Flemming）首次描述了有丝分裂，即一个细胞分裂为两个相同子细胞的过程。1887 年，两位德国人，西奥多·鲍维里（Theodor Boveri）和奥古斯特·魏斯曼（August Weismann）发现了减数分裂，即一个细胞因繁殖需要分裂成两个不同细胞的过程。[3] 因此，早在 19 世纪末，人们就对新细胞的形成过程有了充分的认识。

　　但直到最近，细胞死亡不仅没有被深入研究过，甚至其过程都极少被观察到。病理学家、微生物学家等各界研究人员都曾低头紧盯显微镜，但鲜少有人看见正处于死亡过程中的细胞，尽管他们能在镜下切片里观察到细胞形成的过程。一个合理的假设是，细胞的不断死亡是为了腾出空间容纳不断形成的新细胞。近期，细胞生物学领域中取得的最新进展，不仅提高了我们对细胞死亡的认识，更对细胞生命研究有所启发，这是近代该领域下其他任何发现都做不到的。

　　这个现代生物学中最令人困扰的问题，竟然从一个最不可思议的源头中得到了解答。秀丽隐杆线虫（Caenorhabditis elegans）属线虫类，是最小的蛔虫，身形透明，身长仅约 1 毫米。[4] 这种虫子绝不多管闲事，多数时间安静地待在土壤中，主要以丰富的细菌为食，从不感染人类。尽管没有心脏和肺部，但它们拥有许多与大型动物相似的器官，如神经系统，以及完整的生殖系统，包括子宫、卵巢，甚至类似于阴茎的生殖器。有趣的是，1000 只线虫中有 999 只为雌雄同体，仅 1‰ 为"真正的雄性"。雌雄同体的线虫并不是一定需要雄性授精，只是相比于自身或其他雌雄同体的线虫，它更倾向于接受雄性的精子。除非遭遇重大灾难，秀丽隐杆线虫普遍可存活 2～3 周。这种线虫是一种十分顽强的存在。事实上，在 2003 年 2 月的哥伦比亚航天飞机灾难中，秀丽隐杆线虫就幸存了下来。[5] 这种线虫的生命在终结时会出现十分戏剧性的一幕，它们在死亡前会散发出蓝色的微光。

正是这种特殊而又相对简单的生长过程，令它们对科学研究而言重要非凡。秀丽隐杆线虫成虫的体细胞数目恒定、特定细胞位置固定，充分展示了一种被称为"细胞数量恒定"的现象。幼虫一旦出生，便会通过细胞分裂的方式生长。当细胞总数达到 1090 这个特定的数量时，它们就会停止分裂，仅通过增大现有细胞的体积来完成后期生长。但是，在雌雄同体的线虫中，有少数的特定细胞会自动终止生长。在 1 毫米长的线虫体内，有 26 个从基因层面就已预判为死亡的细胞，正是它们的死亡阐明了细胞如何自我决定死亡，或者被迫自杀。

英国剑桥首先发起了对这种线虫生命周期和细胞编程的有关研究，美国马萨诸塞州的剑桥市 ① 紧随其后，也进行

---

① 　哈佛大学和麻省理工学院的所在地。——译者注

了相关研究。来自南非的生物学家悉尼·布伦纳（Sydney Brenner）在英国剑桥建立了自己的发育生物学实验室，在那里，他与约翰·苏尔斯顿（John Sulston）一起分析了秀丽隐杆线虫的所有基因组成。[6] 几乎是同一时期，1972 年，科学家约翰·科尔（John Kerr）、安德鲁·怀利（Andrew Wyllie）和阿拉斯泰尔·柯里（Alastair Currie）提出了"细胞凋亡"（apoptosis）的概念，来描述当时人们用"迄今为止一无所知"来形容的细胞死亡现象。[7] "apoptosis"一词源于希腊语，用于描述树叶或花瓣落下的状态。罗伯特·霍维茨（Robert Horvitz）也加入了布伦纳和苏尔斯顿的研究，他在美国麻省理工学院建立了实验室，在大洋的另一边进行着研究。2002 年，布伦纳、苏尔斯顿和霍维茨被共同授予诺贝尔生理学或医学奖，他们的发现彻底改变了我们对生命的理解，同样改变了对死亡的理解。

现在我们知道，细胞死亡主要有三种机制：细胞凋亡、细胞坏死（necrosis）和细胞自噬（autophagy）。[8] 这三种机制都有着重要的抽象意义。

细胞坏死是最令人不快，也是最不优雅的死亡方式。"necrosis"这个词起源于希腊语中的"nekros"，意思是"尸体"。当细胞突然被剥夺营养物质和能量，就会发生细胞坏死。一旦血流中断，比如发生脑中风或心脏病后，受影响的细胞就会出现坏死。坏死首先从细胞膜开始，细胞膜的渗透性增加，从而外部液体得以进入细胞，使细胞及其内容物以一种怪异的方式逐渐肿胀，直到细胞破裂，内容物溢出胞外。这种肆意破坏也有其自身目的，第一批坏死的细胞充当了哨兵的角色，向身体其他部位警告破坏性事件（包括创伤、高温、严寒，或有毒物质侵入）的发生。[9]人体无时无刻不在接受免疫系统的巡查，防止外来者入侵。细胞内容物是自我隐藏的，这是因为它们总是"隐居"在胞内，保持着与外界隔绝的状态，一旦进入血清就会被视为异物。由于身体并不习惯在细胞外看到这些分子，所以当它们释放到胞外时，将触发警报，身体就会迅速派出免疫细胞前来增援。

免疫系统被激活后，将启动分解、抢救和修复程序。坏死的细胞无法补救，但免疫系统会避免坏死蔓延至健康的细胞。最初，细胞坏死被认为是一种偶然发生的、不受控制的死亡形式，而最新研究进展表明，这其实是一种经过精心编排的过程，可通过分子途径选择性地触发或停止。[10]

细胞自噬是细胞"消耗"（-phagy）其全部或部分"自身"（auto-）的过程。作为死亡的信使，自噬对生命与死亡来说同等重要。营养物缺乏时，细胞会以自噬的方式将自身残次或多余的部分转化为有益的营养物质。这与坏死不同，坏死是在供血完全停止、营养物耗尽后才会发生的，如心脏病发作的情况下；而自噬是在供血相对稀缺时发生的，如心力衰竭。有时养料有限，但只要还有（与坏死情况不同），细胞就会设法关闭非必需的组件，或者制造小型自噬体除去受损物质。自噬体是一些含有有毒物质的小气泡，它们可以吞噬细胞不需要的任何结构或物质，将其转化为有益的营养物质。但是，大范围的细胞自噬会导致自噬性细胞死亡。

自噬是细胞避开死亡的重要方式，因为自噬可以消耗损伤的细胞结构，如线粒体。线粒体是细胞中将氧气转化为纯能量的发动机，它的破裂会导致细胞死亡。所以，如果细胞无法自噬，反而会加速自身的死亡，而非延缓。

最后我们来谈谈细胞凋亡，这或许是细胞所有死亡形式中最重要，也是最有趣的一种。细胞坏死的第一步，就是破坏细胞膜的完整性，但在细胞凋亡中，细胞膜直到细胞死亡前的最后一刻都会保持完整。尽管细胞凋亡十分复杂，但它发生的速度比有丝分裂快 20 倍左右，这也许就是人们很少在显微镜下观察到这种现象的原因。细胞凋亡的整个过程耗时需要数小时。

即将凋亡的细胞会变得更加饱满，并远离其他细胞。如果一个细胞被"死神"标记，它将被迫终止自己的生命。这个细胞王国的"死神"就是肿瘤坏死因子 α，即 TNFα，它可以到达细胞膜并与细胞膜上的受体相结合。就像是分子版的"死亡之吻"一样，这将激活所谓的"死亡受体途径"。之后，细胞便会忠诚地遵循自己的命运，活化半胱氨酸蛋白酶（caspase，一种生活在细胞内的蛋白酶，具有管理和修复细胞等作用）。然而一旦被死亡信号激活，它们便会启动一系列级联反应，不动声色地导致细胞从内部死亡。细胞凋亡的另一种方式是线粒体发现细胞损伤后，从细胞内部释放蛋白质，发出细胞凋亡启动的信号。其中一种蛋白质被恰如其分地命名为"diablo"（意为"恶魔"），它会活化"杀手"半胱氨酸蛋白酶，敲响死亡的丧钟。

细胞凋亡的主要特征是细胞器开始收缩。由于细胞膜仍然是完整的，细胞内容物没有外泄，所以不会惊动免疫系统。开始时，会有一些小泡在细胞膜上膨出，随后细胞分裂成更小的块状物。细胞凋亡常常被比喻为"有条不紊地拆毁一座摩天大楼"，其中最重要的是确保大楼周围的建筑不会受损。[11]借助一种复杂的机制，细胞一旦被判处死刑，吞噬小体就会接到提示信号。吞噬小体是用来消化细胞成分的小细胞，它们与自噬体不同，目标是其他细胞，而非自身细胞。而发出的信号会表明哪些细胞与身体的其他细胞不同，应该被消化掉。

我们人类将生死看作一个二元方程式，相较于此，生命和死亡在最基础的细胞层面上更加复杂、富于变化，而又保持着平衡。只要机体一息尚存，就会有一些细胞被赋予新生，而另一些细胞会收到死亡的信号。因此，虽然我们是活着的，但一部分的我们在持续死亡。实际上，如果没有细胞凋亡，一个人一生平均会蓄积2吨重的骨髓，长出15千米长的小肠。即使就单个细胞而言，促进和阻止细胞凋亡的因素也是永远同时存在的，且处于一种动态平衡中。因此，我们身体中的每个细胞都在两股力量的作用下摇摆不定，一股将它们推向死亡，另一股令它们远离死亡。从更宏观的层面上来看，我们人类就是由这些不断诞生和死亡的细胞所组成的。如果细胞凋亡的力量强于有丝分裂的力量，人类就会离死亡更进一步。

细胞死亡的不同方式揭示了细胞培养与生命的奥秘。细胞无法流露情感，也不会像人类一样为道德伦理困惑。但是，生态学和细胞的死亡机制表示，生命与死亡其实紧紧联系在一起。事实上，如果一个细胞"忘记"了如何死亡，它就可能会造成整个机体的崩溃——正是这些细胞导致了癌症。

半数以上癌症的发生是由于细胞凋亡过程存在问题。凡是正常的细胞，都会配有一个名为 P53 肿瘤蛋白（TP53）的哨兵。一旦探测到正常细胞受损，TP53 就会启动细胞凋亡程序，释放对自己唯命是从的 Puma、Noxa、Bax 及其他蛋白质。对于辐射、毒素或其他因素造成的损伤，TP53 将允许 Puma、Noxa 和 Bax 蛋白对受损细胞进行死亡编码和精确清除，以保证其他细胞的和谐生存。但在诸如慢性髓性白血病等癌症中，由于 TP53 发生突变，某些抑制凋亡的蛋白质——如 B 淋巴细胞瘤-2（BCL2）蛋白——过度活跃，使得身体无法进行自我清理操作，最终导致了不死癌细胞的产生。伊马替尼（imatinib），一种针对慢性髓性白血病的化疗药物，实际上就是通过抑制 BCL2 家族的蛋白质来起作用的。其他抗癌药物也会通过另一些机制来促进癌细胞的适当凋亡：一部分药物是通过激活死亡受体来实现这一目的；另一部分则是通过抑制存活蛋白（一种可抑制半胱氨酸蛋白酶活性的细胞蛋白）来实现。其实，死亡对于细胞来说是如此重要，以至于那些试图避免细胞死亡的努力在保持细胞存活的同时，也会削弱它们的能力，这些幸存下来的细胞常被称为"僵尸细胞"。[12]

　　然而，可以想象的是，细胞过度凋亡也并非是好事。在某些疾病，如亨廷顿舞蹈症、帕金森、阿尔茨海默病，或者肌萎缩侧索硬化症中，正是有毒的错误折叠蛋白质积聚在神经细胞中，过早地激活了细胞死亡。但是，一些化疗药物可以通过促进细胞自噬，来提高细胞清除这些不良蛋白的能力。细胞过度凋亡常发生在中风、心脏病、艾滋病，及其他自身免疫性疾病中，因此，研究人员正在研发一些实验性治疗方案，来智能地抑制这些疾病中的细胞凋亡。

　　细胞凋亡的研究成果进一步揭示了细胞的社会生活。死亡并不是独立事件，它极少毫无预兆地发生。在《自然》（Nature）杂志的一篇文章中，格里·梅利翁（Gerry Melino）这样写道："在复杂的多细胞网络中，对生命与死亡的社会调控十分重要。"他接着问道："社会调控是否必然意味着在相互冲突的信号之间进行调控？"[13] 细胞的社会中不存在个人主义，任何功能都只是为了保护多细胞生物——细胞的家。随着细胞老化，它们不再孜孜不倦地运转，默许自己彻底死亡。我们在延长细胞寿命方面所做的努力，往往会导致细胞以衰老的状态存活下来——罗伯特·霍维茨在他的诺贝尔奖演讲中称其为"不死族"。[14] 我曾问霍维茨博士，最近我们对生物体真正的死亡取得的新认识，会带来何种存在主义或超自然的启发？他回答道："我研究了许多年细胞死亡，但令人惊讶的是，之前只有一次有人来找我讨论将细胞死亡与人类存在关联起来的存在主义问题，包括生命和死亡的问题。"霍维茨博士认为，程序性死亡不只是意外事件，更是一堂教会我们如何作为一个物种最好地生存下去的课程。"生物学本身就是复杂的，而进化选择了更为复杂的方案。打个比方，如果我们想要作为一个物种生存下去，就必须确保不会做出威胁自己生存的无可挽回的事情。"

引起死亡的方式大多相同，这不仅对个体生命十分重要，对整个生态系统也具有非凡的意义。秋天，叶落归根才会有新叶生发，而有新叶生发的树木才能永葆生机。对一个细胞而言，比无法生存更糟糕的只有一件事，那就是拒绝死亡。

❖ ❖ ❖

在明白细胞的死亡不会只是出于巧合之后，科学家下一步要探索的就是，细胞是如何偏离了正常的生命道路，又是如何注定了死亡。这只是个极小概率的事件，还是背后隐藏着更强大的力量？所有细胞都是宿命的囚徒吗？又或者环境和行为才是影响结果的因素？细胞会不会与多细胞生物体（比如人类）一样，表现出衰老过程？有没有办法可以避免细胞与死亡的致命交手？

现在，永生仅仅停留在理论层面上，这不禁引发了人们的思考："是什么令我们无法实现永生？"显而易见，第一个答案就是疾病。当人们还在无休止地争论自身存在的目的时，多数生物只有一个目的，那就是活着。生命的基本功能就像是精心编排的舞蹈，稍有偏差就会导致疾病。尽管我们与疾病的斗争从未停止，但疾病治疗仍是我们延长寿命的过程中最触手可及的实现途径。虽然疾病各有不同，并且很容易与健康状态区分开来，但某种与生命本身一样古老的东西就藏在幕后，不断把我们拉回死亡的结局，那就是：衰老。

本杰明·贡培兹（Benjamin Gompertz），一位英国数学家，在 1825 年提出了对人类死亡率产生显著影响的两个因素[15]：一是外部事件，如受伤或疾病；二是内部退化，他称其为"病痛的种子"。衰老是人类永恒的敌人，具体表现为头发逐渐花白，声音渐渐低沉，反应日渐缓慢。尽管我们找到了更好的办法来预防、治疗、控制疾病，但衰老还是会侵蚀我们，就像海浪拍打断崖那样无休无止，就像河流塑造峡谷那样势不可挡。

我们目前对于细胞生命的认知起源于一个相对特殊的背景。1894 年，一名法国外科实习医生亚历克西·卡雷尔（Alexis Carrel）在里昂目击了当时的法国总统萨迪·卡诺（Sadi Carnot）被一名无政府主义者刺伤，生命垂危。[16]看到当地外科医生无法缝合总统断裂的血管后，卡雷尔萌生了缝合血管的想法，于是请了里昂最手巧的绣娘勒鲁迪耶夫人教授自己刺绣技巧。[17] 之后，卡雷尔将这种用于缝纫华美服装的工艺转化应用在了人体血管组织上，彻底改变了缝合人类血管和组织的技术。这种新技术在临床上取得了不俗的成果，但由于同行的嫉妒，卡雷尔数次错过晋升机会，也未能在职业生涯中获奖。各种挫折接踵而至，最终，他决定改行，移居加拿大，"彻底放弃医学，开始养奶牛"。[18]

但刚到加拿大几个月，他的天赋就得到了赏识，收到了美国芝加哥大学的任职邀请。接下来的十多年中，卡雷尔成了当时对尖端手术贡献最多的外科医生。《美国医学会杂志》（*Journal of the American Medical Association*）曾对卡雷尔致敬，刊登了他的部分成就："他重新将血管内膜连接了起来；他缝合了动脉与动脉、静脉与静脉，甚至动脉与静脉，他的缝合从这一点到那一点，从这一端到那一端，点面相连。他使用过多种材料，补片移植物、自体移植物、同种移植物、橡胶管、玻璃管、金属管、可吸收镁管……他移植过甲状腺、脾脏、卵巢、四肢、肾脏，甚至心脏，这些实践有力地证明了人体器官可以移植，且易于移植。"[19] 1912 年，卡雷尔荣获诺贝尔生理学或医学奖，这是美国医学界第一次获得该奖，这让他的故乡法国的批评者懊恼至极。

对卡雷尔而言，他用自己的双手克服了各种艰难困苦，似乎没有什么是他做不到的。他成功修复了我们曾认为不可修复的血管，成功移植了我们曾认为无法移植的器官。事情的自然发展促使卡雷尔开始研究，如何无限期地维持人体器官的寿命，这是在解除死亡诅咒的道路上必须迈出的第一步。直到近期，科学家才找到了体外细胞培养方法。当时盛行的理论认为，细胞分裂的次数是有限的，该理论由前文提到的细胞分裂的发现者奥古斯特·魏斯曼提出。而卡雷尔坚信，这种理论可能会被证明是错误的。[20]

1912 年，《实验医学学报》(*Journal of Experimental Medicine*)曾发表过卡雷尔的一篇文章，名为《浅谈体外组织永生》("On the Permanent Life of Tissues Outside of the Organism")。在这篇文章中，他描述了一个将会构成"完整解决方案"的实验。[21] 在这个卡雷尔最有名的实验中，他从鸡胚胎里摘取鸡心，在显微镜下将其切成碎片，然后用特定的培养液进行恒温培养，并在显微镜下观察。他向人们证明了，这些体外心脏组织摆脱了普通鸡心死亡的宿命，跳动了许多年，因此可以被认为是"永生的"。

在卡雷尔眼中，衰老与死亡是"代谢产物累积和营养物耗尽"造成的，是可以预防的。实际上，卡雷尔是在将衰老和死亡的原因归咎于外部刺激因素，而非某种事先设计好的内部机制。他声称，只要有合适的环境，细胞组织就可以免受周围有害体液的影响，而且，如果生存环境中富含无穷尽的营养物质，细胞就可以永生。在当时的世界首富约翰·D. 洛克菲勒 (John D. Rockefeller) 的赞助下，卡雷尔与另一位热衷于改变人类历程的发明家查尔斯·林德伯格 (Charles Lindbergh) 合作，让一颗鸡心跳动了整整 34 年，甚至在卡雷尔本人去世后，这颗鸡心还在实验室人员的照料下维持着跳动。[22]

卡雷尔的实验似乎使人类史无前例地离永生更近了一步。但不是每个人都能适应如此极端的变化。对卡雷尔来说，有很多人甚至从一开始就不适合活着。在他的畅销书《人之奥秘》（*Man, the Unknown*）中，他写道，所有罪犯和那些"在重大问题上误导公众的人，都应该被放进小型安乐死装置中，用毒气处理掉，既人道又经济"。[23] 尤其是女人，既"没价值"，也"不称职"。"母亲把孩子们扔在幼儿园，好去工作，实现她们的社会抱负，或是享受约会乐趣，沉迷于文学艺术幻想，又或者仅仅是为了去打牌。"

然而，第二次世界大战破坏了他未来的计划。卡雷尔回到法国，成立了一家有百余个床位的战地医院。不幸的是，法国在战争中投降了。纳粹德国占领期间，他与维希政府 ①合作经营该医院，因此被认为是通敌者。尽管卡雷尔享有战争配给，并且经营着一家医院，他的健康状况还是每况愈下。在法国解放之前，他两度心脏病发作。维希政府一被推翻，法国新政府就软禁了他和他的妻子。美国政府认为法国当局反应过度，试图介入以保护卡雷尔。但就在生活即将回到正轨时，卡雷尔于 1944 年 11 月去世了，享年 71 岁。虽然在祖国故土离世，但卡雷尔备受非议，被剥夺了所有的

①　"二战"期间，纳粹德国扶植建立的法国傀儡政府。——译者注

头衔。

优生学^① 随着卡雷尔的去世和纳粹德国的战败而失去了原有的活力，但卡雷尔已经颠覆了人们当时对于细胞生命的普遍认识。尽管如此，卡雷尔留下的最伟大的遗产仍然是源于勒鲁迪耶夫人刺绣技法的精湛缝合术，因为他在细胞生物学方面的突破并未经受住时间的检验。

✦ ✦ ✦

著名生物学家列奥纳多·海弗利克（Leonard Hayflick）生于 1928 年，此时那颗鸡心在亚历克西·卡雷尔的实验室里已经跳动了 16 年，卡雷尔的理念也已广为传播。虽然其他研究者无法成功复制卡雷尔的实验，但他们认为这是因为自己使用的组织培养液有问题。[24]

海弗利克心中也存在相同的疑问，因为他也无法培养出无限生长的人类胚胎细胞。在宾夕法尼亚大学获得博士学位后，海弗利克开始了一项实验，将人类胚胎细胞暴露在癌细胞提取物中，目的是诱导这些细胞发生癌变。但他发现，在进行了一定次数的分裂后，这些细胞就会停止增殖。海弗利克无法确定这是由于培养液中的营养物耗尽，还是有毒物质蓄积使然。可是，当他将两组老年男性组细胞和年轻女性组细胞混合培养后，发现老年细胞会较早死亡，而年轻细胞会

---

① 研究人类遗传、改进人种的一门学科。——译者注

继续在培养液中进行分裂，最后剩下的只有年轻女性细胞。事实上，其中男性细胞的死亡速率与全部由男性细胞组成的单独对照样本的死亡速率相同。在后续实验中，海弗利克发现，细胞的寿命与时间关联不大，而是与 DNA 复制次数有关。他对一个细胞样本进行了低温冷冻，回暖复苏后，这些细胞的复制次数仍与未冷冻样本的细胞复制次数相同。[25] 这一现象被澳大利亚的诺贝尔奖获得者麦克法兰·伯内特（Macfarlane Burnet）称为"海弗利克极限"（the Hayflick limit），它彻底证明了，细胞内存在某种固有物质，会导致细胞停止生长。[26]

海弗利克的成果扭转了学术界自 20 世纪初以来所认可的亚历克西·卡雷尔的成果。虽然奥古斯特·魏斯曼在 1889 年首次提出了"细胞分裂次数有限"的理论，但卡雷尔的鸡心实验将这一点从科学词典中抹去了。而进一步的调查显示，鸡心试验有作弊之嫌，并且卡雷尔本人极有可能是知情的。[27] 每次卡雷尔向培养皿中添加营养物质时，其中都包含了新鲜的胚胎细胞。每个鸡心都是由不断新添加的胚胎细胞组成的，而非他最初取下的只能存活数月的细胞。现在，"海弗利克极限"已经得到了广泛承认。那么真正的问题就成了，为什么会有这种极限存在？这一问题的答案可能就是细胞，乃至人类为何会衰老的答案。

DNA 是一种微小的双螺旋编码，紧紧地缠绕在一起构成染色体，支撑我们的细胞。每个人体细胞中含有 23 对染色体，精细胞和卵细胞中各含 23 条染色体，结合时形成 23

对。在海弗利克发现的基础上，科学家开始研究细胞衰老的机制。当他们首先开始分析细胞，研究衰老的影响时，他们将重点放在了染色体的末端。

科学家注意到，在同一物种中，所有细胞染色体的中央片段都含有相似的独特 DNA 序列，这些序列对生成关键物质的编码至关重要。但染色体末端的序列非常奇怪：首先，细胞无法完全复制 DNA 链末端的序列[28]；其次，细胞内的 DNA 链长度不同，这是异常的，因为 DNA 在其他方面是十分一致的。

1978 年，伊丽莎白·布莱克本（Elizabeth Blackburn）刚满 30 岁，正在耶鲁大学做博士后研究，她发表了一篇关于原生动物（一种通过伸长纤毛移动的单细胞生物）染色体末端的研究报告。[29]布莱克本认为这是个十分有趣的发现：染色体的其他部分由随机的 DNA 序列组成，或产生蛋白质，或服务于细胞的其他功能，而染色体末端不同，它由重复序列组成，不同物种间序列相同，且没有特定编码目的。但这种序列重复次数在不同细胞间并不相同[30]，人类细胞也是如此。[31]

后续研究表明，不同细胞的染色体末端——端粒——长度不等，更重要的是，细胞每分裂一次，这些端粒就变短一些。[32]当端粒变得极短时，细胞不再稳定，细胞凋亡也会被诱导开启。这些现象充分证实，端粒是造成"海弗利克极限"的原因。

1985 年，伊丽莎白·布莱克本的学生之一，卡罗尔·格雷德（Carol Greider）发现了端粒酶，这种酶既可以合成端粒，也可以延长端粒。[33] 通过额外复制，端粒酶延长了细胞端粒的长度。接下来的实验显示，如果给正常细胞添加端粒酶，其寿命将大大延长。[34] 而近期实验表明，在因端粒酶停止工作而过早衰老的小鼠身上，重新激活端粒酶可以逆转许多衰老表现。[35] 这些染色体末端在 20 世纪 30 年代首次引起了科学家的关注，当时他们注意到，染色体末端不参与染色体之间的融合。现在，科学家认为端粒是维持细胞生死平衡的关键。

端粒的表现十分直观，就像树的年轮一样，代表了为生命奋斗不息的形象。当端粒变得极短时，细胞就无法在不丢失必要 DNA 物质的情况下进一步复制。由此而带来的不稳定性，就是导致细胞损伤和最终死亡的原因。DNA 损伤是细胞衰老的标志，但除了端粒变短，还有一些机制可引起细胞衰老。比如，细胞的"动力车间"——线粒体，一旦受到损伤将释放有毒物质，加速细胞凋亡。

现在，限制卡路里摄入可以延长寿命，已成为人们的共识。[36] 人类及许多生物的生长都依赖于生长激素和胰岛素生长因子，当我们衰老时，其活性会逐渐减弱。然而，通过减少 20%～40% 的饮食摄入量，可以有目的地降低这些激素的活性，使生物体进入"生存模式"。这种情况下，细胞一旦察觉到营养供给变少，就会减少自身的生长、代谢和复制活动，以减小出错的可能性，从而延长寿命。随着年龄的增

长，我们的干细胞会逐渐消耗殆尽，但同时会有源源不断的
新鲜细胞加入队列。

像其他细胞生命活动一样，细胞衰老也会受到严格的调
控，这清楚地表明了，细胞衰老是一步步实现的，而不仅是
自然发生的。细胞衰老、更替，正如这微观世界的其他过
程，都是为了延续生命。当细胞像我们一样用强大的修复机
制对抗衰老时，它们也能识别出，何时细胞损伤已经累积到
了无法修复的地步。一旦无可挽回，衰老的细胞将被清除，
以免大部分机体遭受无法控制的坏死或死亡。端粒酶是一种
可以令细胞青春永驻的酶，就像是现代的贤者之石①，使用它
将付出可怕的代价。端粒酶从来不是生命的使者，而是死亡
的先兆，几乎在所有不死癌症中都能见到它的身影。[37] 为了
保持无限生长的状态，癌细胞不停地用端粒酶延长自己的端
粒片段，从而免于死亡，无休止地生长。

细胞层面的永生已有了名字：癌症，这并不是个动人的
名字。而端粒酶悖论——端粒酶可以延长寿命，但它也是癌
细胞的温床——在许多阻止细胞死亡的尝试中都有所体现。
我们为提高人类寿命所付出的努力已经初显成效，在细胞层
面也是如此，这些努力改变了现代生物学及死亡的未来。我
们对衰老、疾病和死亡的永不停息的抗争，已经对社会和经
济结构产生了深远的影响。

_____

① 一种西方传说中既能点石成金，又可令人起死回生的石头。——译者注

第 2 章

生命（和死亡）如何得以延长

约翰·葛兰特（John Graunt）生于 1620 年，在成为首个系统研究 17 世纪伦敦人口死亡因素的人之前，他体验过多种生活，卖过衣服，当过兵，也做过议员。[1]葛兰特在伦敦长大，那个时代的伦敦与现在没什么不同：人满为患，交通拥堵，充斥着外来人口。正如经济学促使人们必须绘制现存人口的统计资料一样，它也促使着人们必须了解死亡人口。《民数记》（*Book of Numbers*）中，上帝要求摩西清点以色列成年男性，是为了收集搭建会幕（犹太人逃离埃及时搬运的神的流动住所）所需的供品，也是为了计算犹太人战时所能携带武器的数量。同样，亨利八世的宗教事务代理人托马斯·克伦威尔（Thomas Cromwell）引入"教区记事录"，是用于告知商人特定地区潜在的顾客是在增加，还是因瘟疫大批死亡。

直到 1661 年，教区记事录出现 120 多年后，约翰·葛兰特才系统分析了已公开的教区记事录，并发表了他的研究成果。[2]在《对死亡率表的自然与政治观察》（*Natural and Political Observations Made upon the Bills of Mortality*）一书中，葛兰特收集了数十年教区记事录中有价值的数据，用于查询死亡率。葛兰特的确是一个"务实的直觉主义者"，他几乎没学过数学，却创立了首个当代死亡横断面记录，机缘巧合下又成为首位进入英国皇家学院的统计学家。他被称为"统计学之父"，也被称为"统计学界的哥伦布"。[3]

17 世纪时，科学方法还在发展中，因此葛兰特记录当时伦敦出现的死亡时，笔下充满了生动而神秘的描写。《对死亡率表的自然与政治观察》中收录的死因十分广泛，有的让人感到病态可怖，有的却又令人哭笑不得，比如人们被豺狼和蠕虫吃掉后，只剩下一摊可怖的痕迹。一些人"被发现在街头死亡"，另一些人"饿死、被击毙，或在洗澡时昏厥致死"。事实上，这份报告中的许多疾病只是当时历史的产物。"国王之恶"（King's evil）曾经是颈部淋巴结核的别称，常表现为颈部出现干酪状渗出物。当时人们相信，英国国王可以治愈此病，传闻亨利八世每年会触摸 4000 个得了淋巴结核的病人。而"子弹头"（headmouldshot）指的是新生儿颅骨重叠，常伴有抽搐，最后导致死亡。书中列出了许多致死的原因，如脓肿、肝脏肿大、水肿、鹅口疮，但这些可能只是一些无法得到确诊的疾病的外在表现。

有些疾病当时的名称与现在完全不同：结核病被称为"肺痨"，癫痫被称为"羊癫疯"，性病被称为"花柳病"，精神病被称为"失心疯"，脑卒中瘫痪被称为"中风"，百日咳被称为"蛤蟆咳"。[4] 令人们丧命的主要疾病有"出牙""胃不动"等，好吧，天知道这些可怜的人们曾经都得了些什么病。幸运的是，许多疾病现在已经被完全消灭了，如天花和鼠疫。在发达国家，由于食品营养得以改善，一部分疾病也已经消失在了人们的视野中，如坏血病、佝偻病和消瘦症。

葛兰特在其作品中说明，女性的寿命长于男性，而儿童的死亡风险最高。他观察到一个值得注意的现象，成人中死亡率趋于平稳，20 岁与 50 岁的死亡率几乎没有差别。因此，成人的死亡风险并没有随着年龄的增长而增加，这说明当时的人们并不是死于与年龄相关的疾病。

与此同时，在大洋彼岸的北美洲，初来乍到的欧洲殖民者的境况也好不到哪儿去。[5]他们的身体状况每况愈下，纷纷患上了一种"季节病"。近 1/3 的移民刚刚到达新大陆，还在适应环境时就生了病。这种疾病的病程可长达一年，且许多移民在之后的很长时间内仍有后遗症。现在根据科学推测，这种季节疾病可能是疟疾，其可表现出多种症状。他们还会患上许多当地的传染性疾病，比如"便血"（出血性腹泻），这可能是由沙门氏菌感染所导致的伤寒。17 世纪的欧洲人如果来到北美洲，寿命会比家乡的同龄人更短，他们带来的非洲奴隶也是如此。这就是自由的惨痛代价。

尽管 18 世纪是个极其动荡的年代，尤其是北美洲，但医学发展和对死亡的认识停滞不前。1812 年，《新英格兰医学杂志》(*The New England Journal of Medicine*)① 创刊时发表

① 当时刊名为《新英格兰医学与外科期刊》(*The New England Journal of Medicine and Surgery*)。

了一份波士顿死亡统计表。[6] 当时的波士顿刚刚成长为一个汇聚科学与知识的城市，在一潭死水般的时代中脱颖而出。拉尔夫·沃尔多·爱默生（Ralph Waldo Emerson）曾这样评价："从 1790 年到 1820 年，马萨诸塞州没有书籍，没有演讲，没有对话，也没有思想。"[7] 虽然波士顿当时的人口仅约33250 人，但这是一个有着光明未来的小镇。

仔细研究波士顿 1812 年的人口死因后，我发现那些 17 世纪早期的熟悉名称又重新出现了。一些无法确诊的模糊症状导致了大规模死亡，如衰竭、虚弱、酗酒和痉挛。942 例死亡中，致死率最高的原因是结核（221 人），其次是新生儿腹泻（57 人）及死胎（49 人）。其他死因分别是雷击、难产、饮用冰水、精神错乱、寄生虫病、坏疽，以及原因不明的结核性关节肿胀。只有不到 3% 的人死于"年老"，约 1% 的人死于癌症——大部分人可能在患上癌症之前就去世了。刚出生时，男性的平均预期寿命仅有 28 岁，女性仅有 25 岁，即使平安长到了 5 岁，预期寿命也只有 42 岁，如果成功活到20 岁，预期寿命也只是会增至 45 岁。在那时，死亡总是突如而至，并且笼罩着某种迷信色彩。

又一个急速发展的百年过去了，启蒙之光似乎终于照进了医学领域。过去报告中那些含混不清的症状名称逐渐消失。据 1912 年发行的《新英格兰医学杂志》[①] 记载，当时美

---

① 　当时刊名为《波士顿医学与外科期刊》（The Boston Medical and Surgical Journal）。

国的死亡率约为 1.4%，几乎仅为 19 世纪的一半。[8] 导致死亡的是疾病，而不再是症状，例如，人们死于肺炎，而非咳嗽；死于伤寒，而非便血；死于结核，而非痨病或是什么"国王之恶"。诸如"癌症"和"器质性心脏病"的现代名称也开始出现，尽管频率不高。在另一篇相关文章《过去，现在和未来》（"Past, Present and Future"）中，作者认为过去对"酗酒"或"出牙"的解释十分可笑，几十年前的医学像"襁褓中的婴儿"尚未起步。但作者接下来的论述未免有些武断："或许到 1993 年，人们已经消灭了所有可预防疾病，发现了癌症的本质和解药，优生学取代进化淘汰了不良个体，那时，我们的后人将带着前所未有的优越感来回顾这些文字。"

看到报告中 17 世纪至 18 世纪的人们如何死亡，我没有产生任何优越感，有的只是对人性的认识。无论何时，我们总会发现，评判前人的错误更加容易。我们不能预测未来，也无法评价现在的错误。在 19 世纪中期，死亡还像在过去的数千年中一样，被笼罩在晦涩与未知之中。但 1850 年之后，随着"疾病细菌说"的提出，医疗卫生制度开始建立，麻醉与疫苗技术蓬勃发展，这一切都发生了变化。再加上生活水平大幅提高，营养条件大幅改善，医学终于成了一门在根本上改变人类历程的科学，从此再也没有出现倒退。

◆ ◆ ◆

20 世纪初，传染性疾病挥舞着最锋利的镰刀肆意横行，但这把镰刀现在已经变得迟钝了，这不仅是因为抗生素和疫苗的发展提高了治疗水平，也是因为人们对疾病传播媒介与医疗卫生之间的关系有了一定的认识。特别是，加强传染性疾病管控对儿童健康的影响最为深远，可以使儿童死亡率大大降低。这些医学进步正是 20 世纪平均寿命增长的主要原因。

如今，当肺结核、腹泻、麻疹和肺炎依然在令发展中国家付出惨重的死伤代价时，其对发达国家死亡率的影响正在逐渐减小。[9]在美国，肺炎曾在致命传染性疾病中名列第 11 位。排名在第 23 位的致命传染性疾病是 HIV/AIDS（获得性免疫缺陷综合征），自 1990 年起，致死人数已降低 64%。随着 HIV/AIDS 得到更好的治疗，其排名将因此进一步下降。

多数美国人并非死于感染、创伤或其他短时间内致人死亡的疾病，而是被许多慢性疾病夺去了生命。这些慢性疾病并不会晴天霹雳般击垮一个人，而是长期侵蚀人的身体和心智，直到最终死亡。美国人过早死亡的十大原因中有八项分别为：心脏病、中风、肺癌、结肠癌、慢性阻塞性肺疾病、糖尿病、肝硬化和阿尔茨海默病。令人沮丧的是，这些疾病中的大多数患病人数都在上升。自 1990 年以来，糖尿病的患病人数增加了 60%，阿尔茨海默病的患病人数更是增加了

392%。截至 2005 年，半数美国成年人患有至少一种慢性疾病[10]，其中 1/4 的人因此在生活中受到至少一种限制。[11] 此外，2000 年出生的美国人中，有 1/3 会患上糖尿病。[12] 因此，尽管全世界人类预期寿命已经大幅延长，慢性疾病致残人数却在不断攀升。

在这场恼人的"打地鼠"游戏中，我们刚击退了一些疾病，马上又有另一些疾病冒了出来，这一切应该归咎于谁？[13] 当然，一些疾病的患病率增加，是由于膳食营养不均或不良习惯，如吸烟和吸毒。另一些疾病是由于新诊断标准的出台，如抑郁症及其他精神健康疾病、高血压及高血脂。还有一些的确是新疾病，如 HIV/AIDS。但也许，这些新出现的慢性疾病中的大多数并不是在说明医学在延缓死亡这件事上失败了，而是说明其取得了成功，因为人们活得足够久，可以患上这些疾病。

谈到这种现象的研究，就不得不提到沃伦·甘梅利尔·哈定（Warren Gamaliel Harding）。1934 年 8 月 2 日，在旧金山皇官酒店总统套房的 888 房间[14]，这位任期刚满两年的美国总统突然死亡。许多人认为，沃伦·哈定是美国历史上最糟糕的总统。贪污腐败、桃色新闻、酗酒无度，选出的丑闻为哈定赢得了这个称号。哈定的政治生涯开始得颇有些晦气，当时他正坐在哈利·多赫蒂（Harry Daugherty）旁边擦鞋。多赫蒂是俄亥俄州共和党幕僚，一眼便觉得哈定是个当总统的好坯子[15]，不仅在参议院竞选活动中力荐他，更在通往白宫之路上对他大力相助。在近期美国 HBO 电视网推出的电视剧《大西洋帝国》（*Boardwalk Empire*）中，这两人的结局都十分狼狈。多赫蒂司法部部长的生涯一直饱受争议，最终因受贿和试图诈骗美国政府数百万美元而被起诉。同样地，历史没有给哈定任何好脸色。[16]

　　哈定是健康状况最差的美国总统之一。[17]去世前多年就出现了明显的心脏病征兆——胸痛气短、下肢肿胀，可他仍旧吸烟酗酒，暴饮暴食。虽然哈定有一队私人医生，但他最信任的还是"顺势疗法医生"查尔斯·索耶（Charles Sawyer），他使哈定深信，那些最终致其死亡的症状只是蟹肉中毒的表现。[18]当时身为医生的斯坦福大学校长雷·莱曼·威尔伯（Ray Lyman Wilbur）参与了哈定的晚期治疗，并于哈定临终时陪伴在其左右，他在回忆录中记载："总统先生突然打了个寒战，随即死亡，没发出一点儿声音。"[19]官方对死亡的解释是中风，但哈定更可能死于心梗或心律失常引发的心脏骤停。哈定的妻子拒绝了索耶提出的尸检建议，阴谋论迅速发酵，直指哈定的妻子因丈夫不忠而对其下毒。

　　尽管得到了当时最好的治疗，哈定的生命仍然没有得到挽救，但事实上，他的疾病如果放在今天，是绝不可能致其死亡的。现在，心脏病仍是美国及全球最常见的死亡原因，但随着药物、治疗及公共卫生措施的改善，这种疾病对人们造成的负担已大大减轻。[20]在当代，一位总统一旦出现丝毫胸痛的迹象，第一时间就会进行血压测量和心脏彩超，检查重要生命体征和化验数据，及时采取相关措施。根据现在的标准，人体收缩压的理想值应低于 120 毫米汞柱，而哈定的平均血压高达约 180 毫米汞柱，远超任何标准水平。但是，即便所有措施都无法避免哈定的心脏病发作，只要及时治疗，心脏导管插入术或外科手术仍可有效避免死亡。他本可以活下来，只是将终身伴有美国老年人住院最常见的原因——心力衰竭。

还有一位政客，他的病历本记录了医学的发展历程和由此带来的疾病性质的重大变革，他一生中遭受的心脏病发作次数可不是一次，而是多达五次。这位全美国最有分量病历本的得主，就是迪克·切尼（Dick Cheney），他的病历本详细展示了医疗卫生所取得的重大进展如何彻底地改变了生命和死亡。[21] 虽然有早发性心脏病家族史，但迪克·切尼是个曾有 20 多年烟龄的老烟枪，烟不离手，第一次心脏病发作时仅 37 岁。之后，他戒了烟，但除此之外，医生也无能为力了。1984 年，他再次心脏病发作。1988 年第三次心脏病发作后，医生为他进行了心脏搭桥手术，由于切尼自身的心血管已全部病变堵塞，医生只能从他身体的其他部位取四条静脉，建立替代通道为心脏供血。2000 年，切尼第四次心脏病发作后接受了心脏导管插入术，心内科专家从手腕或腹股沟插入导管，将其送至心腔，用两个金属支架撑开了他的心脏血管来保持血液顺畅流通。

那时，切尼几度遭受重创的心脏已经虚弱到根本无法满足机体的需求。心力衰竭是所有心脏疾病的宿命，其原因是心脏无法泵血，使得血液淤积在肺部、腹部和腿部。心脏无法向重要器官泵血，会导致头晕、神志不清、低血压、四肢冰冷，以及肾脏衰竭。而血液淤积在肺部会导致肺部体液潴留，造成呼吸困难；淤积在腹部会带来腹部肿胀、饱腹感；淤积在四肢则会致使四肢肿胀或水肿。

心力衰竭导致死亡主要有以下两种机制：一是恶性心律失常，可导致心脏瞬间停止工作，即心脏骤停；二是泵衰竭，原因是心脏不断衰弱或心衰症状不断加重。为避免因心律失常而导致死亡，医生在切尼的胸腔中植入了心脏除颤器。心律失常时，除颤器可电击心脏缓解恶性心律失常。不出所料，2009 年，当切尼倒车出车库时，心室纤颤发生了。就那天的情况而言，切尼本来必死无疑，可他逃过了一劫。就在切尼猛撞向车库大门之际，除颤器电击心脏解除了心律失常。尽管躲过了心律失常的致命打击，可切尼的心脏泵血功能开始衰竭。于是医生又为他装上了左心室辅助设备，这是一种在心脏中持续泵血的机械涡轮。但涡轮的泵血是持续的，并不是像正常心脏一样有节律地收缩泵血。所以，在带着设备等待接受心脏移植时，切尼根本没有脉搏。2012 年 3 月，切尼的等待终于结束了，列入移植名单约两年后，他在弗吉尼亚州获得了一颗全新的心脏。[22]

想要获得心血管疾病治疗进步累积的所有好处，意味着得一连数月住在重症监护室中。切尼先是使用了几周呼吸机，接着又在康复中心待了数月。哈定的死亡十分短暂，可以说没什么痛苦，而切尼与沃伦·哈定不同，他像多数美国人一样，已经与慢性疾病斗争多年。一个世纪前，心力衰竭这种疾病几乎从未在死亡报告中出现过，但现在，它已赫然写在 1/9 美国人的死亡报告单上，每年有 100 万人因心衰而住院接受治疗，这是其他任何疾病都无法相比的。[23]

　　癌症，或许是我们这个时代最传奇的疾病，最大程度上坐收了疾病预防与治疗之利。在 1812 年的波士顿，癌症导致的死亡仅不到 0.5%，但现在，尽管医疗水平在不断进步，癌症仍然成了美国人的第二大死亡原因。[24] 然而，癌症筛查和治疗水平的进步也意味着更多人会在更早的阶段被诊断出癌症或通过治疗实现痊愈。美国现在有 1100 万人患有癌症，该数字仍在上升。在过去，先天性心脏病是最常见的新生儿缺陷，相当于间接宣布了死刑，而有效治疗手段出现所导致的局面是，现在带病生活的成年人要多于出生时被诊断为先天性心脏病的儿童（约有 100 万美国成年人患有先天性心脏病）。[25]

　　慢性疾病的增加已永久地改变了人类的死亡。死亡很多时候不再是一场突如其来的大火，而是漫长持久的灼痛。事实上，一些努力应对这些变化的医生把临终前的虚弱时期称为"预死亡"。[26] 在 1971 年《柳叶刀》（Lancet）杂志刊登的一篇文章中，作者有些失当地写道："许多活着的老年人似乎进入了'预死亡'状态，身体没有活力，大脑不再聪慧。继达尔文提出进化论一个世纪之后，本世纪新产生的生物学现象就是：不适者也能生存。"

✦ ✦ ✦

1875 年 2 月 21 日，詹妮·路易·卡门（Jeanne Louise Calment）在法国小镇阿尔勒出生了，那时亚历山大·古斯塔夫·埃菲尔（Alexandre Gustave Eiffel）尚未开始建造那座众所周知的铁塔，亚历山大·格雷厄姆·贝尔（Alexander Graham Bell）还未发明电话，而我们还不知道细胞是如何演变为生命的。[27]詹妮 13 岁时就曾卖给过凡·高（Van Gogh）彩色铅笔，21 岁时，她嫁给了她的二表哥。作为一名家庭主妇，她过着舒适惬意的生活。但随着年龄增长，她开始渐渐失去身边的一切。59 岁时，她的独女伊冯娜死于肺炎；67 岁时，她的丈夫在食用了一盘变质的樱桃后过世；88 岁时，唯一的外孙由于交通事故意外死亡。尽管詹妮常年吸烟、吃巧克力、骑自行车、做饭时放许多油，可年纪一直在增长。1988 年，詹妮被宣布为全世界最长寿的人。又过了 9 年 7 个月，她依然保持着这一记录，她是第一个活到 115 岁的人，也是第一个活到 120 岁的人。詹妮于 1997 年 8 月 4 日去世，享年 122 岁 164 天，成为有记载以来最长寿的人。

在人类的历史传说中，不乏对抗死亡的传奇人物。最有名的一位当数玛士撒拉（Methuselah），他是诺亚的祖父。在 2014 年由达伦·阿伦诺夫斯基（Darren Aronofsky）执导的电影《诺亚方舟：创世之旅》（*Noah*）中，安东尼·霍普金斯（Anthony Hopkins）饰演玛士撒拉，这是玛士撒拉最近一次进入公众视野。传说中，玛士撒拉活了 969 年，他的传奇就像是长寿的代名词，他的死促使上帝发动了大洪水。[28]

但是到了近代，发生变化的不仅是死亡的原因和方式，还有死亡的时间，这或许也是变化最大的一点。在大约 8000 代人类中，最近 4 代人拥有了更长的寿命，这是历史上其他任何生物都不曾有过的体验。[29] 1900 年之后，人类的寿命开始快速增长，这种变化不仅从未在实验室之外的任何生物中观察到，甚至在实验条件下的细胞或生物体上也从未实现过。在过去约 125 年中，我们在进化这条道路上已经远超以狩猎采集为生的祖先——32 岁原始人的死亡率与现在 70 岁的日本老人相同。事实上，人类祖先的寿命更接近现在的黑猩猩，而非现代人。我稍加解释，您就能理解。

历史上，人类寿命基本保持稳定。我们人类，更精确地说是人属（Homo），已存在了约 200 万年，但直到 20 万年前，"智人"（Homo sapiens）才在非洲出现。[30] 约 19 万年前，人类开始过上狩猎采集的小团体部落生活，继而学会了农耕和畜牧技术。尽管文明进步了，但那时的人们无法从实质上改善健康状况，他们的生命中遍布难以预料的危险。只有极少数人能在童年时幸存下来，而青年人和中老年人的死亡率几乎相同。此外，分娩是发生在一个女性身上最危险的事情之一，也是当时女性的死亡率远高于男性的原因。[31]

尽管如此，人们还是设法延长了自己的寿命[32]：公元前5000年至公元前1000年，犹大国王的平均寿命为50岁；公元前450年至公元前150年，希腊诗人和哲学家的平均寿命为60岁。[33]然而，这更多是统计概率的产物，而非有价值的干预措施进行干预的结果。

1800年，全球范围内人们的平均寿命不到30岁。[34]这与数万年前农耕时代的人们平均寿命为20～25岁几乎没什么区别。在此之前，平均寿命每年都会有显著的波动，曲线的上升和下降就像地震时震波图呈现出的笔画一样起伏不定。死亡不仅对个人而言是随机的，对所有人都是如此。即使是富人对死亡也无计可施，因为当时人们的预期寿命与收入并不挂钩，富裕国家的情况与贫穷国家同样糟糕。

但也就是从这段时间起，人类的平均寿命开始稳步上升，这是历史中任何时期都不曾出现的。每一年，人类平均寿命都会增加大约3个月。[35]所有国家都发生了这种增长，部分国家尤为明显，如日本和斯堪的纳维亚地区的国家。从1840年开始，这种增长几近线性。不仅是平均寿命，人类的最高寿命也在增加。[36]过去，根据年龄可以划分出一个呈金字塔形的人口分布，年轻人数量众多位于底层，而老年人数量较少位于塔顶，但按照这种增长速率，这一图形将在未来的几十年内变为矩形。

我们如何实现了这种转变？第一，人类寿命延长主要得益于儿童死亡率的急剧下降。这是因为，例如进行卫生分娩、规范卫生操作、改善公共卫生、提高营养状况、加强产妇教育、提高产妇保健等公共卫生措施的增加，使得儿童死亡率大大降低。此外，由于抗生素和疫苗的出现，过去对儿童有巨大危害的传染性疾病已在发达国家销声匿迹。第二个重大改变，是中年人的患病率和死亡率下降，这得益于心血管疾病死亡率和暴力事件致死率大幅降低。这一减少幅度如此之大，以至于如果我们在这个时候抹去所有 50 岁以下的死亡人口数据（约占美国全部死亡人数的 12%），平均预期寿命只会再增加 3.5 年。[37]

直到最近，也就是 20 世纪 70 年代以来，我们才开始在减少老年疾病与死亡风险方面取得重大进展，这令 1969 年后最高寿命的增长率几乎是过去几十年的 3 倍。[38] 令生物学家、人口学家及生态统计学家困扰的是，我们能否维持这种指数式的寿命增长？更重要的是，人类寿命是否存在"海弗利克极限"？

一些科学界人士表示，人类寿命不断增长就已经证明了不存在这种上限。但更多的人相信，人类寿命存在一个更高的极限，这其中就包括列奥纳多·海弗利克本人，近期他这样写道："衰老过程是所有分子（包括多数原子）的共性，那么对衰老横加干预，大概等同于违反基本物理定律。"[39] 许多科学家现在开始相信，我们的寿命或许正在接近平台期。据估计，即使消灭了所有心脏病、癌症和糖尿病，人类的平均寿命预期仍不会超过 90 岁。[40] 因此，许多科学家认为，无任何疾病的人类寿命平均可达 85 岁 [41]，而数学建模的结果表明，人类的最高寿命可达 126 岁。[42]

詹妮·卡门打破了过去我们所设想的 120 岁的人类寿命极限，她的寿命与她去世之后数学建模得出的新极限相近，但仍有许多人期待这一数字能得到验证。百岁老人是世界上增长最快的年龄组。据联合国估计，全世界约有 30 万百岁老人，而这一数值到 2050 年时将增长 10 倍。[43] 值得一提的是，寿命的这一变化完全是由于外部因素导致，如环境的改善，以及对疾病的控制等。这就如同我们一直在净化细胞生长的培养液，而不是改变细胞本身。在大约 150 年的时间里，人类的预期寿命从 40 岁增加了 1 倍，达到 80 岁左右，这意味着基因变化在我们生命的可塑性中起到的作用微乎其微。[44]

对我们人类而言，普遍高龄其实是一种相当新鲜的体验，也蕴含着耐人寻味的进化意义。人类历史上相当长的一段时间内，女性从未经历过绝经后的生活。站在进化的角度来看，绝经会被认为是生殖适应性的巨大失败：对于进化生物学家来说，一个无法生殖、无法帮助物种延续的有机体对族群进化有什么益处呢？科学家曾一度认为，绝经后的生活是人类独有的，当然，现在我们知道这是个错误观念。[45] 虎鲸、秀丽隐杆线虫和长冠八哥像人类女性一样，有着钟形的经期生育曲线，且有老年期生命。[46]

然而，现代女性的生命有大部分是在绝经后度过的，原因主要有二：一是人类寿命显著增长；二是与分娩相关的死亡率大幅降低。此外，女性普遍比同龄男性长寿，这种差距会随着年龄增长更加明显。事实上，在超级百岁老人，即超过 110 岁的老人中，女性以 35∶1 的比例远远多于男性。[47]

进化生物学家已经证明，在过去被认为是进化异类的绝经后女性正是人类长寿的关键所在，我们的长寿可能要归功于我们的祖母。在狩猎采集时期（甚至近代），祖母通过帮助女儿抚养后代，将年轻的母亲从为新生儿收集物资的压力中解放出来，让她们可以专心怀孕生子。1966 年，有学者首次提出了"祖母假说"[48]，而数学模型现已证明，这一假说正是人类寿命从猿类寿命迈向现代人类寿命的主要原因之一。[49]进一步的研究表明，在虎鲸这种与人类寿命相似的哺乳动物中，祖母对延长寿命也起到了相同的作用。[50]

对抗死亡的进步已经延长了老年人的寿命，也对生命结构的另一端——儿童——产生了深远影响。人口统计学家指出，父母早逝的孤儿数量已经有所下降。[51]孤儿院过去不仅在狄更斯笔下的英国随处可见，更是历史的必然产物，究其原因，正是各年龄层级的人们死亡率都非常高。人类漫长的童年期一直都吸引着生物学家的注意，尤其是相比于其他物种，人类后代成熟得最晚，依赖他人的时间最长。人类大约在断奶后 14 年才会进入性成熟期，甚至更久，而我们正处于进化中的近亲黑猩猩只需要约 8 年。

最初科学家提出的理论认为，由于人类的脑容量更大，处理的任务更复杂，比如打猎，所以需要更长时间来培养承担这些任务所需的技能。但是，当人类学家分析了全世界原始部落的打猎觅食行为后，得出的结果令人十分吃惊。对一些原始部落（如靠近澳大利亚的梅尔岛的梅尔人[52]，以及坦桑尼亚的哈扎人[53]）进行观察的结果表明，儿童与成人的觅食能力相差无几。即使存在差异，也是因为儿童的体形较小、力量较弱，而非生存所需的智慧技能有差异。事实上，训练的作用尚不明确，比如哈扎人中，训练较少的儿童与接受严格训练的儿童寿命几乎相同，这表明童年期的长短与生存技能强弱之间没有直接关系。

因此目前更受支持的理论是，人类儿童的依赖期长度是由我们的寿命延长所决定的。而寿命的延长与怀孕年龄推迟有关，跨物种研究已经证明了这一点。这意味着，母亲怀第一胎的时间越晚，子女的寿命就会越长，所有物种都是如此。社会学家用"资本继承理论"（inherited-capital theory）来解释这种现象，即父母积累的技能与财富，会随着时间的推移转化为子女更高的生活质量。关于人类的童年期和依赖期为何比其他物种更长，另一个原因就没有这么大公无私了。限制儿童参与成年人的工作生活，可以减少成年个体在社会中面临的竞争，从而展现出成年人的进化适应性。所以，祖母对孩子的溺爱或许只是出于自身利益需要，让孩子晚些成熟，而不是真的考虑到孩子的利益。

尽管科学家还在讨论长寿的利弊，但并不是每个人都能从延长寿命中获益，哪怕我们已经把长寿视为在发达的社会经济中生存的正当权利。即使在美国，人们的预期寿命依然存在巨大差异，现代科学与医疗卫生资源分布极不均衡。与世界经合组织（OECD）的其他成员国相比，美国的平均预期寿命较低，并且这种差距正在逐渐拉大。美国女性的平均寿命低于智利女性和斯洛文尼亚女性，而这两个国家的人均医疗花费与人均收入都低于美国。[54]美国男性和女性的寿命都比他们的加拿大邻居短，但耐人寻味的是，这并不是因为美国缺乏资源——仅匹兹堡市（美国人口排名第 61 位的城市）所拥有的核磁共振成像仪数量，就超过了整个加拿大的总和。[55]

在美国，一些县的人均预期寿命甚至超过了日本和瑞士，另一些县的人均预期寿命却与阿尔及利亚、孟加拉国等第三世界国家趋近。美国男性预期寿命最长（83 岁）的县是弗吉尼亚州的费尔法克斯县，而男性预期寿命最短（64 岁）的县是西弗吉尼亚州的麦克道威县，但其实两地相距仅约 482 公里。社会经济差异或许可以解释这种差距：费尔法克斯县的家庭收入中位数为 109383 美元[56]，而麦克道威县仅为 22972 美元。[57]此外，种族是另一个重要原因。2010 年，非裔美国人的寿命比美国白人少 3.8 年，虽然这一差距与 1970 年的 7.6 年相比有所下降，但依然较大。[58]然而重要的是，收入与种族之间有着千丝万缕的联系，或许有人会纠结于这二者的影响孰重孰轻，但必须指出，麦克道威县的居民绝大多数是白人，比例达 89%，而费尔法克斯县仅有 53% 是白人。

社会经济差异将会影响人们的健康，但令人惊讶的是，这是现代的产物。对各国 19 世纪以来预期寿命的研究表明，在 19 世纪，一个人寿命的长短与他储存了多少块金砖毫无关联。[59] 事实上，这一影响差距直到 20 世纪才初露端倪，不仅在富国和穷国之间愈发悬殊，甚至在一个国家内部也是如此，美国国内所表现出的预期寿命差异就表明了这一点。

因此，现代死亡的主要特征之一是不平等性。布罗克顿，一个距波士顿仅 1.5 小时车程的贫穷小镇，这儿的人们依然在以过去的方式死亡。到医院就诊之前，他们没有任何病历，没有做过任何检查，也从未接受过任何治疗；离开医院时，一席白布裹住他们的身体，一直盖到眉毛。医学进步塑造了现代死亡，而社会经济变化对现代死亡的塑造力度完全不亚于医学进步。

也许，无论是显微镜还是死亡率表，我们从中学习到的关于死亡的知识都是同等重要的。对我而言，细胞动力学中能学到的东西并不只是研发新的靶向疗法或是抗衰老特效药。细胞的死亡展现了一种超凡的社会意识。一个细胞绝不会在孤立的情况下死亡，而是会在同伴的清晰视野中死亡。一个细胞也无法决定自己的死亡，而是被一种更聪明的力量控制着，更高级的机体知道什么时候细胞会对自身和身边的环境造成威胁。细胞比我们人类更清楚"客居过久遭人烦"的下场。虽然我们人类渴望永生，但对细胞而言，永生是最可怕的命运。

　　人类对抗死亡、延长寿命的战斗还在激烈进行，谁也无法预料这场旷日持久的拉锯战结果如何。面对现代死亡，我们最清楚的不是人们因何死亡，也不是何时死亡，而是在哪儿死亡。在大多数人最后的死亡场景中，灰白是主色调，身边弥漫着消毒剂的味道，警报声充当着配乐，胡乱敞开的病号服是他们的行头。在人类的历史上，死亡从未像过去几十年一般远离家庭。

第 3 章

死亡现存何处

玛莎告诉牧师，自己不虚此生。玛莎这辈子很长，享过福，也受过苦。有 5 个孩子，现在都成家立业了。与许多女性一样，丈夫已先于她去世，她依然好好地活在世上。玛莎的病史漫长而曲折。她熬过了结肠癌，挺过了中风，患过所有你能想到的慢性疾病：慢性肾功能衰竭、外周血管疾病、糖尿病、高血压、冠状动脉疾病，以及重度心力衰竭。但这位老太太没有让其中任何一种疾病得逞，至少到现在为止，她依然坚强地活着。

　　几个月前，玛莎发现身上起了一些不痛不痒的红色皮疹，最初只是在紧贴领子内侧的皮肤部位和脖子附近出现。随后她去看了初级保健医生，医生认为她得了湿疹，这是一种常见的皮肤反应，于是给她开了一些类固醇药膏。涂了几个月后，玛莎的病情不但没有好转，反而愈发严重起来，皮疹已经蔓延到了胸口和腹部。通常而言，这种类固醇药膏对大部分皮疹都有效，但它们对玛莎的病情毫无效果，瘙痒令她彻夜难眠。气恼之下，玛莎又去见了皮肤科医生，医生认为这是皮疹对类固醇药物的过敏反应，建议她立刻停用。但是之后，皮疹仍在加重，已经蔓延到了面部。玛莎再次去了皮肤科，面对恶化如此之快的病情，医生大为吃惊。由于担心感染，医生为玛莎做了皮肤活检，并开始进行为期一周的抗生素治疗。可是病情依然没有好转，皮疹蔓延到了玛莎的全身，遍布手臂和大腿。

抗生素已经使用了一周，这天，玛莎的儿子回家探望，却发现母亲倒在地板上。玛莎告诉儿子，自己本来好好地坐在椅子上，可突然跌了下去，全身乏力，无法起身。玛莎的儿子立刻呼叫救护车，前往初级保健医生的诊所。医生立即为玛莎做了心电图，结果显示，玛莎正处于心脏病发作的绞痛期。

在急诊室确诊是心脏病发作后，玛莎被转入心内科病房。我们开始讨论，究竟哪种方法才是最佳治疗方案？是保守用药，还是心脏插管？与此同时，皮肤科小组也被召集起来，查找这种严重皮疹的病因。他们得出了一个令医疗小组所有成员都十分诧异的结论：这是一种罕见的血癌。

我们果断开始治疗，但住院期间，玛莎的病情变得愈发复杂。一天晚上，我下班回家后，值班的实习医生被叫去为玛莎做检查。要知道，整个病房楼层里，论起健谈，没人比得过玛莎，可那时她的病房突然变得悄无声息。实习医生进行了造影扫描，结果表明玛莎突发严重中风。第二天早上交接班时，我才了解详情，简直吓了一跳。玛莎被送进了神经外科重症监护病房，几天后又回到心内科，虽然恢复了部分生理功能，但她的那股精气神儿已是一去不复返了。

无论何时，家人的探望都是一种治疗。玛莎的 5 个孩子都带着各自的爱人，赶到了医院，穿着浅黄色隔离服与我们商讨母亲的病情。医疗小组关心的是，该对玛莎进行保守治疗，还是积极治疗？是尽一切人力物力之可能（比如心脏插管），还是把缓解症状作为重点？我们与家属的谈话反反复复，但玛莎只有一句话："医生，什么时候我才能回家？"我当然无法未卜先知。我只能猜测，是哪根心脏动脉阻塞了，是什么导致了肺部液体潴留，为什么玛莎会虚弱到无法起身。与玛莎开诚布公地讨论病情，我很乐意，但唯独有件事，我心知肚明，却不得不对她三缄其口：从上救护车的那一刻起，她就踏上了一条没有回程的路，回家的希望微乎其微。

经年累月，作家、诗人和哲学家已然窥探到，生命与死亡相似，出生和死去相同。以生死为鉴，人们不仅创造出了华丽的辞藻，更是将自己的历史蕴含其中。上古时期，人类居洞穴而生，居洞穴而死。后来，人类学会了搭屋建舍。从此，房屋除了用来挡风遮雨，更是生老病死的所在地。在古希腊，如果家里生了男孩，人们会在门上挂上橄榄枝花环，如果是女孩则挂上羊毛。与出生相似，死亡几百年来也发生在家中。甚至到了 20 世纪，女性依然会在家中分娩。

如果不是意外死亡或暴力致死，人们一般是在家中死亡。文学作品中，在床上咽下最后一口气的场景屡见不鲜，这也是死亡在古代的惯例。《西方对死亡的态度》（*Western Attitudes toward Death*）一书中，菲利浦·阿利埃斯（Philippe Ariès）曾这样描述弥留之际的场景，"后事由将死之人安排，其本人对这些流程一清二楚"，同时，这又是一种"父母、好友和邻居都应在场的公开仪式"。[1] 现代文学和主流文化依然不乏对死亡的华丽描写，但这大多纯属虚构。在当今社会，躺在自己的床上死去是特权，是异类，是现代死亡中的极少数。

甚至到了 20 世纪的前 25 年，人们依然倾向于在家中死亡。1912 年时，波士顿的医院数量位居全美首位，但约 2/3 的市民依然选择在家中离世。[2] 其他国家同样如此，同年，约有 56% 的澳大利亚人于家中去世。[3] 然而，随着医疗技术的发展，人类的寿命越来越长，所患的疾病越来越复杂，这种现象开始有所变化。到了 20 世纪 50 年代，在医院死亡的人开始占大多数，而且年龄越大，这种可能性就越高。[4] 20 世纪 70 年代中期，这种情况完成了完全逆转，2/3 以上的患者选择在医院度过最后的生命。[5] 有一项研究对俄亥俄州凯霍加县的癌症死亡患者进行了调查分析，结果表明，从 1957 年—1974 年，在家中死亡的癌症患者人数进一步下降，从 1957—1959 年的 30%，降至 1972—1974 年的仅 15%。[6]

现如今，不仅在医院死亡的人数正在增加，死亡前人们就医的次数也在增加。[7] 1969 年，仅有约 1% 的人会在临终前一年住院治疗；1987 年时，这一数字激增到了 50%。过去，在家中死亡的人数比例几乎是 100%，但现在尚不足 20%。这一趋势与生育趋势密切相关：1930 年，在家分娩的女性占 80%，而到了 1990 年，该数值仅为 1%。[8]

当时的评论家对所谓"死亡医院化"这一概念并不抱有任何好感。社会评论家伊凡·伊里奇（Ivan Illich）在《医学惩罚》（*Medical Nemesis*）一书中这样写道："社会使用医疗系统决定了人们死亡的时间，决定了人们死前要遭受何种屈辱和酷刑。"[9] 1972 年《英国医学杂志》（*British Medical Journal*）发表的一篇文章中，一位外科医生转述了照顾临终患者的护工说的话："我们希望他在安详中，而不是在医院中离世。"[10]

起初将病人拖出家门的，确实是医院，它们掌控着病人；但现在，疗养院成了许多病人临终前的选择，并且这一人数正在大幅增长。另一项针对凯霍加县死亡人数的研究表明，现今选择在疗养院死亡的人从 7% 上升到了 20%，几乎是过去的 3 倍，但在医院去世的人数基本保持稳定。根据科学家的预测，到 2020 年时，40% 的美国人将独自在疗养院死亡。[11] 过去，人们认为疗养院和它的前身——医院老年科并不是什么好去处。1960 年，曾有一位医生这样描述："只是远远地看着就让人害怕，狭长的病房，病床连着病床，像极了公墓里相连的一个个沉默土堆。"[12]

死亡医院化并不是美国的产物，在其他工业化国家也十分常见。美国甚至不是其中最典型的国家，这是因为美国制定了多项衡量过度治疗的标准。在家中死亡的人越来越少，这一现象已经引起了世界卫生组织和联合国的高度重视。一项研究分析对比了 45 个国家国民的安息之地。其中，日本以 78% 的医院死亡率位居第一，挪威在疗养院死亡的人数最多，达到 44%，这与美国的情况大体相似，年龄越大，越倾向于在疗养院死亡。但总体而言，该项分析表明，全球 2/3 的人最终是在各公共机构中走向死亡，在 65 岁以上的人群中，这一比例上升到了 4/5。

在美国，也有 1/5 的人选择在家中死亡。然而，英国的情况与美国存在一些有趣的差异。在伦敦（代表英国的整体趋势），患者年龄越大，在医院死亡的可能性越高；纽约恰好相反，多数老年人的死亡地是疗养院，这一点在超过 80 岁的老年人中更加明显。[13] 据推测，2030 年时，英国将仅有 1/10 的人选择在家中死亡。[14]

那么，究竟是什么决定了一个人选择在家、疗养院，还是医院中死亡？答案是许多因素的叠加作用，包括个体差异、家庭关怀、经济条件、医疗状况，以及导致他们走向生命终点的疾病，这些因素错综复杂，相互影响。即便病人自愿选择在家里死亡，但在走向生命终点的过程中，这种意愿不一定能撼动他们面前横亘的其他因素，甚至这些其他因素之间也在为了控制权而你争我夺。

✦ ✦ ✦

人们对于死亡制度的争论无休无止，但病人自身的意愿却被抛离在所有讨论之外，这在医学界早已见怪不怪。一项针对美国及全球的问卷调查已经证明，绝大多数患者希望在家中离世。[15] 另一项汇总了 18 份详细调查的结果表明，除英国外，大多数患者愿意在家中离世。无论是普通人，还是晚期癌症患者，其表现出的调查结果都是一致的。只有英国患者认为家不是理想的临终地点，他们更倾向于疗养院。

正如前文所说，另一个值得关注的现象是，患者越年迈、越临近死亡，对在家中离世的需求就越低。尽管多数人愿意在家中离世，但随着医疗护理需求的不断增大，患者会重新考虑离世的地点。一些病人即使在临终前放弃了家庭护理，也会选择临终疗养院，而非医院。在要求病人预测他们是否更愿意在医院离世的调查中，结果证实，认为自己将在医院去世的病人不超过 1/3。显而易见，大多数病人更渴望在家中离世。但这并不是现实，很少有病人能有这样的"机会"。即使果真如愿，也是因为刚出院不久。一项新罕布什尔州的研究表明，在家中死亡的病人里，有 1/3 的人从出院到死亡的时间不超过 7 天，甚至更短。[16]

死亡机构化大行其道的原因十分复杂，但与医疗、健康及疾病本身的联系并不紧密。还有其他因素，如经济社会、人口数量、地理环境及心理因素等，在死亡这项巨伞下推波助澜，暗流涌动。

疾病性质和治疗程度，的确可以影响病人最终离世的地点。[17] 有趣的是，比起心脏病或呼吸系统疾病，身患癌症的人更有可能在家中离世。一项研究表明，心脏病或中风患者在医院死亡的概率是癌症患者的两倍。[18] 这表明了医生更擅长癌症的诊断和评估，尤其是一些常见癌症，如肺癌、乳腺癌、前列腺癌，其病程都有规律可循。比起已转移的癌症，病灶较小且未转移癌症的治疗希望更大。"癌症"这个词本身就会引发强烈反应，令患者更加重视病情。晚期癌症患者更容易接受姑息治疗和临终关怀，这使在家中死亡成为可能，尽管癌症患者在医院死亡的可能性依然更高（美国除外）。

在所有类型的癌症中，最难以预测的是"液体"癌症，如白血病和淋巴癌，这种癌症将对血细胞造成影响。患有这种癌症的病患即使是晚期，仍有治疗的余地，因此他们在医院死亡的可能性高于家中。[19] 而病程较长、治疗过程较费力的患者在家中死亡的可能性更高。但是，护理需求日益增加的病人，即那些需要 24 小时监护或特殊设备（如呼吸辅助设备）的病人，在家死亡的可能性又会降低。[20] 此外，阿尔茨海默病患者在临终前将保持较长时间痴呆或神志不清的状态，因此比起家或者医院，他们更有可能在疗养院离世。

年龄对离世地点的影响尚不明确，但有一项严谨的研究表明，多数年龄超过 85 岁的老人倾向于在疗养院中离世，而不是家或医院。女性的寿命往往长于男性，所以死亡年龄略高于男性，死亡地点也多为疗养院，而非医院，这更强化了人们的刻板印象——疗养院里住满了老太太。

一个人最终是否"有机会"在家中离世，最重要的影响因素可能是家庭。在 20 世纪[21]，三口之家越来越少[22]，这主要是由于家庭成员之间的距离太远。[23]在 20 世纪初的美国，约 2/3 的丧偶女性与成年子女一起生活。而现在，独居的丧偶女性占到了 2/3。从数据中不难推断出，充分的社会支持不仅令死亡更加舒适，也增加了在家中死亡的可能性。患者对于在家死亡的意愿固然重要，但看护者的意见也一样重要。看护者认为在哪里死亡合适，将直接或间接影响病人最终在哪里死亡。事实上，许多研究调查了看护者意见，询问他们希望亲人在哪里离世，结果是选择家的看护者较少，而病人本人更倾向于选择家。可以肯定的是，辛劳和疲惫是主要原因。随着死亡的到来，看护者希望亲人在家中离世的渴望日渐减弱。

婚姻状况是另一大决定因素。令人惊讶的是，大量研究表明，已婚病人在医院死亡的可能性更高，而非家中。这不仅与常识背道而驰，也不太符合"社会支持与在家中死亡呈正相关"的研究结果。但研究越是深入，结果也越是明了：已婚病人在疗养院死亡的概率比丧偶病人更低。我个人及一些研究人员认为，这或许意味着已婚病人在家治疗的时间长于丧偶病人。已婚病人辗转于"家—医院"两点一线，丧偶病人经历的则是"家—疗养院—医院"模式。

医疗保健和配套服务也应被列入考虑范围。尽管多数病人希望在家中离世，且人们广泛认识到，在家中死亡应当成为大势所趋，但并非所有死亡都应该发生在家中。例如许多慢性肺病（如慢性阻塞性肺疾病和间质性肺纤维化）患者，若不将呼吸机开至最大功率，病人根本无法自主呼吸。现阶段，几乎没有任何方法能让这些病人毫无痛苦地在家中死亡。美国华盛顿州的一项研究表明，农村地区患者更有可能在家中死亡。这引发了人们的关注。贫困地区的患者死亡时甚至未曾就医，他们的就医需求未能被满足。[24]

就医是一把双刃剑。医疗是特殊的产业，病人是特殊的消费者，而健康是特殊的商品。令人困扰的一点是（其实这些困扰可以列一张很长的清单），在医疗行业，需求是由供给创造的。我在波士顿的旧住处方圆 8 公里内，有 13 家大型教学医院。每一家都挤满了需要缝合伤口的患者，每一家都迫切希望扩大面积，在这个有利可图的市场中争夺更大的份额。这就不得不提到"需求弹性"的概念。以航空产业为例，若机场数量增加，飞行成本降低，就相当于鼓励人们乘飞机出行，而不是火车。但若机场数量增加，空中旅行的价格却居高不下，且到达目的地的速度甚至比火车慢，这种情况又应当如何呢？人们还会配合运输管理局的安检标准乘坐飞机吗？可是在医疗产业中，经济学的标准法则完全行不通。

以 ICU 病房为例。美国的人均 ICU 床位比任何国家都要多。[25] 这种市场供应导致相比于其他国家，美国 ICU 患者的病情更轻。美国患者住院是市场所需，因为 ICU 的医保报销比例高于普通床位。这种模式在医疗产业能行得通，是因为消费者与账单不存在直接关系。如果换成点菜，你本来只想点一道饭后甜点，餐厅却推荐了价格奇高的四菜一汤。我想，你应该会婉言拒绝。正是由于这个悖论的存在，比起英国等国家，即使美国 ICU 的病人病情更轻，却比其他国家的病人更有可能在 ICU 中死亡。正常情况下，如果床位紧张，医生会把病人转去更为舒适的非应急病房，但床位绰绰有余时便没有这个必要了。

需求弹性也会影响死亡的地点。人们更有可能在有大量床位的医院死亡，同理，疗养院床位的密度越大，个体在疗养院死亡的可能性就越高。其他国家也是如此。日本是全球医院死亡率最高的国家，约 78%，也是人均医院床位数最高（每千人 13.7 个床位）、人均住院时间最长（18.5 天）的国家。[26] 在更微观的层面上，供应也可以推动需求。个人在医院死亡的可能性与以下两个因素相关：一、住院时间；二、有无住院经历。而导致在家中死亡的相关因素也很相似：如果可以在家得到医疗和护理，那么病人在家中死亡的可能性更高。

我们已经了解，一些因素将促使病人最终在家中死亡，而另一些因素会令他们远离在家中死亡。还有一点需要了解的是，在这种情况下，病人自身的意愿依然重要吗？病人是否已经被环境、家境和自己虚弱的身体所限制？在这场博弈中，他们是否还有主动权可言？

其实，病人的"意愿"并非像他们在表格上白纸黑字所填写的那样一成不变，板上钉钉。一些医生和护士接受了调查，回顾他们的经验，所有病人——无论是"笃定自己会在家里离世"，还是"不愿在家里日渐虚弱"的病人——最后说的都是"把我送去疗养院吧，不能让家人见到我这副样子"。[27]大多数病人都明白，疾病对自己和家人的负担越来越重，他们并不忌讳讨论在哪里离世。如果医生认为某处合适，同样会改变病人的意愿。被问及时，医生可以自然地谈论死亡地点，但他们无法向病人问出这种问题。一些医生甚至认为，和"愿意与病魔斗争到最后一刻"的病人讨论死亡地点是不道德的。大多数情况下，外部环境的重要性将优于病人自身的意志，而病人的意志很容易受到现实中各种偶然事件的影响。

病人在家中死亡的强烈意愿并没有被政策制定者忽视。事实上，在家中死亡，并且被允许在家中死亡才是优质医疗卫生的标志。人们认识到，病人的意愿应当得到尊重，这种认识现在已经转化为了实际变化。在家中死亡人数下降数十年后，终于出现了稳定的小幅持续增长。但先别着急庆祝，因为这种变化远不止表面那么简单。

✦ ✦ ✦

1751 年 5 月 11 日，本杰明·富兰克林（Benjamin Franklin）和托马斯·邦德（Thomas Bond）为美国第一家医院——宾夕法尼亚州立医院举行奠基仪式，这家医院的宗旨是服务穷人、病人，以及费城街头有精神疾病的流浪汉。之后，在美国各地相继出现了一些医院，直到 1965 年医疗保险和医疗补助计划的引入，令医院数量和就医率大幅上升。仅在 1965 年至 1970 年，医疗费用就上涨了 23%，直至今天，医疗仍是一个"朝阳产业"。[28] 就医率的激增带来了颠覆性的转变：文明起步时，人们在家中死亡，而现在，绝大多数人在病房中咽下最后一口气。

伴随转变而来的，是人们强烈的抵制，不仅公共舆论一片哗然，甚至部分医生也发声反对。其中一位医生在 1976 年的《美国医学会杂志》中这样写道："医院不是为死亡准备的……只有流浪汉才需要死在医院。"[29] 显然这种观点有些极端，但这反映了当时人们对于医院的偏见——医院本该用于治疗那些可能从医疗中受益的人，而不是成为给人们开刀的坟场。

医学界没有对这些反对意见充耳不闻，当许多癌症晚期病人转入新兴的疗养院时，微小而持续的反转开始了。[30] 1990—1998 年，美国的家中死亡率从 17% 上升至 22%，与此同时，在疗养院死亡的人数比例也不断攀升，从 16% 增长至 22%。不仅如此，1983—1998 年，在医院死亡的人数比例从 54% 降至 41%。截至 2007 年，美国 65 岁以下的家中死亡人数比例增长至 30%，65 岁以上增长至 24%。[31] 这是一组值得庆祝的数字，但这组数字背后隐藏着一个悲哀的事实：与以往任何时代相比，家中死亡都更显然成了一种分配不均的特权。

1980 年时，种族尚未成为决定死亡地点的因素。白人和非裔美国人的医院死亡率相同。此后，两条曲线开始出现分化。到了当代，无论哪个年龄阶层，少数族裔都比白人更可能在医院死亡。[32] 而在少数族裔中，65 岁以下，非西语裔白人家中死亡率最高；65 岁以上，非西语裔白人的疗养院死亡率最高。除种族差异外，阶级差异也是另一大因素。

一个人是否最终在医院死亡，其社会经济地位是最准确的预测因素。贫穷的病人往往在医院死亡。在一些发达国家，如英国，穷人在医院死亡的概率较高，这种效应在美国更为显著：就最富裕和最贫穷地区的在家死亡人数差值而言，纽约是伦敦的 3 倍以上。

人们试图用一些理论解释这种现象。其中较为可信的理由是，少数族裔占有的资源较少。白人得到家庭医疗护理的可能性是非裔或西语裔美国人的近 4 倍。即使将社会经济之类的因素列入考虑范围内，非裔美国人还是难以得到临终关怀。少数族裔更容易处于未上保或保额不足的境地，这就是在医院死亡的另一个预测因素。还可能有一些其他因素，如少数族裔倾向于生活在医院密集的城市地区等。这些差异不仅困扰着那些处于病痛之中的人，更影响着整个医疗卫生领域。

在美国，临终前 6 个月的护理费已成为一笔不小的医疗支出。但即便是这项费用，也不是平均分布的。[33] 病情相同的患者中，非裔美国人临终前 6 个月花费的医药费比白人高32%。西语裔患者的临终护理更加昂贵，高出同病情的白人患者 56%。大部分额外支出与年龄、性别、社会经济地位、地理因素或基础疾病的负担没有关联，甚至与是否进行临终护理无关。约 85% 的额外支出都花在了过度治疗（如 ICU治疗），或创伤性治疗（如机械通气、心脏插管、外科手术、透析及心脏复苏）。

对于这个世界的另一些国家而言，住院治疗只是一种憧憬。比如，在巴基斯坦或印度，只有成功的人才能住进医院得到治疗。我们更容易理解发展中国家的这种分配不均——越富有，越容易因摄食过度而变得肥胖。这种关系比发达国家直观得多，相反，在发达国家，超重和肥胖的往往是穷人。

发达国家中，死在医院的都是最贫穷和最弱势的群体，由此产生了更高昂的医疗费用，但并非只有美国存在这种现象。我们大洋彼岸的朋友——英国——也是如此，穷人在医院死亡的可能性比富人更大。[34] 但就像之前提到的一样，这种差异比美国小得多。总之，虽然死亡对于每个当代人的

意义都不同，但在许多方面，死亡从未改变。死神从不以温
和著称，但在过去至少一视同仁，挥起镰刀时对受害者的财
富视而不见。相比于过去，当代的死亡变得越发不同了。

✦ ✦ ✦

玛莎，我所认识的最生性自由之人，被困在了医院。很
久之后，她和家人才明白，生活再也回不到从前了。住院
前，玛莎一直独立照料自己的生活，在一所高级老年公寓中
独居。作为医务人员，我们已经明确表示对困扰玛莎的疾病
无能为力。此时，我只能帮玛莎实现她的最后愿望：在家里
离世。

把玛莎的家人请到医院并不是件容易的事，他们的工作
日程都很满。家属到齐时，玛莎已经在医院住了几周，不像
之前见面时那么健谈了。玛莎那时候安静地躺着，极为虚
弱，甚至有些神志不清。她有 5 个孩子，都很爱她，愿意照
顾她，而且就住在附近。即使如此，他们中也没有人能日夜
守在母亲身旁。我建议家属轮流陪护，但这依然无法实现。
而且，没有一个人愿意让母亲待在自己家。

为了让玛莎回家，我们唯一能做的就是让她恢复部分体
力，直到有足够的身体机能可以自理。但是，玛莎难以在医
院得到她所需要的康复治疗。医院的目的是救治重伤急症，
虽然配有专业理疗师，但理疗师与病人间的人数比例远不及
疗养院。玛莎的病历管理员与我配合，希望为玛莎找到一家

合适的疗养院，但我们联系到的每一家都拒绝了我们的请求。虽然并不具有传染性，但一听说玛莎长了红疹，每个人都避之不及。我一一拜访了这些机构的护士长，但我无论说什么，他们就是不放心。时间一天天过去，玛莎曾经热闹的病房一天比一天冷清。但我们并没有放弃，直到那天，我在办公室里敲着键盘，一个护士进来告诉我玛莎已经停止了呼吸。她再也无法呼吸了。

论起数据，没人会比玛莎更符合在家死亡的一项项条件。白人、女性、有家人的支持、有充足的保险，最重要的是，她的确希望在自己的家中离去。然而，做了所有能做的事之后，除了推迟一个必然到来的终点，我无能为力。她走时，身边没有一个亲近的人，没有一件心爱的物件。

玛莎和美国无数这样的故事让我感到，在家死亡已经变成了一种幻想，一处高不可攀的遗迹。诸多原因导致人们从自己的床上被转移到医院的病床上，这些原因不仅持续存在，还将愈发强势。面对经济压力，人们外出寻找生计，搬到可以获得工作的地方，与家人分隔两地。越来越少的人选择在家中照顾年迈的父母和亲属。而经济差异只会越来越大。[35] 随着医疗水平的提升，人们的寿命增加了，却患上了更多的慢性疾病。与过去相比，人们晚年生活自理的能力变差了。

然而，允许人们自行选择死亡地点依然极其重要，玛莎的故事点醒了我：越年迈，越容易生病；越靠近生命的终点，人们失去的就越多。病人们意识到，在家里死去不只是意味着他们可以睡在自己的毯子里，起床时不会伴随着刺耳的铃声和闯入房间的一大群护士，不必在早上为了查血糖而饿着肚子等医生来抽血。而且随着年龄的增长，他们的生活日程越来越受制于医疗预约和住院治疗，他们的饮食也受到疾病和药物的影响，束缚越来越多。在过去，死亡并不会让人这样无助。事实上，人们会妥帖地安排好自己的遗言和临终场景，也只有他们自己才是最了解自己的人。

伊恩·麦克尤恩（Ian McEwan）的首部小说《水泥花园》（*The Cement Garden*），描述了一个家庭如何变得支离破碎的故事。[36] 父亲猝然离世后，留下 4 个孩子和患有某种不知名疾病的母亲。母亲在发现自己生病后，并没有进行任何治疗，而是决定在家里度过最后的人生。之后的情节不言自明：为了不被收养，其中一个孩子把母亲正在腐烂的尸体埋在了院子里，还有一个孩子整天堕落地昏昏大睡，大儿子杰克和 17 岁的姐姐发生了关系，骇人听闻的事情接连发生。

但我觉得，最脱离现实的并不是这些情节，而是杰克母亲临终的场景——枕着自己的枕头，身边堆放着自己喜欢的杂志。大批临终患者被转移到医院，如同被流放在社区之外。无论对于成人还是孩子，没有什么比"死亡"更能令人懂得什么是"生命"；没有什么比"濒死"更能令人懂得什么是"活着"。在不久之前，死亡并不属于医院和密闭的设施，而是发生在真实的社区里，被充满人情味的街里街坊所环绕。对于临终者，邻居会前来探望；对于过世者，不只是亲朋好友，周围的邻居同样会前来缅怀。然而，从人们由乡村移居到城市开始，死亡社区化的观念越来越淡薄。英国著名的癌症治疗医生，戴维·斯密彻斯（David Smithers）爵士比其他人更早地意识到了临终关怀的缺失。他曾这样描写自己长大的小镇中的死亡："小镇里，如果有人过世了，每个人都会知道，这就像是一种惯例……而在城市，几英尺的墙外或许有人正在孤独地死去，而你对此一无所知。"[37]

第 **4** 章

我们如何学会放弃抢救

曾经，死亡是千篇一律的，而现在，科学进步使它发生了巨大的变化。在千万年的进化中，死亡应有的样子已在人们心中根深蒂固。这也恰恰是现代死亡令人感到如此怪异和陌生的原因。医学已经从方方面面提高了人们的生活质量，诚然，人类的寿命延长了，但死亡比任何时代都来得更加漫长、更加痛苦了。

我的外祖母精神矍铄，身板硬朗，我们叫她纳诺（Nano）。虽然才60出头，但在别人眼中，她的确是个不折不扣的老年人了。她十几岁时就结了婚，生下8个孩子。唯一一次离开巴基斯坦，是去沙特阿拉伯王国的麦加朝圣，那是穆斯林一年一度的盛大宗教活动。一天，她在我舅舅家吃饭，胸口突然泛起一阵灼烧感。她觉得可能只是胃酸反流，忍忍就好。但紧接着，她感到恶心，开始呕吐，而灼烧感没有丝毫减轻。舅舅越来越着急，抱起她冲向汽车后座。到医院时，她已经站不起身，被舅舅抱进了急诊室。短短几分钟后，她去世了。

这一切就发生在我写这本书时，外祖母的死讯像是一道晴天霹雳。我完全不知道她病得这么重，更没想到她可能快去世了。没有人知道她是如何死亡、因何死亡。但这就是巴基斯坦大多数人的真实现状。以当代的视角评判外祖母的过世，最令人无法接受的一点是：那是她第一天住院，也是最后一天。

当今许多第三世界国家人们的死亡方式，仍类似于发达国家人们在先进医学技术出现之前的死亡方式。我在巴基斯坦长大，每次在那里目睹死亡就像是被时光机拉到过去，回到死亡仍是"神秘"的代名词的时代。解释疾病的不是诊断标准，而是神话故事。人们的柜子里没有处方药和医疗器械，而是摆放着祭祀用品、祷文和草药。只有极少数人战胜了病痛，但他们所依靠的不是止痛药，而是信念。在发达国家，发生变化的不单单是医学，还有人们的生活方式和家庭结构。过去，由于缺乏能够有效维持生命的治疗方法，大部分人会选择在家治疗。家人都住得很近，工作压力小，家中年轻人口多，因此老年人可以得到更多照顾。许多发展中国家现在依然如此，这就是为什么那里的人们甚至没有"疗养院"或"康复中心"的概念。

人们往往会赋予第三世界里的死亡一种理想主义色彩，但这只代表了问题的一个方面。写这本书时，我失去了许多亲人。我的一生中充满了因未曾谋面的亲人离去而带来的伤感。如果阿卜杜拉活下来的话，他会是我的大哥。我母亲怀他时刚刚 20 岁，一切似乎都很顺利。母亲有 7 个兄弟姐妹，大家都期待着下一代第一个孩子的降临。但阿卜杜拉刚一出生，甚至没来得及留下一张照片，就停止了呼吸，没有人知道原因。至今我仍会想象，如果阿卜杜拉还在世，我们的生活会是什么样子。

类似阿卜杜拉这样的死亡在贫穷国家很常见，甚至在 20世纪初的欧美也是如此。正是那些本可挽回的生命和本该被阻止的死亡真实地提醒着我们，应该对医生、科学家和公共卫生专家心存感激，因为他们总是能在我们无计可施时提供帮助。

医疗保险，是另一个改变大多数发达国家死亡文化的重要因素。不久以前，美国及大部分发达国家的医疗都是收费服务。这意味着，住院就像是住酒店一样。住的时间越长，享受的服务越多，付的钱自然越多。这有时会带来令人痛苦的选择。我还在巴基斯坦时，治疗过一个重症监护室的孩子，由于营养不良，他日渐消瘦。孩子的父亲是个工人，收入微薄。当生病的孩子在 ICU 住的时间越来越长，这位父亲开始担心自己其他健康的孩子了。医药费每天都在增加，他必须做出选择，是救治生病的孩子，还是不让其他孩子活活饿死。最终，他决定终止重症监护，而这个孩子几乎是立刻就去世了。

在医疗保险的保障下，病人可以在医院接受延长生命、维持生命的治疗和干预措施，而不必担心需要自掏腰包支付巨额账单。也正是因为这种改变，我们才有机会讨论前文提到的"我们在哪里死亡",以及许多新涌现的话题。

　　无论好坏,死亡已经发生了翻天覆地的变化。我们有所得到,也有所失去。我们推迟了死亡,却也令死亡本身变得困难起来。没有什么比心肺复苏术(CPR)的复杂故事,更能体现概括我们所走上的各种不同方向了。对现代医学而言,CPR 具有反英雄的特点:一方面,它肯定了我们所取得的进步;另一方面,它也指出了我们存在的不足。

　　故事发生在我们最忙碌的一段时间,医生的晨间查房不得不一直持续到下午。我们科室的 ICU 病房里人满为患,许多病人不得不转去其他 ICU 病房。ICU 的晨间查房是一种医院制度,便于前一天的值班医生向当天的值班医生陈述每个病人的所有情况。晨间查房时,医生团队的运作就像是空中交通管制,每个人分工明确,试图尽可能多地在早上完成指定任务,以便整个团队可以在下午和晚上处理其他任务,比如手术或新入院患者的治疗。这种换班制度是我们工作中最困难的部分。与其他 ICU 病房不同,我们接收的病人并没有上限。除了本科室,我们还需要接收其他科室的病人,如果其他科室人满为患,我们就会被当作分流阀。但我十分享受自己的工作。我还是住院医生时就认识了这些组员,那时我们就成了好友。他们是医院里最聪明、最镇定的主治医生。一个有凝聚力的团队不仅能帮助团队成员享受工作,更能改善病人得到的治疗，这一点怎么强调都不为过。当我们走进名单上最后一位病人的房间时，已是日上三竿，如果病人没有病情恶化的明显迹象，那么这轮查房应该可以收尾了。

这名男性患者 60 多岁，是当时我们收治的病人中最年轻的。他刚刚经历了一次不幸，颅内大量出血造成了永久性的交流障碍。一次警讯事件[①] 令他告别了正常生活，躺在病床上再也无法开口说话。但考虑到急症的性质，他仍有机会恢复大脑部分功能。我们结束检查准备离开房间时，突然发现他躺得太低了，于是决定在查房结束前把他向上抬一抬。这听起来很简单，其实需要精心操作。[1] 我们得升高床板，摇下床刹，挪开枕头，还得有两人或四人抓住病人身下的床单，倒数"3、2、1"，才能把病人朝床头移一移。到了最后一刻我才突然想起，床刹还没有固定，于是赶紧用脚踩住。终于成功了，我们交换了个欢呼击掌的眼神，准备离开房间。就在此时，我却突然瞥见病人似乎出现了窒息，脸色转为青紫。

我飞快地扫了一眼床边的心电监护仪，上面本该显示着心脏正常跳动的规律特征，此时却出现了较宽的波峰和波谷，表明病人正处于心跳过快的状态，即室性心动过速。我冲到病人身边，把食指和中指指尖搭在他的左手手腕上。他的脉搏跳得飞快，砰砰，砰砰……直到突然消失。后来我才

---

① 　即在医疗机构发生的导致患者死亡或遭受身体创伤、心理创伤的意外事件，与患者所患疾病本身无关。——译者注

意识到，那是我人生中第一次触诊到病人的临终脉搏。但当时根本没有时间思考这些，病人正处于心搏骤停的状态。我朝服务台的护士大喊："蓝色警报！"

医院设有表示不同紧急情况的"警报"。红色警报表示发生火灾，但常常只是因为某人用微波炉加热三明治的时间过久。黑色警报表示医院的计算机系统崩溃，这算是真正的现代医学紧急事件。但没有任何一种警报像蓝色警报这样引人注意，它代表着病人出现了心脏骤停。

蓝色警报之后，在医院所发生的一切才是关键。许多人考进医学院，去医院实习，背着债务和压力，不去社交，不知疲倦地工作，填写堆积如山的文件，不坐电梯改爬楼梯，只是因为坐电梯的时间太长……所有这些，就是为了这个时刻。响应的热情太高，以至于重点已经从召集尽可能多的人回应蓝色警报（通常仅称为警报），变为召集更少的人回应，以避免过度拥挤。在医院中，有些警报甚至会收到超过100人的回应。

但以上一切都没有发生，另一位住院医生告诉我，这名病人签了DNR/DNI（不做心肺复苏/不接受插管）协议，这意味着病人或其代理人决定不接受心肺复苏，不接受插管。护士用广播取消了蓝色警报。因此，不会有赶来抢救的大批医生的脚步声，周围一片寂静。我们所有人看着他的心脏停止跳动，脸部逐渐失去血色。

当时的我有无数问题，现在回想这个男人是如何过世的，我依然有无数问题。一些问题很具体：哪些外部原因导致了他的死亡？他在医院去世前的生活是什么样子？我们本可以做些什么避免他的死亡？最重要的是，有什么措施可以挽回他的生命？还有一些更宏观的问题：我们如何学会抢救垂危的病人？在没有这些知识的时代人们如何抢救？以及，或许最重要的是，我们如何学会放弃抢救，为什么需要学会放弃抢救？

✦ ✦ ✦

CPR 存在的时间并不算太久。直到 1940 年至 1960 年，心脏骤停患者的首选治疗方法，还是由外科医生切开胸腔，戴着手套按压心脏。[2] 还有其他原始而无效的治疗，比如直接向心脏注射药物。从广义上说，心脏骤停包括两种类型。一种是"心室颤动"（室颤）或"室性心动过速"，即心脏丧失正常节律性收缩，开始快速颤动，导致无意义的血液流动。大脑是最依赖持续供血的器官，因为血流可以带来宝贵的氧气，片刻的心脏骤停就可以对大脑造成无法逆转的损伤。另一种形式是"心脏停搏"，即心脏停止跳动，完全静止，心律变为一条可怕的直线。"无脉性电活动"像是心脏停搏的邪恶兄弟，在无脉性电活动期间，心脏丧失有效收缩，病人也没有脉搏，但心电图上依然会表现出欺骗性的波动。

现代 CPR 的原理始于对溺水者的救助。《圣经》（The Bible）中的《旧约》（The Old Testament）首次记录了复苏术的成功尝试：先知以利亚走向一个死去的孩子，"先知的口对着孩子的口，先知的眼对着孩子的眼，先知的手对着孩子的手……孩子的躯体逐渐温暖起来"。[3] 1740 年，巴黎科学院首次将口对口呼吸作为救治溺水者的可行治疗方案。在医生们经历了一段时间的错误尝试后，彼得·萨法尔（Peter Safar）建立了现代口对口复苏术的基础。这位维也纳医生在耶鲁大学受过外科手术培训，随后又在宾夕法尼亚大学进修了麻醉学。[4] 他进行了一项实验，对象是 80 名年轻的志愿者，其中大多为 20～40 岁的女性。萨法尔对他们进行了麻醉，然后分析哪种姿势造成的呼吸道阻塞最少，当然，这一实验放到今天绝不会被伦理审查委员会批准。他的结论是，保持呼吸道畅通的最好方式是让志愿者仰面平躺，向后仰头，抬起下巴。通过该实验，萨法尔推翻了过去人们认为俯卧是确保呼吸道开放的最佳方式的观点。诸如人工呼吸器等机器的发展，也逐步应用于维持氧气向肺部的输送（即"机械通气"），这让我们克服了至少一种主要器官——肺——的衰竭。[5]

在帮助病人维持呼吸方面取得进展的同时，人们开始着手进行动物实验，研究使静止的心脏重新恢复跳动的方法，并将其应用于人类。恢复心脏骤停主要有两种方法——机械法和电击法。心脏，是我们的身体中最像发电机的器官。电信号由人体的天然起搏器——窦房结发出，有组织地传播出去，首先经过位于心脏上方体积较小的心房，然后向下传至心肌较为发达的心室，当心室被激活时，就会引起血流在全身的流动。但在心室颤动或室性心动过速的情况下，心脏的电信号活动会处于完全紊乱的状态，窦房结彻底失控。心室无法强有力收缩，只能颤动，丧失实际的功能。

1774 年，在一篇名为《电能修复生命》（"Electricity Restores Vitality"）的报告中，首次出现了用电击恢复正常心律的文字记载。[6]一名 3 岁女童索菲娅·格林希尔（Sophia Greenhill）从伦敦苏活区的一幢高楼坠落，当地医院抢救无效，医生宣布女童死亡。然而死亡宣布 20 分钟后，一位名叫斯夸尔斯的先生电击了女童身体的不同部位，电击至胸腔时，女童再次开始呼吸，又恢复了脉搏。此事在历史文献中记载极少，到了近代才被逐渐提及。直到 1899 年，这一发现才有了新的进展——瑞士的研究人员察觉，小股电流会使狗的心脏发生室颤，如果加大电流，则可通过电击使心脏摆脱不良节律。[7]

1947 年，电击首次成功应用于人体。[8]外科医生克利夫兰当时正在进行一台平常的手术，但手术台上的 14 岁男孩突然开始血压下降，发生室颤。医生当即开胸按压心脏，并给病人用药。进行了约 35 分钟的心脏按压后，男孩的心脏仍处于室颤状态。紧接着，医生在已经敞开的心脏前后各放置一个电极，进行了一次电击。此前，他们曾对 5 名病人做过类似的尝试，可无一成功。与之前病人的情况类似，男孩的心脏仍在颤动。医生再次电击，这次心脏直接停止了跳动。片刻后，医生注意到心脏开始收缩，"幅度很小，但快速且规律"。医生又继续按压了心脏90分钟，完成这一切后，这个男孩竟然度过了危机，最终平安健康地走出了医院。

保罗·佐尔（Paul Zoll）是一名内科医生，我还是实习医生时，所在医院的心脏病科室楼层就是以他的名字命名的。他首次展示了如何使用"除颤器"，无须开胸，只需把除颤器放在病人皮肤上即可。[9] 在他发表在1956年的《新英格兰医学杂志》上的系列病例研究中，佐尔描述了复苏心脏骤停所需的步骤。[10] 但电击仅对室颤和室性心动过速有效，并不适用于心脏停搏和无脉性电活动的患者，而这部分患者约占心脏骤停患者总数的2/3。[11] 改良后的除颤器已经对这一点加以考虑，会自动告知现场急救人员，针对该心脏骤停情况，是否可以进行电击。

尽管心脏的问题十分复杂，但它的功能只有一个：输送血液。因此，除了人工呼吸和电击，CPR三条原则中的最后一条便是挤压。莫里茨·西弗（Moritz Schiff）是意大利佛罗伦萨的一位生物学家，被认为是人工循环的先驱。[12] 1874年，一位前来进修的医生哈克发表了一篇关于西弗的实验的报告，不仅对实验本身提出了一些引人关注的见解，也为19世纪晚期人们对虐待动物的看法提供了一个有趣的视角。[13] 哈克在报告的开头描述了西弗的实验："近来，一些不明智的当事人对生理学实验室提起诉讼，引起了公众关注。"但他补充道："该诉讼已被撤回，虐待动物的指控已被证明完全是基于无知的谣言。"西弗先对动物实施麻醉，用氯仿麻痹它们的心脏，再用双手对心脏进行周期性按压，直到"器官恢复自主跳动"。但奇怪的是，西弗在证明了自己可以恢复动物心脏功能后，克制住了挽回动物生命的想法。在动物开始恢复部分神经功能（如眼睑反射）时，西弗就撤回了他的双手："此时，动物将恢复大脑意识，如果实验再进行下去会很残忍，也没有意义。"

1878 年，德国教授鲁道夫·布恩（Rudolph Boehm）在现在的爱沙尼亚属地用氯仿诱使猫的心脏骤停后，分别挤压左侧和右侧胸腔 30 分钟，直到实验猫苏醒。[14] 这种形式的"胸外心脏按压"是现代 CPR 的前身，之后被开胸心脏按摩——由法国外科医生西奥多·迪菲尔（Theodore Tuffier）于 1898 年首次应用于人体——所取代。迪菲尔的这位病人 24 岁，阑尾切除术术后第 5 天时突然不省人事，脉搏消失。迪菲尔打开了他的胸腔，用手指按压心脏，但病人只是短暂地恢复了脉搏，最终死亡。[15] 因其更加直接、有效的特点，开胸心脏按压术开始广泛普及，被公认为是治疗心脏骤停的最佳方案，尤其在除颤器无效的情况下。

直到 1960 年，现代 CPR 的三个核心步骤——人工呼吸、体外电击除颤和胸外心脏按压才成功一体化，由威廉·高文霍夫（William Kouwenhoven）、詹姆斯·裘德（James Jude）和盖伊·尼克博克（Guy Knickerbocker）提出，刊登在《美国医学会杂志》上。[16] 这个重大的进步将成为当代医学的决定性时刻之一。不久后，全世界不计其数的医务工作者接受了 CPR 培训。大众普遍认为 CPR 现在是最有效的医学干预措施之一，几乎与海姆立克急救法[①]一样普及。

✦ ✦ ✦

经历了几百年的发展后，现代复苏法在全世界取得了巨大成功，改变了人们对死亡本身的看法。在许多方面，因为有了这些抢救措施，人们认为死亡不再是必然注定的了。在此之前，抢救死者或溺水者最广为接受的方法，是向他们的直肠注入烟雾。[17] 在当时，这种方法确实十分普遍，甚至英国溺水者营救会都对此表示认同。用于抢救溺水者的"烟草灌肠"装置在泰晤士河畔随处可见，就像现代我们放置在公共场合的电击除颤器一样普遍。直到19世纪，这种方法才退出西方国家的历史舞台。[18] 1960 年，高文霍夫、裘德和尼克博克在其论文中，首次结合了心肺复苏的三个方面——人工呼吸、电击和压胸法，这不仅改变了急救医学，更改变了大多数人生命结束的方式。这三位作者即使是做梦，也从未预见过他们的研究会产生如此深远的影响。

CPR 的重要性迅速得到了全世界的认可。20 世纪60 年代是整个医疗系统发生巨变的时代。当时，急救响应系统开始发展，形成了训练有素的医护人员结合救护车的配置，这

---

① 一种抢救气管异物患者的标准方法。——译者注

极大地改善了病人获得医疗服务的机会。同一时期，由于手术和化验量增加，医生开始带着自己的病人从小型诊所和办公室搬进医院。最致命的疾病——如传染性疾病和心脏病——的治疗也有了进步，人的寿命得以延长。但随着医学发展，心脏病患者的生存率不断提升，患者总人数也开始不断增长，其中许多病人也会患上心力衰竭之类的慢性疾病。此外，病人的年龄越大，癌症的发生率也越高，导致医疗护理需求大幅上升。疾病呈指数式增加，以及医生能够或愿意为治疗疾病而做的大量工作，这二者造就了当代的医疗产业。[19]

　　最初，人们发明机械通气是为了治疗一种现已基本被消灭的疾病——脊髓灰质炎，这是一种可导致瘫痪的疾病，通过病毒传播，美国总统富兰克林·D. 罗斯福（Franklin D. Roosevelt）就深受这种疾病的折磨。20 世纪 50 年代是脊髓灰质炎暴发的高峰时期，美国每年约有 2.1 万人因此瘫痪。[20] 脊髓灰质炎首先导致腿部瘫痪，病情恶化后会造成病人呼吸肌瘫痪。想象一下，成千上万的孩子因窒息而死，他们的全部感官却完好无损。当时治疗这些孩子的唯一方法，就是为他们装上机械通气装置，如"铁肺"——这是 1929 年，两名哈佛大学的研究人员，菲利普·德林克（Philip Drinker）和路易斯·阿加西·肖（Louis Agassiz Shaw）的共同发明。[21] 铁肺会借助体外的负压扩张胸腔和肺部，帮助病人呼吸。但这种装置对饱受脊髓灰质炎折磨的患者并不起效，这是因为他们的胸肌缺乏力量，无法对铁肺引发的压力变化做出反应。

1949 年至 1950 年，斯堪的纳维亚半岛上脊髓灰质炎疫情迅猛暴发。来自丹麦各个城市的孩子被转移到首都哥本哈根的布利丹医院。尽管此时已有了传统的机械通气法，但近 85% 的脊髓灰质炎患儿还是因呼吸困难死亡。[22] 比约恩·易卜生（Bjorn Ibsen）是当时一家医院的资深麻醉师，为了提高疗效，他设计了一种机器，可以更好地模仿人体呼吸的生理机制，用以帮助患儿呼吸。

如果需要空气进入肺部，人体会使肺的内部呈负压状态，吸入空气。借助这种原理，易卜生发明了一种带有可充气套囊的导管（可防止空气外泄），治疗时在患者颈部正面切口，沿气管插入导管，这就是气管造口术。这种导管可以在肺中产生负压吸入空气，并输送氧气，可以称为现代呼吸设备的鼻祖了。但当时，易卜生还无法使机器持续运转。为了克服这一困难，病床旁需要有人手动给泵充气放气，把氧气输送至病人体内。为了不间断地给 75 名脊髓灰质炎患者机械通气，需要 250 名医学生 24 小时守在病床边，轮流为病人手动换气。易卜生的新发现被《英国医学杂志》报道后，迅速在全世界普及，成为 ICU 中处理呼吸困难患者的标准治疗方法。[23] 20 世纪 60 年代，随着 CPR 一体化的推进和心脏监护仪的引进，现代 ICU 的黄金时期到来了。

✦✦✦

在过去几千年中，医学一直是一门艺术，直到现代它才成为一门科学。随着医学和科技的结合，医生可用的干预治疗手段呈指数式增加。与此同时，一些逐渐涌出的新发现，从根本上改变了人类对生命的看法。X 射线成像和 CT 扫描（电脑断层扫描）不断发展，使医生不用打开病人的身体就能诊断疾病。1953 年，詹姆斯·沃森（James Watson）和弗朗西斯·克里克（Francis Crick）在《自然》杂志上发表了他们的经典论文，首次描述了生命的基础元件——DNA（脱氧核糖核酸）。[24] 我们不仅用抗生素之类的新药物治疗疾病，并且会研发从源头就可以预防疾病的疫苗。目前，除了两个国家外，脊髓灰质炎疫苗已经在全球范围内消灭了脊髓灰质炎。但是，随着医学逐渐增强我们存活的能力，它也开始侵犯人死亡的权利。

20 世纪 60 年代末期，一名 60 岁的英国医生被诊断患有胃癌。[25] 此前，他已经因心脏病发作而退休，身体本来就不好。他先是通过手术切除了胃部，但无济于事，癌细胞已经转移到全身。由于肿瘤压迫脊柱神经，连高剂量的吗啡也无法缓解这名医生的疼痛。术后 10 天他突然昏厥，随后被发现肺部有一个巨大的血栓。一位年轻医生为他动了手术，奇迹般地从动脉摘除了血栓。在恢复期间，这位曾是医生的病人虽然很感谢得到救治，但他恳求，如果自己再次心脏骤停，

请不要让他继续活下去。他所承受的痛苦是那么严重，以
至于几乎找不到任何缓解的办法。他坚决表示不要再次抢救
他，甚至在病历中写了一张纸条，并多次与医院的工作人员
沟通。即便有了这种认知，两周后当这位医生心脏骤停时，
他当晚就被抢救了4次。他的颈部做了切口以帮助呼吸，但
病情在心脏骤停后几乎急转直下。他的大脑不再以任何合理
的方式运作，身体也开始持续剧烈地呕吐、抽搐。但医护人
员仍继续为他使用抗生素和其他维持生命的措施，直到心脏
完全停止跳动。

类似的故事在20世纪60—70年代屡见不鲜。1969年，
另一位英国医生在一篇通讯报道中总结了当时的舆论：

> "只要有一线希望就不能让病人死亡，无论花多大代
> 价，无论病人和亲属偿还费用时多么痛苦。"通常，对死
> 亡的恐惧有两种：一是死亡本身；二是死前可能遭受的
> 痛苦。那么现在可能又增加了一种——对抢救的恐惧。
>
> 许多医生过去认为，我们职业生涯中的最大危险是
> 因失误而致人死亡。这一担忧现在是否已经变成"致人
> 活命"了呢？[26]

医生们发现自己处在一种前所未有的两难境地。随着医
学在各个专业、各个领域的进步，它似乎终于开始将梦想变
为现实。从职业生涯之初起，医生的职责就是为病人多争取

一些时间，但从未有人预料到这些进步所带来的长期后果。

科技也极大地改变了医患关系。"二战"后，医学科技一片繁荣，但在此之前，医生和患者的交流仅限于家庭或诊所。由于无法处理更危重病人的治疗、检测和管理，医疗护理才逐渐转移到了医院。可是，医院非但没有拉近医生与病人之间的距离，反而破坏了医患关系。科技使医生和病人之间的距离越来越远，因为医生越来越依赖用化验、扫描和手术去了解病人的生理状况。与此同时，1965 年美国联邦医疗保险照顾计划和医疗保险救助计划被批准纳入社会保障体系，这正与当时的医疗状况不谋而合，此后，病人得到的医疗保障大幅增加。医院因此增加了每个医生需要治疗的病人数量，随之而来的还有越来越多的文书工作，而医生花在病人身上的时间日渐减少。

科学与医学的融合为医生提供了一座他们从未拥有过的知识库。但是，就像其他领域的专业人士一样，只有医生才了解那一大堆复杂的医疗信息，于是他们变得格外傲慢起来。尤其在 20 世纪 60 年代，医生与患者的意见出现了前所未有的分歧。一项 1961 年的研究表明，事实上 90% 的医生认为，不应该告诉病人罹患癌症的消息。[27] 这一发现也反映在当时进行的其他研究中。[28] 多数医生认为，不告诉患者真实信息是为了让他们怀有希望。对于需要动手术或进行放射治疗的病人，医生更倾向于用"肿瘤"或"癌前病变"之类的措辞。值得注意的是，这与病人的态度截然不同，众多报告表明，大多数病人希望自己了解病情。[29] 在当时，医学也是一种几乎被男性控制的职业，正如当时社会的其他职业一样。一位医生在医学期刊《柳叶刀》上写道："男女医生的职业前景不同，这是由心理、生理和社会因素共同造成的。"[30] 他接着引用了 1977 年史蒂芬·戈德堡（Steven Goldberg）所写的《父权制的必然性》（*The Inevitability of Patriarchy*），指出缺乏雄性激素令女性丧失了统治所需要的动力。

这种独裁专横的态度对病人造成了严重的恶劣影响，尤其对于临终病人而言。多数医生单方面决定了在多大程度上对病人进行积极治疗，而这些决定涉及医疗护理的各个方面。医生或是无视病人的意见继续积极治疗，或是自行判断进一步的治疗是徒劳的。事实上，早在抢救伦理成为全美国的讨论话题之前，许多医院就已经制定了实践标准。如在纽约皇后区，如果出现病情过重不宜抢救或抢救无益的患者，医生会在他们的病历上粘一个紫色圆点。[31] 这相当于是医生自己在做一种粗略的判断，决定哪些病人值得抢救，哪些病人不值得。但病人及其家属极少了解这些信息。

另一种在当时愈发盛行的措施，是所谓的"慢速警报"（slow codes）。[32] 这种抢救尝试的紧急程度比不上"蓝色警报"，更像是一场虚假的作秀，或是好莱坞式的表演。当医生认为病人太过虚弱或病重，发布"蓝色警报"动员所有人进行抢救没有任何意义时，就会使用"慢速警报"。虽然这其中的一些评估是出于人道主义尝试，以防止对病人造成不必要的伤害，但常常病人或其家属还没有与医生达成共识，医生就做出了这种决定。由于这种惯例性质复杂，慢速警报从未被公开讨论过，它只存在于医院走廊的窃窃私语中。

在当时法律和道德还处于一片空白时，病人及其家属有时却可以与医生达成一些双方都能接受的共识。对于一些患有难治性疼痛、处于晚期疾病、预后不良或生活质量较差的患者，在病人或家属的要求下，医生会通情达理地"放过"他们。医生会与家属单独谈话，询问是否需要"冒险式抢救"（heroic measures，另一个经常使用但饱受争议的术语），其中所指的大多是心肺复苏和机械通气。

这些做法一度已经成为惯例，直到出现了一个 21 岁的美国新泽西州女孩。当时的她正为了穿下一条裙子而减肥，在和朋友聚会时服用了几片药物，又喝了些杜松子酒，之后突然昏厥。凯伦·安·昆兰（Karen Ann Quinlan），她此前的生活平淡无奇，但从那一刻开始，在生死之间徘徊的她就成了最有资格定义现代死亡的人。

✦✦✦

1954 年 3 月 29 日，凯伦·安·昆兰在美国宾夕法尼亚州斯克兰顿市的圣约瑟夫妇产儿童医院出生。[33] 这是一所为未婚妈妈提供帮助的医院。昆兰出生一个月后，茱莉亚和约瑟夫签署文件收养了她。昆兰经历了两段人生。起初，她只是个普通的中产阶级女孩：游泳，滑雪，约会，拥有亲密的家庭，上高中，进入一家当地的陶瓷公司工作。但被陶瓷公司解雇后，她的生活发生了变化。很快，她发现自己的工作换了又换，只能从镇静药和酒精中找到安慰。

1975 年 4 月 14 日的夜晚平淡无奇，昆兰正与朋友在拉克万纳湖旁边的福尔克纳小酒吧聚会。为了能穿上一条裙子，聚会的前几天她几乎不吃不喝。昆兰在酒吧里喝了些杜松子酒，又吃了些镇静药。当晚没过多久，昆兰突然晕倒。其中一个朋友把她送回了与朋友们合住的房子。在那里，大家发现昆兰已经停止了呼吸。

从昆兰的朋友发现她呼吸停止的反应中可以看出，当时的医疗知识已在短时间内取得了一定进展。昆兰的朋友对她进行了口对口人工呼吸抢救，试图让她再次呼吸，防止大脑缺氧。但后来的事实证明，昆兰当时已经大脑缺氧至少 30分钟。

急救医疗服务当时被称为"又一大新发明"。事实上，1967 年，在美国的执法和司法委员会建议下，急救服务电话"911"才开始设立。昆兰被急救车送至当地的一所医院后，医生开始对她实施机械通气抢救措施。在检查中，昆兰的瞳孔是固定的，光照时既不会散大也不会缩小，而光线照射下缩放瞳孔是一种人体最基本的反应。此外，对任何疼痛刺激，昆兰也没有反应。

入院第三天，急诊医生与神经科医生进行了会诊，值班的神经科医生罗伯特·莫尔斯（Robert Morse）查看了昆兰的情况。法庭记录中他这样描述："昆兰陷入昏迷，出现了'去大脑皮质'迹象，即一种大脑高度受损的状态，表现为腿部僵硬强直，手臂紧曲。"

昆兰的病情不仅没有好转，反而每况愈下。刚到医院时，她的体重约为 115 磅。为了帮助进食，医生从她的鼻子插入了一根鼻胃管，送至胃部，为她提供营养和药物。尽管如此，昆兰的体重还是在接下来短短数月中下降至不到 70 磅。昆兰的父母都是虔诚的天主教徒，在昆兰昏迷期间，他们从未放弃过斗争。

昆兰不是第一个出现这种情况的病人，却是最令人瞩目的一个。通常，医生可以和家属协商决定，或者自行决定不抢救。昆兰入院 5 个月后，昆兰的父母要求医生停止治疗并撤去她的呼吸设备。而昆兰的医生罗伯特·莫尔斯和阿沙德·贾夫德（Arshad Javed）拒绝了这个请求。为了免去医生对于因行为不当而被起诉的担心，昆兰的父母甚至起草了一份文件，免去医生的所有责任。但是，医生依然拒绝撤去昆兰的呼吸机。

就是在这里，躺在医院的病床上，昆兰开始了自己的第二段人生，她依赖呼吸机呼吸，形如枯槁，骨瘦如柴。从表面上看，昆兰并不是个例，当时还有许多病人和她的情况相似。但随着事件的发酵，昆兰将彻底重塑死亡的未来。

所有治疗昆兰的医生都认为她不可能康复，从昏迷状态醒来的概率几乎为零。这种情况下，可能许多医生都会同意昆兰父母的要求，但昆兰的主治医生没有。换位思考，我也很难想象自己会怎么做。一方面，昆兰当时的生活质量几乎是"非人"状态。她依赖机器呼吸，需要人工营养支持，尽管如此，她的体重也只剩下 70 磅。没有任何技术或治疗能帮助她恢复正常的机体功能，这点是确定无疑的。无论从哪个方面来看，继续治疗都不会有任何好转，也不会有任何变化。

另一方面，法律和道德在该领域一片空白。医生习惯于根据自己的想法治疗患者，每天都有数个关于道德伦理的决定需要医生做出。大多数情况下，他们做出的是符合自己道德标准的决定。尤其在过去，医生很少瞻前顾后，考虑再三。那时他们所做的，就是直接写出自己的诊断。随着人们进入无数据区，医疗实践的可变性也在增加，而一旦遇到关于临终患者的决定，那面对的将是依据和法律上的双重空白。

对这个病例，医生们都认为昆兰难以康复，但他们也意识到自己在法律上没有权利去撤下维持昆兰生命的医疗设备。同时，他们也在担心，如果坚持这个决定，可能会面临什么样的后果。在这种情况下，医生们向媒体宣称他们收到了警告，如果一意孤行撤下呼吸机，检方或将对他们提起谋杀指控。由于当时法律上并没有相关先例，这一说法似乎是合理的。而确实值得称道的是，他们停下来思考了一下这个决定对世界意味着什么。对于昆兰的家人而言，这同样是个艰难的决定。他们已经犹豫不决了几个月。昆兰的父亲与当地的牧师也有过商量，鉴于昆兰康复的可能性微乎其微，牧师也同意撤下医疗设备。做决定时，一想到这些"非常"措施并不是昆兰想要的，他们又有了坚定的信念。也就是此时，昆兰的父母决定提起诉讼，将此事交由法庭处理。

昆兰的父母或许完全不会想到，他们提起了那个时代最重要的诉讼之一。但是，当时没有任何先例支持他们的诉求。就在诉讼前几星期，一名 39 岁的白血病晚期女性患者认为自己有权不接受鼻饲管喂食，而美国新泽西州纽瓦克市的法院拒绝了这一请求。[34] 在那个年代，人们对于绝症患者可能会被取消治疗而心存恐惧，对此的偏执情绪非常高。这的确是事实，莫尔斯医生的律师在开始陈词时，竟然将"昆兰案"与"二战"期间纳粹大屠杀和使用毒气室的暴行相提并论。[35] 莫里斯敦只是新泽西州北部的一个小镇，18 世纪 70 年代末期乔治·华盛顿（George Washington）曾在此驻扎，之后人们很少关注这里。但"昆兰案"时，来自全美国的数百名记者挤满了这个小镇的街头，蹲守在昆兰家门口，法院里也座无虚席。吉尔·莱波尔（Jill Lepore）是一位来自哈佛大学历史系的教授，也是《纽约客》（The New Yorker）杂志的记者。她在自己《幸福的大厦》（The Mansion of Happiness）一书中这样写道："凯伦·安·昆兰事件标志着美国政治历史根本性的转变。发生'昆兰案'之后的几十年，美国各种政策问题都被定义为生死攸关的大事：如此紧迫，如此必然，毫不让步。"[36]

✦ ✦ ✦

"凯伦·安·昆兰案"为如今著名的"死亡权"（right to die）运动迈出了第一步。州检察官和律师首先想到的是，"昆兰案"在挑战新泽西州已有的死亡定义。开庭前他们得知，昆兰的心电图并不完全是直线，她可以时不时地不借助呼吸机自主呼吸。所以对于这个案件，大家一致认同的是昆兰并没有死亡。虽然死亡的定义向来备受关注、饱经争议，但它并不会因本次案件的结果而改变。这是有史以来法庭第一次正式讨论临终病人护理的种种复杂性，而正是科技的进步使这些讨论得以成为可能。临终护理错综复杂，令人烦恼，在涉及医学、神学和有关人类尊严、隐私、自主权的法律之间存在大量重叠，因此不难理解，为什么从未有法院主动涉足这一领域。

1975 年 10 月 20 日，庭审在新泽西州开始，大约进行了两周，主审法官是小罗伯特·缪尔（Robert Muir Jr.）。在许多方面，这次庭审都为日后备受关注的那次庭审奠定了基础。昆兰一家收到了无数信件和包裹，甚至有信仰疗法术士声称可以治愈昆兰的疾病。昆兰的父亲约瑟夫的主张非常明确：希望申请成为昆兰的监护人，然后断开昆兰的呼吸设备，允许她死亡。

庭审时，约瑟夫并不是昆兰的指定监护人。事实上，因为认定他有撤除昆兰的维生设备的意图，法院此前解除了他的监护人身份，并指派了一位兼职的公设辩护律师^① 丹尼尔·科伯恩（Daniel Coburn）作为昆兰的法定监护人。科伯恩也反对撤去呼吸机。针对这一点，法官缪尔这样说道："是否撤去呼吸机应该由主治医生决定……这件事可以征得父母的同意，但并不受他们管辖，这一点我很认同。"换句话来说，法官进一步强化了人们心中已有的偏见——医生即权威。这也反映出了当时社会对医生的尊敬和偏爱，认为医生总能做出最佳决定。

由于法院拒绝了昆兰父亲成为监护人的请求，案件进入了再次审理。

昆兰一家带着 3 名天主教牧师来到了莫里斯县的法院。这 3 名牧师中就包括托马斯·特拉帕索（Thomas Trapasso），他是昆兰所在教区的牧师，对昆兰十分了解。他与昆兰的家人已经商议了几个月，最终认为他们有权结束昆兰靠人工手段维持的生命。主要的依据是教宗庇护十二世（Pope Pius XII）在 1954 年对一些麻醉师发表的讲话，其认为如果没有康复的希望，医生没有义务违背病人的意愿继续治疗。³⁷

风波不断的两周后，法官缪尔做出了艰难的裁决。1975年 11 月 10 日，他宣布约瑟夫不再是昆兰的监护人，并将决定的重任交给了治疗昆兰的医生们。在裁决书中，法官这样

---

① 美国政府为无力支付费用的被告指定的辩护律师。——译者注

表述：

> 那是一条更高的标准，一份更重的责任，包含了人
> 类生命的独特性、医疗行业的一体性、社会对医生的态
> 度，以及社会道德。病人或主动或被动地把自己的生命
> 托付给医生，期望医生会倾全力，尽一切医学之可能保
> 护病人的生命。而医生也应竭尽所能救死扶伤。[38]

法官缪尔做出的裁决强调了医生的角色，不仅是作为医
学方面的专家，更是作为社会道德伦理的模范。"（治疗的性
质、程度和时间）为什么要脱离医疗行业的控制，转交由法
院处理，这有什么道理可言？"法官质疑道。因此，这是一
场关于法院是否可以任意插手病人治疗的争论。然而，这种
想法其实反映了另一种长期广泛存在的现象：病人及家属的
意愿对医疗的影响微乎其微。

此外，法院就许多人关心的本案焦点——病人的权利到
底有哪些？——进行了讨论。许多观察人士认为，当"罗诉韦
德案"①（Roe v. Wade）还在关注生命权时，"昆兰案"已经

---

① 1972年，得克萨斯州两位律师萨拉·威丁顿（Sarah Weddington）和琳
达·科菲（Linda Coffee）为一位希望堕胎的21岁女子简·罗（Jane Roe），
起诉达拉斯县检察官亨利·韦德（Henry Wade），指控得克萨斯州禁止堕胎的
法律侵犯了罗的"隐私权"。几经周折，1973年1月22日，美国联邦高院最
后以7∶2的表决，确认妇女决定是否继续怀孕的权利受到宪法上个人自主权
和隐私权规定的保护，这等于承认美国堕胎的合法化。——译者注

涉及所谓的死亡权。法官缪尔在陈词中明确表示，"宪法中没有死亡权的相关条例"，在本案中，关闭呼吸机的决定相当于谋杀，或安乐死行为。无论是否撤去呼吸机，都会被认为是平权或非平权行为，但这并不是重点，重点在于"宪法中没有父母可以为其无行为能力的成年子女主张死亡权的规定"。事实上，法官缪尔称这是国家对生命的最大保护。

另一个备受质疑的病人权利是隐私权。昆兰父母的律师保罗·阿姆斯特朗（Paul Armstrong）辩称，州法院对昆兰父母撤去昆兰呼吸机的裁定侵犯了昆兰父母的隐私权。昆兰的父母认为，如果拥有隐私权，他们就拥有了本案中的自行决定权，可以决定是否撤下这些显然无效的"非常措施"。虽然宪法对此没有明确规定，但通过隐私权取得自行决定权已经成为一种惯例。在"联合太平洋铁路公司诉博茨福德案"[①]（Union Pacific Railway Company v. Botsford）中，法官霍勒斯·格雷（Horace Gray）重复了早先判决的内容："个人的权利可被称为一种应得到完全豁免的权利，任何人无权干涉。"昆兰的父母认为，父母可以为子女主张隐私权，但这并没有得到法院的认可，理由是国家对生命的保护应高

---

① 　1891 年，美国一位名叫克拉拉·博茨福德（Clara Botsford）的乘客，在一节卧铺车厢中因床铺脱落被砸伤，大脑和脊柱受到了永久性损伤。她起诉铁路公司在建造车厢时疏忽大意，导致了她的受伤。在案件审理过程中，联合太平洋铁路公司声称，他们有权在未经博茨福德同意的情况下，为她进行手术检查，以核实诊断和伤情的可信度。而法院认为根据普通法或成文法，法庭无权命令进行这样的审查。——译者注

于父母希望撤下呼吸机的意愿。与"昆兰案"中的其他方面一样，问题远远多于答案。此时此刻，没有人真正知道什么是病人的权利。

✦ ✦ ✦

法官缪尔的判决对昆兰父母而言是个打击，但他们的决心没有受挫。他们意识到，他们向法院抛出的是一个极其复杂的问题，涉及科学、宗教和法律，指望普通法院对此裁断根本不切实际。此时，昆兰仍躺在医院，没有进一步恢复的迹象，昆兰父母遂上诉至新泽西州最高法院。

公众舆论和媒体记者仍在对此案保持关注。舆论逐渐站在了昆兰一方。整个故事开始变得简单明了。昆兰被报纸称为棕发褐眼的"白雪公主"，如今陷入了沉睡，她的命运正由（养）父母、医生和法院决定。

人们开始更多关注昆兰的身体变化。报道里的一张照片中，高中时的昆兰与现在判若两人，那时她展现出一种健康的体态，这令人们对她现在的痛苦更加关注。然而，这张照片已经过时，昆兰的现状引发了人们激烈的猜测。在法庭上，昆兰"去大脑皮质"的状态常被描述为"怪胎"或"怪人"。其中最"形象"的描述来自朱利叶斯·克莱因（Julius Korein），这位神经科医生一度在证词中将昆兰称为"无脑怪物"。[39]

无脑畸形是一种非常罕见的先天性畸形，患儿在母体中缺少大脑发育的阶段。当时，该疾病正因一份耶鲁-纽黑文医院发表的报告而受到公众关注，这份报告证实，该医院中几名患有先天无脑畸形的新生儿因康复希望微小，在医生与其父母商议后，经放弃治疗或减轻治疗而死亡。[40] 通常，人们只能在解剖实验室浸满甲醛的罐子中，或是胚胎学教科书的各种骇人插图里见到这些胎儿。"如果用手电筒照射这些婴儿的后脑，光线会从他们的瞳孔中透射出来。他们没有大脑。"克莱因补充道。这进一步刺激了人们的想象。也许这只是对大众好奇心的煽风点火，因为媒体很清楚这种形象对于舆论有多么大的影响。更多对生命终点的讨论集中在疼痛和折磨上。有些描述别有用心，刻画昆兰的非人形象，夸大她的痛苦，从而证明继续没有必要的生命维持是多么残忍。这样一来，昆兰的一张照片被父母开出了 10 万美元的价格也就不足为奇了。一些记者甚至乔扮成修女，试图潜入昆兰所在的医院。

　　这些规则也适用于昆兰的父母。很快他们就能流畅地说出自己的故事：为了缓解女儿的痛苦，虔诚的父母倾尽了他们的一切。在牧师、朋友和律师保罗·阿姆斯特朗的陪同下，他们在诉讼中赢得了媒体的尊重。每当昆兰的父母开始说话，媒体间喧闹的争执就会结束。而医生也秉持着自己的道德，申明他们只以病人为重。这个案件的与众不同在于，每个人都不是恶人。

　　似乎每个人都是为了给昆兰最好的东西，虽然这对当事人来说意味着完全不同的事情。现代医学中，许多十分复杂的伦理问题都是如此，每个人都怀揣着好意，却对同一个事实有完全不同的理解。

对"昆兰案"的密切关注令每个人都有了一种全新的体验，试着想象至亲至爱被困在活着和死亡之间、人和非人之间的感受。每天人们看报纸时，全然不知道自己会看到些什么。他们的目光跟着昆兰一家，从躲避蜂拥而来的记者到对簿公堂，就为了把他们最心爱的女儿推向死亡。痛苦还在继续，昆兰没有任何变化，她的体重、麻木的状态都一如既往，这一切就像昆兰父母所经历的一样令人绝望。

对媒体来说，"昆兰案"表明读者和观众其实对死亡十分好奇，每个人对故事的关注层面都有差异。小到新泽西州当地的报纸，大到美国《新闻周刊》（*Newsweek*）的封面[41]，昆兰成了电视和纸媒的每日焦点。但是，新闻报道的质量并不相同。[42]《纽约时报》不仅找了新泽西州和纽约州的综合型作者，更专门邀请了法律和宗教方面的专栏作者撰稿评论。其中最有经验的作者当数琼·克朗（Joan Kron），她为《纽约时报》撰写了一篇长文。

这篇文章的独到之处在于克朗的个人经验：1968 年，她不得不决定终止 16 岁女儿的医疗护理。然而，关于"昆兰案"的其他报道，内容多有歪曲事实的成分，这或者是因为对于当时的情况缺乏了解，或者是想要故意引发争议吸引读者。从一开始，"昆兰案"就被错误地贴上了挑战死亡的法律定义的标签。虽然这肯定是一个热议的焦点话题，但在

"昆兰案"中，这可能是各方唯一达成一致的事情：昆兰没有死，没有任何现代的定义可以判断她已经死亡。主流媒体中没有任何医生作者对"昆兰案"发表看法，这是舆论上明显的空缺。美国独立生物伦理研究机构海斯丁中心的报告这样写道："没有医学作者报道过这个病例，否则，早就会有人质疑昆兰的脑电波记录图。因为医学作者不同于法律、宗教或科普作者，即使放在今天，对职业伦理问题最感兴趣的仍是医学作者，对此最为警惕的也是他们。"[43]

当时，的确有一些医生对法官缪尔的裁决颇有微词。1975 年 11 月 24 日，《华盛顿邮报》（*The Washington Post*）报道了此类评论。杰克·E. 齐默尔曼（Jack E. Zimmerman）是一位在华盛顿大学医疗中心重症监护室工作的医生，他不仅声称如果昆兰在他的医院，呼吸机大概早就被医生撤下了，还表示医生几个月前就应主动商讨此事，而不是让昆兰的父亲提出这个问题。此外，他批评了法官缪尔对于医疗决策制定时的"医生中心论"，认为这似乎与美国医学会 1973 年发表的相关声明意见相左，这份声明指出，当患者不太可能恢复正常机体功能时，是否延长生命的决定应该由"患者和 / 或其直系亲属"做出。[44]

法官缪尔认为医生理应为患者提出主张，但他们有责任保护并延长生命。人们认为，最适合为患者谋求最佳利益的人是医生，而不是患者的家人和护理人员。但人们没考虑到的是，医生可能带有自己的偏见，或与患者存在既得利益的冲突。因此，与其他案件——如肯尼斯·埃德林（Kenneth Edelin）[45]，因给怀孕 6 个月的孕妇做人工流产手术，被定罪为过失杀人，但这一裁决被最高法院一致否决[46]——不同，"昆兰案"中没有任何官方医生组织公开支持涉案医生的观点，尽管事实上，法官缪尔的意见赋予了医生极大的自主权，使他们能够根据自己的个人准则来制定、实践改变生命的决定。

✦ ✦ ✦

1976 年 1 月 26 日，在新泽西州高等法院的法官缪尔判决两个月后，案件正式上诉至新泽西州最高法院。新一轮争议又进行了两个月，法庭进行了对"凯伦·昆兰，无行为能力人案"的表决，结果是具有里程碑意义的 7∶0，据此，法官理查德·休斯（Richand Hughes）公布了法院判决。[47] 该法院意识到了摆在他们面前的是何种问题，以及这份裁决将带来多大影响：

> 此案具有超凡的重要性，涉及诸多内容，如：死亡的定义和存在；随着医学技术进步而得以通过人工手段延长生命，这是用医术愈伤的过去几代人所无法想象的；这种长期的、不确定的人工延长生命对无行为能力人及其家属权利的影响，甚至对社会的影响；宪法权利与司法责任的范围；乃至于法官如何恰当回应原告亟待解决

的救济请求；原告约瑟夫对其女儿的监护权问题也牵涉其中。

与初次审理案件时相比，事实相差无几，舆论却大为不同了。此时，又开始了一场关于"非常措施"（extraordinary measures）含义的争辩。西德尼·戴蒙德（Sidney Diamond）既是一位神经学家，也是事件的目击者。他指出，除非病人已经脑死亡，否则应继续使用呼吸机。他同时表示，病人目前的情况不宜输血或手术。

该裁决也强调了生命的终点是法律、医学和宗教的交集。虽然原告的宗教信仰得到承认和尊重，但生命和死亡的定义属于医学范畴。该裁决还指出，尽管它们互有交集，但并无冲突。

结案时，新泽西州最高法院支持了初审法院的观点，即昆兰的现状并不构成纯粹美国宪法意义上的残忍或非人的惩罚，因为她目前的状况不是任何刑事处罚的结果，而是一次悲剧事件所导致的。法院还表示，虽然美国宪法允许宗教教派自由行使活动权利，但不能免受政府的监督，尤其是在保护生命方面。

但对于昆兰的隐私权，法院给出的解释与初审法院截然不同。最高法院认为，鉴于昆兰的不良预后，"任何外部的重大利益都不能迫使昆兰忍受这种非人的痛苦，只是将植物人状态再延长几个月，并没有任何恢复正常生活或意识的可能性"。这种权利或隐私在一些里程碑式的案件中多有提及，如"罗诉韦德案"和"格里斯沃尔德诉康涅狄格州案"（Griswold v. Connecticut）。1965 年的"格里斯沃尔德诉康涅狄格州案"中，康涅狄格州逮捕了一名开设避孕诊所的耶鲁大学教授，因为旧的州法律此前规定禁用避孕措施。法院裁定该条法律违反了"婚姻隐私权"，一位法官甚至称"这条法律不是一般愚蠢"。

新泽西州最高法院推翻了之前法院的裁决，允许约瑟夫成为昆兰的监护人。允许家长成为监护人的这一决定，意味着可以用家庭的最佳判断，衡量如果病人有能力且能够传达自己的意愿，他们会做出什么样的选择。根据这一判决，随着病人的预后越来越差，国家保护生命的意愿也会减弱。该观点与此前观点相比，最大的区别在于病人和家属可以参与医疗决策。初审法院曾认为，昆兰的父亲面临着巨大的痛苦，这致使他难以认同（他有责任认同）医生的治疗方案，因此他不适合担任监护人。

由此，法官休斯在陈词中肯定了这份 7：0 通过的判决，不但患者有权保留或撤除生命维持设备，当患者无行为能力时，这种权利也可以由监护人行使。判决中还规定，医生在接到此类请求后不承担刑事责任。这就是这起对临终关怀影响最大的案件的判决结果。正是在这一裁决之后，现代临终关怀开始走出阴影，让世界看到它的存在。对这份判决的批评鲜有耳闻。但在《神经病学年鉴》（*Annals of Neurology*）

的一篇评论文章中，神经科专家 H. 理查德·贝雷斯福德（H. Richard Beresford）指出："通过聚焦呼吸机的使用问题，法院模糊地处理了另一个更宽泛的问题，即相比于正常意识的病人，无意识病人在法律上的治疗标准是否变低了？"[48]

但这种批评是不公正的，因为呼吸机是唯一被呈现在法庭上的维生治疗手段，而且解决法律允许范围内的病患总体照护水平问题，或许需要大量的假设与检验。毋庸置疑，许多医生都对这份裁决表示欢迎。新泽西州最高法院在临终关怀方面做出了勇敢的尝试，并交给世界一份通用答卷，展示了在类似情况下怎么做才是恰当的。

判决后，昆兰的家人回到医院，撤去了呼吸机，而凯伦·安·昆兰没有任何不适，在疗养院继续活了 10 年，1985 年 6 月因肺炎而去世。当时，昆兰的母亲守在床边。家人授意医生不使用抗生素，用喂食管给昏迷的昆兰喂食。约瑟夫，这个曾经发动全国运动要撤去自己女儿呼吸机的男人，在那之后每天驱车数公里，只为了在上班前看一眼女儿，十年如一日。

现在，美国法院的裁决中常常援引"昆兰案"，我们至今仍能感受到这件案件的影响。37 岁的特丽·舒阿佛（Terri Schiavo）在家中突发心脏骤停后，永远地停留在了植物人状态。特丽的丈夫和法定监护人希望撤去她的喂食管，并表示这是当事人的愿望，但遭到特丽父母的反对。她的案件甚至惊动了政府高层，包括当时的总统乔治·W. 布什（George

W. Bush）。而"昆兰案"为法院最终支持特丽的丈夫奠定了
基础。这种影响绝不仅限于法庭，它改变了医生如何治疗病
床上的患者，如何与病人或家属讨论重大问题。终于，患者
权利开始变得清晰明了。

＋＋＋

贝斯以色列医院位于波士顿，始建于 1916 年，由当地不
断壮大的犹太社区创立。在当时，它不仅为日益增长的犹太
移民提供医疗服务，也为在其他医院难以就业的犹太医生提
供就业岗位。开始时，这所医院仅是罗克斯伯里区一座大楼
中的一家诊所，在当地犹太人的资助下不断成长，最后迁至
现在的院址——长木医学区，这里是健康护理的核心地区，
高度密集地分布着医院、医学院和生物医学研究中心，聚集
了全美国最具竞争力的几所医院，如布莱根妇女医院、波士
顿儿童医院、新英格兰浸信会医院，以及距离稍远的麻省总
医院。

1966 年，遴选委员会提名米切尔·拉布金（Mitchell
Rabkin）为贝斯以色列医院的首席执行官时，他年仅 35 岁。[49]
他几乎没有行政经验，却为医院带来了独特的人性光辉和智
慧。在任职院长的 30 年间，他身边人才辈出。米切尔·拉布金
的大部分精力都投于建立"以患者为中心"的医疗体系。1972
年制定的第一部患者权利法案是他留下的伟大遗产之一[50]，
后被纳入州法律之中。除了一些现在看来十分平常的宣言之

外，法案向病人保证，不论病人是何种种族、宗教、国籍、残疾、残障、性取向、年龄、军籍、经济来源，医院都会尽最大努力进行救治。

1976 年 8 月，"凯伦·安·昆兰案"之后，拉布金在《新英格兰医学杂志》上公布了一份指导方针，正式确立了决定不抢救病人时应进行的程序："医院虽然出台了抢救生命的政策，但患者拒绝治疗的权利必须得到尊重。"[51] 如果正在接受治疗的病人"无法好转，无法康复，临近生命终点"，主治医生可以与病人及其家属商议，在与特别委员会（由非本科室的护工及不直接参与患者治疗的医生组成）讨论后，不进行抢救。患者应具有"行为能力"，其本人必须充分理解相关风险并了解其他治疗方案，不受其他因素影响，如疼痛、药物和异常新陈代谢。但需要说明一点，放弃抢救不应导致"减少病人的必需或正常护理"。

我曾在咖啡厅偶遇过拉布金，据他说，在"昆兰案"判决前，医生个人的决定影响着整个治疗过程的强度："不仅包括各种决定，有时还包括不决定。"对于抢救收效甚微的病人，医生或许会告诉同事："警报响了不要跑，走过去就行。"

拉布金的声音低沉而温和。我问他，医院的医生对这项政策做何反应，他告诉我："医生们都觉得松了一口气，因为他们终于不再是唯一的决定者了。他们可以听取病人、代理人和同事的意见……高级医生如释重负，因为实习医生不用依赖他们做决定。实习医生也如释重负，因为这不再是他们的负担。"这项政策最大的影响，是令临终护理不再是一件被笼罩在阴影中的事情。"我们把它摊在了桌面上"，拉布金说，人们不能再对此避而不谈。

在同一期的《新英格兰医学杂志》上，提出了另一套建议，但未得到广泛采纳。有文章建议，将 ICU 收治的病人按照其应接受治疗的强度高低进行分级。[52] 文章中，对患者分级进行评估仍是医生和护士的特权，患者和家属在其中的作用可以忽略不计。如果病人或家属对自己或家人的分级有任何疑问，建议主治医生"向提问的人解释治疗原理"。正因如此，"昆兰案"为患者解决了这些难题，让他们可以与医生协商，做出"不抢救"自己的命令。如果病人无行为能力或神志不清，无法做出决定，家人可以代为决定。医生与病人谈话时不再像上帝一般高高在上，而是回到病人身边交谈，与他们达成共识。

✦ ✦ ✦

从古至今，死亡都是探索精神和存在的源泉。我们心灰意冷地提出了各种无法解答的问题，却令学者、哲学家、神学家或说书人如获至宝。一个人一生中最重大的事件或许就是死亡，正因如此，所有文化都形成了以死亡为中心的复杂仪式，就像以出生为中心的仪式一样。这些仪式可以让人怀念所爱，愈合内心的创伤，在悼念逝者时从彼此扶持中寻求安慰。

医学也具有强烈的仪式感。人们去医院看病，不计其数的人问的问题却大同小异。医生之所以每天查房，不是希望这能有什么新发现，而是因为这可以间或为病人提供一些有用的信息。死亡的医学化导致了许多现代死亡仪式的不断发展。

当一名病人在医院死亡，宣布死亡本身就是一件极有仪式感的事情。当我还在实习时，某个夜班收到护士呼叫，她说有个病人已经停止了呼吸。我问她是否发了蓝色警报，她告诉我，这名病人放弃抢救。护士要我来宣布，病人已死亡。我此前从未宣布死亡过，于是前去询问我的主管医生，他给了我一份对照清单。

我走进房间，那里安静得可怕。我对着清单所述的步骤逐一检查，拉下了盖在逝者脸上的床单，这是一位年长的女士，脸色如蜡般苍白，嘴巴大张，眼睛紧闭。我们之前从未见过。我探了探脉搏，没有任何发现，把听诊器放在她的胸口，也完全听不到任何心跳。最后，为了判断她的大脑是否仍在运转，我需要检查她还有没有最基本的脑反射。我用手指掀开了她的眼皮，戴上手套戳了戳角膜，观察有没有眨眼反应。我从没感受过这种触感，刚死亡病人的眼球像凝胶一样湿润，一动不动。她没有眨眼，那么这个仪式，这个为所有在医院死亡的人重复的仪式，就完成了。

与患病过程中的各种体验相似，生命的终点也充斥着消毒水的气味。而在人类历史中，死亡已经成为一种强烈的精神体验。通常情况下，一些宗教人物，比如牧师或萨满，会在最后时刻陪伴在病人身边，这使得死亡不仅对病人，而且对他们的家人和朋友来说，都是意义非凡的经历。研究表明，大部分患者都十分需要精神支持，很多人会从信仰中汲取力量。[53] 如今，在病人身边看不到萨满巫师，只能看到穿着手术服的陌生人。死亡——医院中可能发生的最复杂的事情之一——却常常由最年轻的医生接手处理。

纵观历史，人类在面对死亡时最经久不衰的仪式便是祈求奇迹。在古代，这样的请求会被提交给宗教人士，他们会凭着自己的直觉念一通咒语。到了现代，这种仪式则开始由医生安排。

有些病人渴望"一切治疗"，往往在临终的最后一刻，医生或护士依然在双手交叠为他们做心肺复苏。这样的场景可以说相当荒唐了。有一次胸腔按压令我至今难忘，那是一名通过腹部导管进行透析治疗的患者。每次按压病人的胸腔，体液就从他的腹部直接喷出。我的衬衫很快就被体液浸透了，地面湿滑，我担心自己一不小心就会失去平衡，脸朝下摔在地上。太长时间的心肺复苏让我觉得肩膀、后背和手腕都不像是自己的了。我抬头看了看，至少有四五个实习生站在我面前看着我，表情无措，就像第一次看到《狮子王》（*The Lion King*）中的木法沙死去一样。我示意他们中过来一个人接手，可没有一个人愿意或者能够帮我。

这是任何一个医生都经历过的：不愿意对病人放手。心肺复苏术是我多年前学的技能，但对着病人和对着塑料模型练习完全不是一码事。像大多数医生一样，我的第一次心肺复苏术学习是在医学院。而大部分普通人是通过电视了解，电视节目把它刻画成了一种奇迹般有效的抢救方法。在现实生活中，尤其对于重病住院患者，情况并不是这样。莱斯利·布莱克霍尔（Leslie Blackhall）是一所内科医院的主治医生。1987 年，她在《新英格兰医学杂志》上发表了一篇文章，称有时候心肺复苏术"看起来是对人权的侵犯"，她最近还向我提及此事。"难道在所有情况下我们都必须使用心肺复苏术吗？我们看到，接受心肺复苏术的每个人都遭受了令人难以置信的痛苦……医生担心（不做心肺复苏术）会被起诉，甚至被逮捕。"当她写下这些时，古老的父权制时代早已过去。在这里我需要道歉，布莱克霍尔的以下描述可能过于生动。她告诉我，有一名病人的肿瘤长在食道里，已经入侵到了主动脉。但她必须为病人做心肺复苏术，"全部血液都从他嘴里涌了出来"。有时候，她不得不为身体已经处于僵直状态（即死亡一段时间后才会出现的肌肉强硬僵直状态）的人做心肺复苏术。

虽然过去，心肺复苏术是在医院紧紧拉上的窗帘之后进行的，但现在它已逐渐成为一种家庭成员见证的"表演"。与传统观念不同，现在人们很愿意看到医生为他们的家人做心肺复苏术。对这种想法背后的心理效应加以研究后，发现了一个令许多人吃惊的结论：亲眼看到这些成功率极低的抢救，可以减轻家属的焦虑和抑郁。[54] 然而，这项发表在《新英格兰医学杂志》上的研究有一个"秘密武器"：病人死亡后，研究人员有一套流程，包括如何通知家属，缓解他们的悲痛情绪。但是在医院，一旦发生死亡，家属往往很快就会被忘记。

从远古时代到近几十年，对于那些挣扎在死亡线上的人们，我们能做的屈指可数。草药、祈祷、仪式，大概只能提供心理安慰，表现了人们与自然抗争的努力。医生与病人一样束手无策。但此后出现的强效治疗措施，如麻醉、手术、抗生素和机械通气，令医生们拥有了前所未有的能力，可以改变一个人的生命轨迹，就像是可以拉回一颗朝着太阳飞驰的彗星。这些治疗措施中，心肺复苏术是最具有戏剧性的，这大约就是因为它可以带来惊人的逆转。

现如今，人们把心肺复苏术想象成可以奇迹般令人起死回生的治疗措施，但这也引发了新的问题。心肺复苏术越来越多地应用于危重病人，但病情越危重，心肺复苏术的结果就越差。病人一旦接受心肺复苏术，最终很有可能更依赖机械通气和插管喂食，大脑也可能遭受更多伤害。患有慢性病的美国老年人在接受心肺复苏术后，4/5 以上的人在出院之前就会死亡，只有 2% 的人能够存活 6 个月以上。[55] 尽管进步意义重大，但心肺复苏术患者存活率在近几十年没有任何提高。[56]

人们越来越不愿做心肺复苏的原因不是害怕不成功，而是害怕不完全成功。病人担心，虽然心肺复苏术能令心脏再次跳动，但大脑因长时间心跳停止而受到严重损害。我曾接手过一个病人，也是一名做汽车经销的商人。他向我讲述了自己的愿望："医生，如果我的心脏停止跳动，就让我离世吧。"我看了看他，他的立场似乎非常明确，毫不动摇："许多事比死亡更可怕。"

我觉得这是一个标志，说明现代医学兜兜转转又回到了原点。我们一开始就想尽一切办法避免死亡，因为我们知道死亡是我们的敌人。每一个医疗决策，每一次重大试验，重要的只有死亡率。然而，在我们竭力延缓死亡的过程中，却看到了类似植物人的后果，这在很多方面甚至比死亡本身更畸形可怕。

我还记得在医院工作时，无意中听到两名护士聊天。医院里有个病人，他们都曾照顾过一段时间。

"后来怎么了？"一人问道。

"她死了。"另一人回答。

"谢天谢地！"

第5章

死亡如何被重新定义

当代医学大多依赖图像诊断。放射科医生看到 CT 扫描或 X 光片，就像是看到了茶叶，可以预言真相[①]。病理学家盯着显微镜，就能在"细胞大聚会"中分辨出哪些是正常细胞，哪些是已经喝醉，甚至开始耍酒疯的细胞。在医学世界，病人像是一个等待医生破译的密码本。医生四处搜集信息、实验、影像、体检结果，以及最重要的——病人的故事（我们称之为"病史"），然后推断出最佳诊断。但仅凭一份诊断就开始治疗，通常并不是好事，因为医生经常会局限在自己的直觉之中，对不符合自己预判的数据视而不见，不愿考虑其他可能的结果。可是，当急诊室把这样一名病人的信息发到我的传呼机上——32 岁男性，心脏骤停——我很难不做出假设。在漫长而黑暗的冬天，年轻男子因心脏骤停而入院通常只有一个原因。

瘾君子会给那些致命的毒品起一些别名，比如"红糖""硬糖""卷心糖"，但在那天早上，或许"死到临头"

---

① 西方国家有使用茶叶占卜的习俗。——译者注

才是最合适的名字。如果一个人躺在病床上，判断他的身高
并不是件容易的事，但这名病人明显又高又瘦。外观或许是
身体检查中最容易被忽略的方面。他个子很高，但还没有高
到患上马方综合征（Marfan syndrome）的程度。马方综合征
患者多伴有先天性心血管畸形，常见主动脉进行性扩张，容
易导致血管破裂。我常常从触摸患者的脚部开始，这是一种
建立关系的方式，同时能了解离它最远的器官——心脏的
宝贵信息。脚部水肿是心力衰竭的征兆，脚冷则表明心脏向
组织供血能力不足。他的脚很凉，但这更多是因为我们故意
把他放进了一个可以保持较低体温的装置中。在他的手臂和
腿部，我没有看到任何针眼，姑且相信他不是吸毒过量。他
的头发修剪得干净而整齐，胡子刚刚刮过，而文身是很久之
前的。

在病床边，我见到了患者的女朋友。她一头金发十分凌
乱，因为匆忙赶来，T恤上闪亮的字母图案被蹭掉了一大半。
当我看见她时，似乎就明白了事情的大半原委。他们的关系
一度不太稳定，有了孩子后更是每况愈下。他丢了工作，还
染上了毒瘾，生活简直陷入绝望。她只好把男友赶出家门。
但或许正是在这种刺激下，男友重新开始工作，远离毒品。
戒毒一年后，男友的生活又回到了正轨，她也再次接纳了
他。"他已经一年多没有复吸了。他有份好工作，我们的关
系也很稳定。"她的声音越来越弱，几乎听不清楚。

她刚刚经历了一生中最痛苦的早晨。一觉醒来，发现已

经浪子回头的男友在浴室不省人事，没有呼吸，身边散落着注射海洛因的工具。她拨打了 911，请医院立即派出救护车，同时给他做人工呼吸，用力按压胸部，但并不见效。急救医疗组到达时，发现他的心脏正在室颤，电击数次后才恢复了正常心律。医生把氧气罩罩在他的脸上，急忙赶往最近的医院。

他在急诊室接受了插管，连上呼吸机，随后被放上可以急剧降低体温的装置。研究表明，心脏骤停患者的体温降至极低水平时，他们的大脑将得到更好的恢复。[1] 急诊医生用充满冰水的垫子裹住病人的胸部和四肢，以调节体温。人体的正常核心体温约为 37℃，而低于 33℃ 会对一些心脏骤停的患者更有利。减少身体所需的新陈代谢，可以为身体恢复部分功能争取时间。体温降低后，他被转入了 ICU 病房，也就是我见到他的地方。

他的女友问下一步怎么办，我回答不知道，事实确实如此。此时，低温治疗方案已持续了 48 小时，我们计划先帮他冷却，之后逐步让身体升温回暖。在这整个过程中，放置在他头皮上的探针都会记录下他的大脑活动。在最初的 48 小时里，让他失去感觉是至关重要的，否则极度低温会使他十分痛苦。这也是低温治疗方案往往需要用药麻醉患者的原因。但麻醉剂会令神经学检查——真正评估患者大脑功能是否会恢复的关键——完全失去作用。

我将情况如实告知了病人的女友和父亲，他们是仅有的前来探望的家人。我提醒道，不要对患者的病情过于乐观，他已经昏迷了不知道多久，而大脑非常依赖氧气。这将是他们人生中最漫长的 48 小时。同时，我们还在调查导致他心脏骤停的原因。超声波结果显示，他的心脏状况奇迹般完好，肝肾未受到重创，而且任何地方都没有感染的迹象。

　　第二天一早，神经科医生小组查房时顺路前来探访。与其说是小组，不如说是二人组——只有一个医生，以及一名医学院的学生。但这位神经科医生是我们医院最有经验的医生之一，他已经工作了 30 余年，他的旧公文包看起来饱经岁月的侵蚀。身边的学生身材瘦高，衣着整齐。他们探头向屋内查看时，我们 ICU 小组正在工作区查房。我们并不喜欢此时被人打扰，但这位神经科医生是个例外。他知道我们时间有限，于是开门见山地说："这个人已经死了。"

　　"你的意思是——"

　　"他已经脑死亡了。"

　　尽管神经科医生这样说，我们还是无法诊断这名病人是否已经脑死亡，我决定亲自去病房查看。我走进病房时，病人躺在床上，胸腔随着呼吸机有节奏地上下起伏着，监视器显示屏上，心脏正规律而有力地跳动着。他的脸色甚至带着几分红润。看起来，他和 ICU 里其他靠呼吸机来帮助呼吸的麻醉病人没有任何区别，或许状态更好，毕竟他更年轻，此前或许从未进过医院。唯一不同的是：虽然看上去不像，但他已经死了。

我见过许多死者，没有一个与他相似。他的女友焦急地问道："他死了吗？"

这个突如其来的问题令我有些不知所措。无论学校还是医院，教的都是如何诊断疾病，却从未教过我们如何诊断生命（或死亡）。近半个世纪以来，死亡真正的本质才被解密，被定义，被揭开神秘面纱任人评价。

我还在消化眼前的所有信息。当住院医生时，我曾宣布过无数病人的死亡。可是，我被告知这个病人已经死亡，但没有任何必要的工具能证实这个事实。他的心脏还在跳动，手腕还有脉搏。看着他的女友，我只能说："不知道。"

✦ ✦ ✦

2013 年 12 月 9 日，13 岁的贾西·麦克马什（Jahi McMath）来到了奥克兰儿童医院看病，这天以前她只是个普普通通的孩子。E. C. 雷恩斯科学与艺术学院的同学都叫她"安静小领队"。[2] 紫色是她最喜欢的颜色。贾西患有睡眠呼吸暂停综合征，这种疾病在同龄的孩子中十分罕见，但在肥胖儿童中，发病率逐年上升。[3] 贾西前往医院进行择期手术①，切除鼻腔和咽喉周围的部分组织，如扁桃体、悬雍垂、鼻甲及腺样体，以帮助她在晚上睡觉时呼吸更加通畅。在当时，这绝不是个简单的小手术，尽管媒体把它称为"常规扁桃体切除

---

① 可选择合适时机进行的手术。——译者注

术"。之后发生的事情至今依然不得而知，因为孩子的父母拒绝医院公开信息。贾西的母亲说，孩子术后感觉很好，甚至想吃冰棒。但很快，贾西喉咙上的手术部位开始流血，她被立刻转入重症监护室，随即心脏骤停。

12 月 12 日，入院仅 3 天后，主治医生宣布贾西脑死亡。经国家指定的救治医院外的专家审核，贾西的死亡符合脑死亡的所有标准。但贾西的父母拒绝接受这份评估，并要求医生为贾西插鼻饲管，进行气管切开术。医院拒绝了这一请求。贾西的父母转而求助记者，得到了舆论的支持。他们从美国各地反对现代法律和医学上对死亡定义的组织那里获得了资金和支持。之后又请求保罗·伯恩（Paul Byrne）——一位终身反对脑死亡和器官移植的新生儿专家——进行调查，但并未得到法院支持。

诉讼进行的同时，贾西的身体机能不断退化。小肠开始萎缩脱落，数周来她唯一的排便实际上排出的是小肠内壁。贾西的皮肤逐渐干瘪，血压和体温剧烈变化，无法控制。法院最终做出判决，认定贾西在事实上已经死亡，医院有权将她的身体转交给验尸官。之后贾西被转移至新泽西州——全美唯一允许对已宣布为脑死亡的病人提供医疗护理的州——的一所护理机构。直到今天，该机构依然在为贾西的身体提供"生命支持"。[4]

如果说，死亡已经从一个无可争辩的二元事实变成了没有定论的模糊概念，那么生命更加复杂，难以辨识。医生常与生死打交道，但他们极少能跨越简单与复杂、具体与抽象之间的鸿沟。我们已经很难区分生病和没生病了。

一直以来，生命被视为一种特权，而人类被认为是生命的最高体现形式。尽管我们与生命有着如此密切的联系，但在一定程度上依然无法确定生命与非生命的区分标准。生命如此复杂，或许对生物学家、神学家、天体生物学家、数学家、物理学家、伦理学家、法官、哲学家、医生，乃至每个人来说，生命都有着不同的含义，所以至今生命都没有一个公认的定义，这很令人吃惊。但可以肯定的是，我们依然在尝试去下定义。

很久以前，那时人们甚至还无法理解生物学的基本概念，就已经想出了区分生命和非生命的方法。在科学出现之前，我们对生命的看法大致可以从孩子身上体现出来。最幼小的孩子认为，身边的一切都有生命和意识。随着年龄的增长，他们将经历"泛灵论"（animism）的各个阶段，这个术语是由儿童行为研究先驱让·皮亚杰（Jean Piaget）创造的。[5]在"泛灵论"阶段的初期，孩子认为一个玻璃罐可以有生命，但玻璃罐被打碎（或"杀死"，因为他们可能会认为打碎是一种毁灭）时就没有生命了。过了这个阶段，孩子会把生命与动态运动联系起来。[6]比如，自行车移动时是活的，静止时则不是。同样地，孩子也认为太阳、风、云和火都是有生命的，能感受疼痛，具有自我意识。再进一步，当孩子了解动物有生命时，8～11 岁的孩子中约 1/3 会认为植物没有生命，尽管他们知道植物是能生长的。这种联想并非只存在于童年，情感的依恋使我们长大后依然可以认为无生命的事物具有生命。[7]

在现在美国小学四年级学生的课程中，可以看出构成生命的古老要素：有生命的事物具有生长和变化的能力，能对环境做出反应，需要某种形式的能量，并且可以繁殖。[8]电视剧《星际迷航：下一代》（*Star Trek: The Next Generation*）中，曾有角色对一个名为"数据"（Data）的机器人解释过这样的定义，但数据反驳说，火也会消耗、移动、代谢，甚至生长，所以火符合生命的所有特征。[9]这就不难理解，为何火在古代会受到人们的广泛崇拜了。

繁殖，是另一个常常与活体生物相联系的特征。诺贝尔奖得主、德国科学家赫尔曼·穆勒（Hermann Muller）在1959年的一次会议上称："我认为区分生命与非生命最基本的特征是自我复制的能力，这也可以用来定义生命。"[10]然而，某些晶体分子也能增长，并把自己的某些特征传递下去，但它们不被认为是有生命的有机体。即使除去这些特例，把繁殖作为生命的基本特征依然引发了其他争议。假设，我被困在一个荒岛上，没有合适的伴侣，无法把基因遗传给下一代，那我是不是"无生命"？

随着科学不断发展，生命定义的焦点转移到了新陈代谢。新陈代谢是由细胞内发生的一系列化学反应引起的，使得细胞得以存活和再生。20世纪中叶，科学家把新陈代谢视为生命最关键的特征。约翰·贝尔纳（John Bernal）是英国当时最负盛名、也最具争议的科学家之一，他认为生命"是一种一定量内的自我维持化学过程的体现"。[11] 对天体生物学家来说，生命的定义或许是最重要的，因为他们正努力探索宇宙的边缘，试图寻找生命存在的最微小的证据。1976 年，美国国家航空航天局（NASA）发射的"海盗 1 号"与"海盗 2 号"探测器着陆火星，采集地表土壤进行了三项试验，这些试验反映了当时的新陈代谢中心论。[12] 第一个试验检测的是，水是否能被可能隐藏在土壤中的生命形式代谢而形成二氧化碳，另外两个试验试图确定土壤与水接触后，是否能够产生类似植物光合作用的反应（将水转化，释放出氧气）。令人惊讶的是，三项试验的结果都是阳性，但进一步的测试表明，火星上完全没有有机生命存在的证据。我认为，这些关于新陈代谢的假阳性结果揭示了用新陈代谢来定义生命的一个致命误区——我们对新陈代谢的理解仅限于地球上的生命形式所展示出来的。这次观察终结了碳是有机生命中心的假设，或许我们观察宇宙的视野过于狭隘。

虽然查尔斯·达尔文（Charles Darwin）从未对生命下过定义，但大多数科学家都认为达尔文进化论或许是生命最本质的特征。错误，表现为突变的形式，是进化过程中复制的核心。错误会赋予后代不同程度的适应性——一些后代可以更好地适应环境，另一些则不能。当错误累积到足够多时，就会导致生命的连续进化，直到它成为超达尔文主义的生命，那时人们可以治愈或消灭遗传疾病，并克服决定特定生物体健康状况的遗传缺陷。根据这一原则，我们现有的对生命最准确、最全面的描述应该是 NASA 的一个生命定义："具有达尔文式进化能力的自我维持化学系统。"[13]

但即便是这种定义，也有其漏洞。以病毒为例，病毒并不能自给自足，它们不断寻找可以侵占的宿主，用自身机制制造出更多病毒。大到蓝鲸，小至病毒，没有一个定义能囊括所有生物，因此一些人得出结论，生命只存在于人们的意识中，没有生命这种事物。[14]生命只是一个概念，用来方便地表示存在于自然界中有序运转的复杂机器。事实上，给生命下定义的 NASA 科学家杰拉尔德·乔伊斯（Gerald Joyce）认为，生命更多的是一种大众理念，而非科学概念，这使得它无法以科学严谨的方式进行定义。[15]

生命的定义无一令人满意，这或许是因为我们认识生命的步伐从未停止。我们已不再着眼于生物的总体特征，如进食、呼吸、运动和排泄，而是开始观察所有生命体共有的进程。我们发现，生命的范围如此广泛，从复杂的多细胞生物，如动物和植物，到最简单的有机体，如介于生物与非生物之间的病毒。这种多样性代表了生命进化的旅程，从单纯的化学反应，到维持自身自给自足的独立机器，尽管会产生各种各样的差错，但那正是进化的前提。用一个等式来定义所有形式，是理论物理学家和数学家的爱好，但这从不适用于生物学家。

　　但是，我们的定义和我们的标本一样有限。现在，我们依然没有真正认识自己，或许这意味着，我们还有可能朝着更高级的形式进化和发展。了解细胞如何生存或死亡是一回事，而全面了解生命是另一回事。也许有一天，我们会像孩子一样，把生命理解为我们周围所有事物的内在特性。

　　然而，当我在工作时，生命绝不只是个简单的概念。对在候诊室里焦急等待，希望从医生那里了解所爱之人是否会活下来的家属来说，更不是。当那位患者的女友问我他是否能活下来时，她肯定不是在问我他的细胞还活着吗，或者他的细胞还在水解或复制吗。但她的问题也绝不简单。没有比这更具争议的问题了：一个人什么时候是活着的，进一步来说，什么时候是无可挽回地死去的？

　　20 世纪的科技进步，如呼吸机和心肺复苏术的临床使用，令当时的死亡定义备受挑战。这些技术淘汰了陈旧的死亡信号。据报道，一些病人的心电图本已变为直线，又自发地恢复了波动，尽管只是短暂恢复。

　　心脏曾被认为是所有器官的控制台，掌握着生死大权，但后来，越来越多的科学家开始观察我们两耳之间和双眼后面的器官，寻找生命的迹象。19 世纪时，听诊器和心电图（ECG）的技术开始发展，只要在身体表面放几根导线，就能打开一扇通往心脏的特别之窗，但当时尚未出现检查脑部的此类工具。在过去很长一段时间里，人们都认为，大脑只是用来使身体从心脏产生的热量中冷却下来的一种器官。但现在，我们对大脑功能的认识发生了翻天覆地的变化。

20 世纪上半叶，脑电图（EEG）的发展填补了这一空缺。脑电图能通过固定在人体头部的探针，捕捉大脑电流活动的变化，再以波浪图形表示出来。与心电图相似，脑电图也是将器官的复杂活动转化为具有价值的信息。脑电图发现了睡眠和癫痫的关键机制，更重要的是，它是首个可以区分一个人的大脑处于休眠还是死亡状态的客观测试。

脑电图为临床医生提供了另一种工具，让他们在宣布死亡时又多了一分把握，尤其是对于那些接受机械通气的患者来说，宣布死亡变得十分困难，因为他们不会在咽下最后一口气时经历经典的"心跳猛地一顿"的过程。然而，神经学家在《美国医学会杂志》中评论道，技术的出现，只是为了"在面对死亡时，保持活着的样子"。[16] 心电图拉出一条直线，说明心脏已经静止，这是常常出现的电视场景，但现实中，医生已经开始观察脑电图，检查波形是否从上下波动变为静止 [17]，并且建议用脑电图判断死亡。[18] 将脑电图展现的图形与脑组织中发生的变化相联系，如此开创性的贡献来自两位法国医生。1959 年，皮埃尔·莫拉雷（Pierre Mollaret）和莫里斯·戈隆（Maurice Goulon）发表了一篇题为《不可逆性昏迷》（"Le coma dépassé"）的文章，描述了 23 名深度昏迷病人的病例，他们的脑电图呈一条直线，尸检结果显示大脑已经大面积坏死。[19] 这些发现构成了现代死亡的模板。但在当时，即使是那位发现"不可逆性昏迷"的作者本人，也无法说服自己撤下维生设备，放弃治疗那些似乎依然活着的病人。

使用脑电图确诊死亡令人们兴奋不已，但这种兴奋被随即浇灭，一些病人在脑电波短暂静止后又恢复了大脑所有功能。[20] 脑电图可能受到诸如创伤、低体温，或是药物（如巴比妥酸盐）的干扰，无法转化成有效信息。然而，对于长期依赖呼吸机的患者来说，通过脑电图提供预后信息来帮助医生和家属做出决策，依然十分困难。

为了填补这一空白，一些团体开始设定自己用脑电图判断死亡的标准。麻省总医院的神经科医生就提出了他们的标准，除了脑电图结果外，还需要完全失去反射、呼吸停止 60 分钟，以及化验结果排除任何可逆性昏迷。[21] 但该标准的部分内容并不能令人信服。如果一个人在测试前还活着，任其呼吸停止 60 分钟与直接杀了他没有什么不同。因此，制定这一标准的理查德·施瓦布（Richard Schwab）在 1966 年接受《时代周刊》（*Time*）采访时，给出了 24 小时的持续观察时间。这表明，对于究竟监测多久才能宣布病人已经死亡，即使是他本人也无法提出一个确定的标准。大约在同一时期，也出现了其他评估大脑损伤的测试。1956 年，一项实验使用了 X 射线检测大脑血液流动。有一篇论文描述了 6 名使用呼吸机的患者的病例，他们无法自主呼吸，也没有表现出任何大脑反射。这篇文章刊登在一份不起眼的斯堪的纳维亚期刊上，直到近些年才被人们发现。[22]

20世纪上半叶的科技进步，无疑是将生命的关键从心肺转移到了大脑。然而，死亡仍被定义为心跳停止的那一刻。即使是在心肺复苏术出现后，这种情况也并没有任何变化，而心肺复苏术表明，心脏骤停并不意味着结束，而是一件可以干预和逆转的事情。即便是皮埃尔·莫拉雷，这个通过脑电图研究影响死亡定义的人，也不会"将任何建议的标准视为绝对的"。[23] 尽管一些病人的大脑事实上已呈糊状，有时甚至能看到"在颅骨钻孔时像稀粥一样流出"。20世纪20年代，汉斯·伯格（Hans Berger）首次记录下了人类的脑电图。[24]但几十年过去了，脑电图对于人类生命和死亡的意义仍局限在医学期刊之中，如何正确地运用它确诊死亡还没有定论。

◆ ◆ ◆

亨利·比彻（Henry Beecher）从未接受过任何正规的麻醉学习，却在1941年成了美国第一个麻醉学教授。他是一位化学博士，却一直从事着流行病学研究；他从未涉足生物伦理学，却成了20世纪最具影响力的生物伦理学家；最重要的是，他不是神经学家，却从神经学的角度定义了死亡。

比彻1904年出生于美国的堪萨斯州，原名哈里·昂格斯特（Harry Unangst），父亲是一名守夜人。因为和父亲的关系一直不好，他便把自己的名字改为了亨利·诺尔斯·比彻

（Henry Knowles Beecher）。在完成学业并获得化学博士学位后，比彻转向医学领域，在波士顿完成了医学院学习和外科培训。虽然他最初的研究领域是生理学，但"二战"时成为一名军医的经历将他拉入了医学此前从未探索过的领域。因为曾经接触过一些受伤却感受不到疼痛的士兵，他开始研究安慰剂效应，并成为最早引入药物与安慰剂对比研究的学者之一，当时的临床研究从未有过这种先例。

比彻对人体实验对象的辩护，奠定了他成为生命伦理学先驱之一的基础。虽然早在 1959 年，比彻就撰写了人体实验的一般原则，但直到 20 世纪 60 年代中期，他才将人体实验的恐怖性引入公众和医学界的视野焦点。[25] 在密歇根州乡村举行的一次会议上，面对聚集的记者，他展示了 18 例严重违反道德标准的案例。[26] 他宣称，这是顶尖学术中心的惯例做法，这令舆论哗然，也令他备受同行医生的非议。比彻曾写了一篇关于这些病例的评论文章，向《美国医学会杂志》投稿时却遭到拒绝，但随后，这篇文章于 1966 年发表在了《新英格兰医学杂志》上。"在有关人体实验的文章中，它的影响力是其他文章无法超越的。"[27] 其中详细阐述了 22 个未经患者同意进行不恰当治疗的病例，这些治疗不但匪夷所思，甚至加重病情。不可逆性昏迷患者也是比彻所关心的话题。在一篇围绕"绝望的昏迷患者"讨论伦理问题的文章中，他写道，在一个心肺的重要地位已被大脑取代的世界里，有必要对生命进行定义，同时确定死亡的构成，以及何时死亡被认为是发生了的。[28] 比彻将人类的生命定义为"与他人交流的能力"，但又强调了人的独立性，以防受到"器官掠夺者"的胁迫。他建议，如果想打破死亡定义的僵局，必须得由医生、律师、神学家和哲学家集思广益。1968 年，这篇文章发表后没多久，亨利·比彻便实现了这个愿望。不止如此，比彻和他的团队还整理出了现代的死亡定义，这一定义一直沿用至今。

1967 年，哈佛医学院的院长在接到比彻致信后，宣布成立一个委员会，来解决一个关于死亡的问题：人在什么时候即使仍有心跳，或者还可以借助呼吸机进行呼吸，但实际上已经死亡。比彻被任命为该委员会的主席，召集了名副其实的"十一罗汉"①，其中包括 3 名神经科医生、1 名神经外科医生、1 名移植外科医生、1 名法学教授、1 名医学历史学家等。也许委员会明白，他们的发现不仅会影响医学，更会影响普通人如何看待死亡。1968 年 8 月 5 日，《美国医学会杂志》发表了委员会的报告 [29]，连作者都未曾预料到，这份报告会以前所未有的方式对死亡的社会、法律、医学，甚至哲学层面产生影响。重要的是，无论是好是坏，它都令"脑死亡"从此成了一个日常用语。不过，在认识脑死亡之前，了解大脑自身如何工作，如何赋予我们对生命和意识的构建是很重要的。脑和脊髓共同构成了中枢神经系统，而脑主要分

---

① 源自美国电影《十一罗汉》(*Ocean's Eleven*)，指代 11 位业内高手。——译者注

为脑干和"高级大脑","高级大脑"由人们熟悉的两个盘根错节的大脑半球组成,占满了我们的颅腔。脑干是连接脑和脊髓的一系列结构,上承大脑半球,具有一些十分重要的功能——集中所有连接脑和脊髓的神经束。这些神经束负责调控面部以下所有结构的运动及感觉,比如四肢和呼吸肌。脑干中还分布着脑神经,这些神经与大脑相连,负责调控味觉、嗅觉、视觉、面部肌肉运动及感觉。脑干也参与制定了我们通常认为的生命最显著的特质——意识。

哈佛委员会向法律界和医学界发表了同样多的讲话,他们敏锐地觉察到,法院已经远远落后于医疗复苏科学的进步。委员会指出,"法律令人们误以为判断死亡的标准只有一个,并且医生对此没有任何异议",法院还在依赖一些重要生命体征判断死亡,而这些标准早已过时。

因此,哈佛委员会的主要目标是"将不可逆性昏迷定义为死亡的新标准",并且"确定大脑永久丧失功能的特征"。他们重点关注了构成脑死亡的四个主要特征。第一,脑死亡患者应对任何外界刺激无反应,如严重疼痛、噪声。第二,脑死亡患者应表现为自发性肌肉运动和自主呼吸消失。对于使用呼吸机的患者,医生应根据指导进行"呼吸暂停"(apnea)测试,检测患者是否确实没有呼吸,避免非脑死亡患者因无法使用呼吸机而缺氧。第三,患者应无法产生任何身体反射。在进化过程中,人体存在一些衍生出的,或未退化的无意识条件反射。当膝盖骨被突然敲击时,大腿肌肉收缩，小腿会向前踢出，这是脊柱反射的表现；当眼睛接触异物时，会反射性地眨眼，遇强光时瞳孔会收缩，这是颅脑反射的表现。脊柱反射和颅脑反射的消失，被认为是定义死亡的必要条件。第四，也是最后一条标准，患者的脑电图呈直线时间应在 10～20 分钟以上，对疼痛或噪声刺激无任何反应。

委员会建议，应该由没有直接参与患者治疗，也没有间接参与任何后续器官移植的医生来进行这些测试。前三条标准所有医生都会操作，但神经科医生最擅长。应注意的是，任何人只要脑干遭受重创或不可逆性损伤，就会出现这三条标准中的反应。第四条标准反映的是大脑的脑电活动，揭示了大脑更高级的功能。根据要求，这些测试应进行两次，中间间隔 24 小时，且前提是病人未出现体温过低的情况，也没有过量使用抑制神经系统的药物。一旦满足以上四条标准，这个病人将不再是活着的个体，而是一具即将被宣布死亡的尸体。

哈佛委员会以一种前所未有的方式，在国际上推广了脑死亡这一新概念。而亨利·比彻，这些建议的倡导者，却留下了错综复杂的故事。比彻被许多人认为是现代生命伦理学的奠基人。像许多人一样，我第一次接触到比彻在《新英格兰医学杂志》上发表的文章，是在生物伦理学课上。但是，近期解密的文件揭开了比彻不为人知的一面，或许连他的反对者也想象不到。

在成为伦理学家之前，比彻曾是为美国军方和美国中央情报局（CIA）效力的顶尖科学家之一，研发用于审讯和拷问犯人的药物。[30] 比彻去世后，解密报告称他曾领导 CIA 项目组，试图用一些药物，如麦司卡林和 LSD（麦角酸二乙基酰胺），对受害人进行精神折磨。比彻曾把麻省总医院称为"波士顿最理想的研究场所"，对毫不知情的患者进行实验，不仅如此，比彻还与曾为纳粹政权工作的医生合作，其中包括一名曾在集中营里对囚犯进行致命实验的德国国防军将军。他甚至曾向美国陆军医务总监建议，使用诸如 LSD 的药物"作为生物战的工具"。讽刺的是，比彻之所以在伦理学有所建树，是由于中情局不再使用药物加强酷刑，而是采用心理学家唐纳德·赫布（Donald Hebb）提出的行为学技巧进行审讯，切断了比彻的经费来源，这促使他成了一名伦理学家。

比彻也是"脑死亡"这一术语的推行者，即使委员会成员、诺贝尔奖得主约瑟夫·默里（Joseph Murray）曾警告他不要使用这个词。[31] 尽管作者们明确表示，脑死亡的病人在事实上即为死亡，但大众仍感到困惑不解。委员会想要做的，是用一种反映现代科技产物的方式来定义死亡，可是，脑死亡不仅是被称为"死亡"，对许多人来说，脑死亡是一种不同的类型——一种更温和的死亡。

✦✦✦

有了贾西·麦克马什的先例，我的小组成员开始行动，希望确认那名病人究竟是活着，还是已经死亡。这个过程需要思虑周全，又得小心翼翼。我有些担心，不知新闻舆论对于脑死亡的再次热议，是否会对这个病例造成影响。我们等了几天，直至检测不到病人体内残余海洛因成分，以防止对整个过程产生干扰。但在等待时出现的（或缺乏的）一些症状却不是什么好兆头。病人什么反射都没有，有时血压会骤增至 200，再骤降至几乎无法测量。有时会发烧，有时则全身发冷，甚至需要用发热毯裹住身体来取暖。

病人的父亲知道时间已经不多，一天，他带我去了家属休息室。这是个没有窗户的小屋子，墙壁漆成了橘色，屋内堆放着五六把椅子，还有一摞杂志，或许是为了分散一些痛苦而准备的。病人的父亲和女友坐在一起，后者穿着黑色 T 恤和牛仔裤。我从未见过这位父亲摘下他的户外迷彩帽。他是个骄傲的老兵，见过形形色色的死亡，但从未经历过这样的事情。

"他能挺过来吗？"这位父亲问我。我曾设想过要怎样回答这个问题。我本想说一些模棱两可的话，再争取一些时间，这样我们就能把应做的检测程序做完，但最终那些设想的话我一句都没说。我告诉他，虽然我们无法百分之百确定，但病人的大脑功能几乎不可能恢复。

他低下头，摘下了帽子。病人的女友号啕痛哭。父亲看了看她，将视线转向我，他灰褐色的眼睛中满是厌倦，对哭泣的厌倦。这个骄傲的男人被一出荒诞的悲剧压垮了。他清了清嗓子，希望自己的声音听起来一如往常："他受的苦够多了。"

　　他的话在空气中消散，像不祥的愁云笼罩在我耳边。接受医学培训时，我们用了许多时间学习如何与病人交谈，如何记录病史，如何获取敏感信息，如何总结病人的情况，但最重要的是，学习如何宣布坏消息。参加了多年沟通课程和研讨会之后，谈话大概是我唯一的学习成果。医生们掌握了大量的专业知识，而且乐于向普通人大谈特谈。如果你见到一群医生，说话的通常是其中最有资历的医生，而学生们总是支支吾吾，一个字也不敢多说。医生的健谈也许是为了打破沉默，尤其是碰到这种情况。对于乐于掌控全局的医生来说，沉默代表着令他们恐惧的未知和混乱，我也是如此。

　　那一刻，空气仿佛变得更沉重了，连墙壁似乎都要承受不住压力而土崩瓦解。我的第一反应是安抚病人和家属，或转移他们的注意力，说些无关紧要的事情，总之说些什么，什么都好，可我一个字都说不出来。就在此时，我的传呼机响了，刺耳的声音瞬间打断了我的思绪，使我遵守的原则失去了平衡。通常，当我发现自己陷入一场会议或一些实在不太喜欢的场合时，我会用手机给自己的传呼机发一条消息。当传呼机在大约 10 秒后响起时，我会故作严肃地看一眼，默默把它放回去，然后编个理由离开。有时住院医生也会互相"救场"，免去一些十分无聊的交际应酬。这是我的"救场"消息吗？

想到这里，我把传呼机调成了静音。虽然很好奇消息的内容，但我竭力遏制住了这种冲动，把传呼机放进皮套。或许这是那天唯一一次，我放任这种安静肆意蔓延。沉重的呼吸声代替了言语。我发现自己在用心地观察，而不只是倾听。

我常常需要和困惑无助、不知所措，甚至孤立无援的人交谈，因此，习惯安静对我而言极为重要。我发现，有时病人和家属的表情就像在寻找屏幕下方的字幕，而我正在用一种像是外语的语言喋喋不休地说着。关于临终事宜的谈话往往更像是一场谈判，而不是讨论。沉默可以平复情绪，让人们在所想和所需中权衡得失。我猜，那位父亲正在想着自己的孩子，眼前极速闪过一幕幕回忆。再次开口说话时，他已经不再哽咽，终于想好了要告诉我什么："我不想让他再受折磨了。"

◆ ◆ ◆

哈佛标准问世时，正赶上公众舆论和流行文化再次对死亡产生兴趣。20 世纪 60 年代，在科技推波助澜、政治煽风点火、人们的恐惧更是添油加醋的环境中，死亡成了报纸、书籍、电影和唱片中的固定卖点及噱头。正是在接下来的 10 年中，死亡被再次定义，引起了社会学、人类学、历史、法律、道德，以及医学各界关注。[32] 与此同时，虽然在公众演讲和学术论文中越来越容易看到死亡，但随着死亡和临终逐渐被划入医院的范围，真正目睹死亡的人越来越少了。

　　哈佛标准问世后，死亡的定义受到公众的普遍关注。此前，当宣布死亡的决定被呈送到法院时，法官大多以《布莱克法律词典》（*Black's Law Dictionary*）为依据，该词典以无益的、空洞的方式将死亡定义为"生命停止，或不再存在"，但接着又更具体地将其描述为"血液循环完全停止，机体停止运转，重要生命体征消失，如呼吸、脉搏等"。[33] 在哈佛定义出现之前，法院根据"司法认知"（judicial notice）[①] 定义死亡，误以为医学界对死亡定义已达成广泛共识。哈佛标准对于死亡前景的改变意义非凡，1968 年该论文发表后，其影响很快就开始在法庭上体现出来。事实上，死亡在当时是一个热议话题，以至于不到一年时间，该定义就被引入为法律实体。

　　早在 1967 年，哈佛标准发布之前仅一年，有一桩可怕的案件，德拉·派克（Della Pyke）79 岁，头部中弹 5 枪，而凶手是她 85 岁的丈夫，丈夫行凶后用最后一颗子弹自尽了。在这起案件中，堪萨斯州最高法院将死亡定义为"所有重要功能完全停止"，即使这些重要功能是通过人工设备维持的。[34] 但在 1970 年，堪萨斯州立法机构通过了一项法规，除传统的以生命体征为基础的死亡定义之外，在美国历史上首次正式认可了新提出的脑死亡的定义。尽管这项法规很快被包括马

---

① 又称审判上的知悉，指对于某些事实，无须举出任何证据，审判法官有权作为普通的常识加以确认。——译者注

里兰州、新墨西哥州、弗吉尼亚州和俄克拉荷马州在内的几个州采纳，但它的措辞既混乱又令人费解。堪萨斯法规中的死亡定义十分口语化，并且模棱两可，如"尝试复苏基本没什么希望"，或是"进一步的复苏或支持性治疗（大概）成功不了"。此外，堪萨斯法规将脑死亡用作一种定义器官贡献者死亡的方法，这不禁令人怀疑，重新定义死亡可能只是为了便于摘取器官。

堪萨斯法规受到的评论褒贬不一，一位律师说，"该法规偏向于促进器官移植"，"可能损害公众对医学的尊重"[35]；另一些人则称之为"勇敢的创新"。[36]哈佛标准也未能免受批评之声，20世纪70年代，有人指出其复杂的定义存在漏洞[37]：使用"不可逆性昏迷"来描述脑死亡，使本就复杂的死亡定义更加扑朔迷离。委员会曾错误地宣称，脑死亡的病人不存在脊柱反射，这后来被证明是谬误，因为脊柱反射（如膝跳反射）即使在大脑和脑干完全受损的情况下，也能保持完整的回路。在当时，尽管建议用一些测试来检查呼吸是否存在，比如呼吸暂停测试，并且有一些可以排除大脑功能低下原因的推荐措施，但并没有可供临床医生使用的清晰的指导指南。

1978年，美国律师协会提出了一项"标准法规"，相比堪萨斯法规中晦涩的语言，这可以说是一大进步。[38]这项新法规十分简洁明了地规定："无论出于何种法律目的，根据惯例、通常标准或医疗经验，若出现不可逆性脑功能停止，即可认定死亡。"当时脑死亡已被认定为法律实体，美国数州都采用了这项标准法规，但没有规定如何诊断脑死亡。伊利诺伊州进一步加强了脑死亡定义与器官移植之间的假象联系，该州采用了美国律师协会提供的解释，但将其作为了对《统一遗体捐赠法》（Uniform Anatomical Gift Act）的一项修正，该法案最初于 1968 年通过，旨在规范器官捐献。到了 20 世纪 70 年代末，越来越多的州通过法令，接受脑死亡为法律实体，但各州法律文件中的措辞问题也越来越严重。例如，怀俄明州将死亡定义为"大脑失去与随机活动不同的有目的活动"。[39] 这打开了另一个潘多拉魔盒，哈佛标准明确要求不存在任何大脑活动，没有任何关于目的性的探测。但是，当时的技术能否进行这种检查还得打个问号。

　　就在此时，美国第 39 任总统吉米·卡特（Jimmy Carter）成立了专家咨询组，着手解决医学伦理问题，他们选择的第一个问题便是死亡的定义。1978 年，"美国医学和生物学及行为研究伦理学问题总统委员会"成立，于 1981 年发布了首份报告——《定义死亡》（"Defining Death"）。[40] 在律师和伦理学家亚历山大·卡普伦（Alexander Capron）的领导下，该委员会吸纳的成员涉及各个领域，甚至包括神学家。在这份报告中，委员会了解了各州的死亡定义后，最终制定了《统一死亡判定法案》（Uniform Determination of Death Act，UDDA），并建议所有州将其作为判定死亡的法规。《统一死亡判定法案》建议在定义死亡时既延续传统的循环性死亡定义，但也应涵盖"包括脑干在内的全脑功能不可逆性停止"作为死亡定义。

绝大多数州都采用了《统一死亡判定法案》作为本州判定死亡的法律法规。虽然 UDDA 将脑死亡合法化了，使其成为一种法律认可的死亡形式，但它没有详细叙述究竟如何准确地定义脑死亡。好在报告中还收录了一篇附录，简要介绍了一些测试，可用于诊断大脑功能、循环功能及脑干反射是否存在。从 20 世纪 60 年代首次提出脑死亡概念后，它的定义至今没有太大改变，然而，它仍是一个争议越来越多的话题。如果电视和报纸上的新闻标题可信的话，被宣布脑死亡的人总是能奇迹般地恢复健康。但事实是，其中大部分人是在没有经过完整检测的情况下，就被宣布脑死亡。如果说有什么不同的话，那就是当病人确实符合脑死亡的标准时，不仅能让医生，也能让家属松一口气。因为，就像我即将从我的病例中了解到的那样，在昏迷状态和脑死亡之间存在着一个巨大的灰色区域。

✦ ✦ ✦

与家属谈话结束后，我回到 ICU 的办公区，告诉其他小组成员病人家属对于后续事宜的态度。我的同事们已经得知了开会的消息。在桌边，我看见一张新面孔——一名中年女性，胸前悬挂着一副眼镜。她是在器官库工作的护士。护工在接到病人脑死亡的消息后，就给器官库打了电话。她忙得不可开交，奔波于各个医院之间，从一个脑死亡的病人看到另一个。"现在吸海洛因成了潮流"，她告诉我们。年轻人就像被火焰包围的飞蛾一样，被毒品渐渐吞噬。这头难以驯服的怪兽把无数人拖进它的毒穴，任由他们成为衣衫褴褛的行尸走肉。我们还没有直接和家属谈到器官捐献，现在也许还有些为时过早，毕竟我们还需要做一些测试，才能最终确认脑死亡。但器官库的工作人员前来并不是为了和家属商讨，而是为了先与我们沟通。器官捐献从来都是一个极为敏感的话题。全球范围内，数以万计的人得益于他人的肝脏、肾脏、肺和心脏，才活了下来。对于许多疾病来说，医生能提供的唯一治疗手段，就是器官移植。捐献的器官从来都是全球最稀缺的资源。虽然人们对于器官移植的了解一直在增加，但近几十年的移植手术比率实际上几乎没有变化。

　　甚至连发起器官移植讨论的决定都困难重重。负责治疗病人的医生处处小心，生怕被别人误解自己对病人的治疗另有企图，或是引发利益冲突。我绝不希望我的病人或他们的家属认为我出于什么不良动机，为了得到重要器官而别有用心地撤下维生设备。

　　并非所有医生都完全了解这些宣告脑死亡的标准。一项1989 年的研究表明，在本应了解脑死亡标准的医生和医护人员中，只有大约 1/3 的人确实掌握了这一标准。[41] 虽然媒体常常报道，但其实脑死亡在医院并不常见，除了神经科或神经外科的重症监护室，那里收治了大部分严重脑损伤患者。

脑部受到重创是导致脑死亡最常见的原因，但这些患者中脑死亡的人数正在下降，而近期阿片类止痛药流行所导致的脑死亡人数正在大幅上升。[42] 不同的医院对于确认患者达到脑死亡标准所需的程序和测试，也有微小的差异。[43] 实际上，器官库的护士明确表示，在她或社工开口之前，她不希望我们团队中的任何人和家属讨论此事。

不过，这场谈话离我的病人还很遥远。在病人尿液中的阿片成分消失之前，我们什么测试都做不了。几天后，我们完成了这些测试，病人的脑电图完全呈一条直线，与我们临床评估中"病人很有可能已经脑死亡"的结果一致。进行呼吸暂停测试时，病人无法在呼吸机撤除后自主呼吸。病人符合了脑死亡的绝大多数标准，但医院还有一项具体的条例，要求我们再进行一项测试——大脑血管造影扫描，以确认脑部没有供血。虽然造影扫描可以检测血液是否流向大脑，但这并不能说明大脑是否还具有任何功能。

做这些检测的日子里，病人家属几乎住在了医院。我值夜班买咖啡时，看见过他们穿着睡衣在家属区打地铺。我劝他们好好休息，在痛苦面前也要照顾好自己，但他们一步也不愿离开。他们当然是在期盼着奇迹发生，希望这只是某种扭曲的梦，说不定病人马上就会醒来向他们打招呼。但是，与其说他们抱着不切实际的希望，不如说他们更多的是希望在注定结局到来之时，可以陪在亲人身旁。尽管大脑受损严重，但他的机体器官依然运转良好：心脏还在跳动，肾脏还在过滤，肝脏还在不停地合成物质。在这场悲剧中，他或许能够赠予他人无价的礼物，这一事实给了我一丝希望。但时间不等人，他的心率时快时慢，血压忽高忽低，体温在高烧和寒战之间变化。我们必须明确结果，尽快开始行动。

但是，我们发现自己陷入了不确定，而造影扫描更是雪上加霜。造影扫描的结果显示无动脉血流，但存在静脉血流。这能说明什么？静脉中有血流有任何意义吗？仅仅是呼吸机的交替增压就会导致胸腔的压力变化，造成静脉血液流动。更何况，血液流向坏死组织毫无用处。放射科的医生起初有些犹疑，但最后还是宣布这些发现符合脑死亡标准。可ICU 的主治医生不太确定。她既担心之前复杂的病情，又对电视上曾上演过的旷日持久的全国争议十分清楚，再加上放射科医生开始的迟疑，她最后决定，病人虽然各项测试和临床检查的结果吻合脑死亡，但并不是完全符合脑死亡的标准。

这大概就是医生、患者和家属内在矛盾的缩影。我们每天说着各种医学行话和专业术语，但背后谁也无法确定到底发生了什么，这些后台数据该如何处理。这种未知同样困扰着家属。病床上的亲人看起来似乎活着，但在他们身上看不到一点熟悉的特质。每次家属与我们谈话时，都希望得到一些肯定的答复。我们完全理解，他们需要一些明确的信息，而不是模棱两可的评价。

这一个未知结果无疑又是对家属的一次打击。我们聚集了小组成员，还有器官库的护士，她对于会面最为经验丰富。"按照规定行事。"她坚持道，暗示我不要想到什么就脱口而出。我们以医疗团队的身份再次与家属见面，告诉他们最终结果还无法确定，病人处于脑死亡的临界点，无法恢复神经功能。虽说如此，但他还没有脑死亡……

这位父亲，也是病人的医疗代理人，并没有犹豫太久。这些日子他一直在等待病情的确切答复，似乎已经想清楚，如果他的孩子可以开口说话，会替自己做出什么样的决定。"他不希望像这样活着。"父亲告诉我们。病人的女友抱了抱他，把头埋在他的衣服里。这个把他们联系在一起的年轻人就要不久于人世了。

我在病人父亲的脸上看到的不是痛苦，而是慰藉。终于，他的孩子可以摆脱折磨了。虽然他不清楚会发生什么，但他十分清楚不会再发生什么：呼吸机和传呼机、脑电图探针都不再使用，也不再做各种各样的检查。无论从哪个角度而言，事情都更加简单了，这也是他所认为的死亡。我们转身离开房间，留给他们一些空间，并开始考虑进行"临终拔管"的时间，即病人脱离呼吸机的最后一步。正当我脱下白大褂、摘下手套时，病人的女友突然问了我一个问题，一个我们本打算最后再提出的问题："他总是愿意帮助别人，可以让他捐出器官吗？"

我完全没有准备好回答这个问题。由于他还没有脑死亡，我本以为在这个时候讨论器官移植只是白费力气。无法宣布脑死亡，我们又怎么能完成病人最后的愿望呢？主治医生的话打消了我的担心："可以，有办法。"

的确，有一种办法。为了不让我们忘记，死亡还有另一种方式：心脏停止跳动。心脏停止跳动是最可靠的死亡，连小孩子都能用手指搭在手腕做出判断。但我还是力求谨慎，那些历史争议带给我们最大的启示莫过于，即使是心脏停搏的死亡，也躲不过愈发严苛的临终检查。

第6章

心脏何时停止跳动

没有一个人体器官像心脏这样与生命息息相关，这种联系既是现实意义上的，也是象征意义上的。心脏与情绪和感觉的关系十分特殊，直至今天依然如此。没有人知道这一切是如何开始的，或许是诗人偷偷望着心上人时，或许是猎人躲避猛兽追赶时，又或许是在深深的静默时，心脏始终有节奏地跳动着，就像时钟的嘀嗒声一样。

　　在古代，人们认为，心脏不仅是情感的中心，也是生命最核心的器官。撰写于公元前 1500 年的《埃伯斯纸草文稿》（*Ebers Papyrus*）记载，心脏不仅带动了血液、汗液和精液等体液在人体内的循环，还是生命的本质——精神的来源。这份文本中的一些内容，或许是对心力衰竭的首次临床描述。[1] 古埃及人积累的知识传播到了世界各地，这项工作随后被交到了古希腊人手中。[2]

　　在希腊神话中，阿斯克勒庇俄斯创造了医学。[3] 他手中缠绕长蛇的手杖至今依然是许多医疗机构的标志。这些在他的神殿中蜿蜒聚集的蛇其实并没有毒，而是这位医神众多的治病良方之一，会有虔诚的信徒不远万里前来求诊。

医学史上最受敬仰的导师之一，是"医学之父"希波克拉底。希波克拉底于公元前 460 年出生在希腊科斯岛，他是第一个将医学从巫术、宗教和哲学中分离出来的人。[4] 希波克拉底对心脏尤其感兴趣，尽管他还无法断言生命存在于哪里，却已经写出一些文章，指明大脑构建了人类的意识，而他的另一些文章指出，精神和情感存在于心脏。因此，直到 18 世纪中期，血液循环停止依然被认为是死亡的确凿证据。[5]

随着医学在 17～18 世纪变得更加客观，人们开始用物理标志来判断生命是否停止，包括血液循环停止、呼吸停止、身体僵直、体温下降、瞳孔散大和肛门括约肌松弛。[6] 但其中部分标准并不可靠。低血压和休克经常会导致脉搏难以探查。还有一些疾病会导致瞳孔散大，比如中风。痉挛和肌肉紧张症也可导致身体僵直。溺水或冻伤患者往往心率极慢，体温极低，身体僵冷，看起来处于"死亡"状态。这些漏洞导致《英国医学杂志》在 1885 年提出这样的假设："的确，除了腐烂之外，几乎没有任何一个死亡迹象是无懈可击的。"[7] 这就是为什么在 17～18 世纪，确诊死亡的"黄金标准"是尸体腐烂，然而大多数死亡都是在腐烂开始之前就被宣布的。19 世纪是历史上"活葬"最普遍的时期，许多误判为死亡的人被活埋。因此，"假死"这一概念格外吸引公众注意。就连埃德加·爱伦·坡（Edgar Allan Poe）也认为，"即使是为了创作严肃小说，这个话题也太过可怕"。1844 年，他写了一部名为《活葬》（*The Premature Burial*）的小说，描述了这种"频频发生"的行为，甚至在爱伦·坡的恐怖故事宇宙中，这也代表了"死亡的命运中最可怕的极端情况"。[8]在几个故事中，大多是美丽的年轻女孩进入假死状态，被误认为生命体征消失而被秘密埋葬。

当时，一流的医学期刊《柳叶刀》和《英国医学杂志》经常刊登患者被宣布死亡后，诊断结果却被推翻的报道，其中以"癔病性昏厥"或"嗜睡性昏迷"的患者居多。[9]1896年，在一封写给《科学美国人》（*Scientific American*）的信中，一位来自伦敦的威廉姆森先生描述了他经历的"几个经确认的死亡病例"："这种状态与真正的死亡十分相似，即使是最有经验的人也会相信这个人真的死了。"[10]这些病例相似到"不仅最有经验的医生、验尸官或殡仪师无法判断，就算借助外界手段，如听诊器或任何其他测试，也无法辨别真假"。

为了确认是否真正死亡，人们制定并公布了一些十分详细但没有丝毫科学依据的复杂测试。[11]据推测，处于假死状态的人进入了所谓的休眠状态，"起死回生只是一种可能性而已"。大多数过早诊断的报告都是有争议的，而且根据记录，这些患者都未经经验丰富的医生检查。事实上，1896年，美国一位外科医生调查了当地一名男孩的复活事件，结果发现整个事件——从男孩长期生病，到被宣布死亡，再到男孩被放进棺材前醒来——纯粹是编造出来的。[12]

美国国会通过议案，延长了停尸房观察尸体的时间[13]，还开发了可逃脱的"安全棺材"和墓室。除了沿用希波克拉底时代的标准以外，还有一些测试被制定出来用于确认死亡。但这些测试的创伤较大，而且十分荒唐，比如用开水烫洗尸体，或者将尖锐的工具或具有刺激性的物质（如芥末）放进鼻子，观察反应。人们把尸体浸入水中，观察是否有气泡呼出[14]，或者在皮肤下注射氨水，观察是否发炎。还有人主张用挂着旗子的长针扎入尸体心脏，如果旗子摇动，就说明心脏还在跳动。"福贝尔氏试验"（Foubert's test）实际上提到用手术刀打开病人的胸腔，插入一根手指感觉心脏是否还在跳动。

死亡永远伴随着我们，但即使出现了先进的诊断技术，诊断死亡的斗争也没有停止。贾西·麦克马什案例最大的启示在于，依赖个人的标准诊断生命或死亡是件可怕的事，就像埃德加·爱伦·坡所写的故事一样。

听诊器和心电图的出现令监测心脏活动变得更加容易。然而，在20世纪60年代哈佛标准发布后，依赖心脏活动停止来宣布死亡的做法结束了，与此同时，另一项医学进步的出现最终促使医生们严肃地对待宣布死亡这件事。历史上很多人，比如亚里士多德，都认为从生到死是一个模糊而渐进的过程。这一观点得到了一些当代先锋人物的同意，比如托马斯·斯塔兹（Thomas Starzl），他于1963年成功实施了全球首例人体肝脏移植手术，他将生命比作一条"递减曲线"[15]，对每个人而言，随着死亡的来临，生命逐渐消逝。而器官移植成了一场变革，它不但抛弃了陈旧的死亡观，更迫使医生直面在客观定义一个人不能再称之为"个体"时所产生的伦理和法律后果。1967 年，克里斯蒂安·巴纳德（Christiaan Barnard）成功实施了首例人类心脏移植手术，一年后，《美国医学会杂志》的编辑发表评论："制定规则的人应该是医生，而不是那些大律师。"[16]

✦ ✦ ✦

在 20 世纪之前，一位外科医生有多出色取决于他的手速。麻醉的出现、卫生条件的提高给予了外科医生他们永远不够用的东西——时间。随着时间的推移，外科手术的范围扩展到了人体间器官移植，但这也是一个不断试验甚至试错的过程。马修·雅布莱（Mathieu Jaboulay）是一位法国医生，曾与亚历克西·卡雷尔一起推动了血管缝合技术的发展，他也是第一个尝试人体器官移植的医生。[17] 1906 年，他将一只山羊和一只猪的肾脏分别移植给两名患者，但由于接错了血管，造成了致命的错误。无疑，这两名病人很快就死亡了。在乌克兰首都基辅，一位名为尤·尤·沃罗纳（Yu Yu Voronay）的外科医生试图挽救 6 名自杀患者。患者吞服了水银，导致严重的肾衰竭。但病人们自杀的执念胜过了沃罗纳的努力，最终全部死亡。

克服了移植手术的一些早期缺陷后，医生们开始认识到，患者接受了供体肾脏后，免疫系统将大规模对抗未知的

"入侵者"。人体免疫系统一刻不停地侦查，一旦识别到缺乏
自身系统标志的细胞或物质，就会将其视为外来物。在这种
排外机制下，免疫系统会感知并排斥外来器官，启动死亡机
制，很有可能导致人体衰竭死亡。虽然 1956 年，约瑟夫·默
里（Joseph Murray）通过在同卵双胞胎之间移植肾脏，成
功避免了这种免疫反应机制[18]，但目前还没有通用的方法可
以为全世界大多数人移植器官，因为很多人并没有同卵双胞
胎。一些人曾寄希望于全身放疗以抑制人体免疫系统，但其
实，是免疫抑制剂（如硫唑嘌呤）的出现帮助抑制了免疫系
统，使人体长期接纳移植器官成为可能。

　　移植技术发展的同时，医生也意识到移植的成功与否，
取决于摘取供体器官的速度，尤其是在捐献者已经死亡的情
况下。当时的一些外科医生，比如比利时的盖伊·亚历山大
（Guy Alexandre），并没有等待医学界的共识，而是自行制定
了判断死亡的标准。[19]一些器官可以活体摘取，如肾脏，但
大多数器官在人体死亡前无法摘取。但是由于活体捐献者不
足，即便是肾脏也大多来自刚刚死亡的尸体。

　　从古至今，死亡都无法避免，但在器官移植出现之前，
从来没有一个人的死亡能成为新生命的来源。死亡之后，通
过捐献器官，人们可以把希望和生命留给原本没有希望和生
命的人。或许这也令人们不再只从单纯的哲学层面，而是根
据经验，为死亡制定可靠且通行的定义。如果一个人被错误
地宣布死亡，就会破坏器官移植原本仁慈的使命。然而，定

义的缺失并没有阻碍医生们在病人临终时测试前沿的外科手术技术。

虽然克里斯蒂安·巴纳德并没有走传统的外科明星之路，即经过美国或欧洲最著名的学术医疗中心手术室的培训，但这并没有阻止他梦想征服最伟大的挑战之一——心脏移植。这位欧洲后裔自幼在南非学习成长，没有同时代其他医生的显赫家世，也没有丰富的外科研究经验，比如艾德里安·坎特罗威茨（Adrian Kantrowitz），这位布鲁克林迈蒙尼德斯医院的医生已在实验室里给上百只狗做过心脏移植手术，技术精湛。1966 年，坎特罗威茨半夜接到一个电话，这或许是他距离创造历史最近的时刻。当时，他准备将一名脑电图已显示直线的儿童的心脏，移植给另一名先天心脏缺陷的儿童。但同事们劝阻了他，恳求他等到捐献心脏的儿童彻底死亡，即心脏停止跳动后再做手术。1 小时后，这名儿童的心脏终于完全停止跳动，可坎特罗威茨打开胸腔后发现，心脏已经开始衰弱，不再适合移植了。

可是，巴纳德是真的想要成为第一个成功实施心脏移植术的人。在一次惨剧中，他得到了"完美"供体心脏。1967 年 12 月 2 日，25 岁的姑娘丹尼斯·达维尔（Denise Darvall）与父母和弟弟看完电影《日瓦戈医生》（*Doctor Zhivago*）后开车回家。他们想在路边面包店买个焦糖蛋糕，于是下了车。过马路时，丹尼斯和她的母亲被一个酒驾司机撞倒。母亲当场死亡，而丹尼斯被撞向排水沟，颅骨粉碎。

丹尼斯立即被送往医院，连上呼吸机，但她恢复神经功能的可能性被认为是零。

这所医院的医生告诉丹尼斯的父亲爱德华·达维尔（Edward Darvall），女儿康复的可能性微乎其微。爱德华刚接受了一天之内同时失去妻子和女儿的事实，医生又开始向他说起路易斯·沃什坎斯基（Louis Washkansky）的情况。路易斯 54 岁，是个来自立陶宛的犹太人，因糖尿病引起的充血性心力衰竭而濒临死亡。爱德华同意捐出女儿的心脏，第二天，丹尼斯和路易斯就被一起推进了手术室。巴纳德主刀，协同手术的医生有 20 人。5 个小时后，在电流的刺激下，新移植给路易斯的心脏在它的新家开始跳动。路易斯·沃什坎斯基成了第一个胸腔里跳动着别人心脏的人，但这并没有维持多久。手术仅 18 天后，他就死于肺炎。路易斯死亡时，巴纳德甚至不在南非，他已经走向国际明星医生的光明大道。在巴纳德手术完成 3 天后，布鲁克林的坎特罗威茨成为第一个成功实施儿童心脏移植手术的人，但这个孩子也只多活了 6 个小时。无论如何，巴纳德赢了。但他后来的贡献微不足道，是其他更多的医生完善了心脏移植术，使它从奇闻变为现实，为成千上万的患者带来福音。

然而，巴纳德得到心脏的方式与坎特罗威茨有一点非常大的区别，那就是没有等捐献者的心脏自然停止跳动。在他的弟弟兼医生同事马里乌斯的劝说下，巴纳德向丹尼斯的心脏注射了足量的氯化钾，这是一种麻痹心脏的强力毒素，足以"杀死"丹尼斯。尽管这个黑暗的秘密直到 2006 年，也就是那场重大手术完成几十年后才被揭开，但它或许反映了当时存在的那种紧张气氛。

器官移植已经彻底打破了曾经的"去中心化"生命论，这种理论认为，灵魂分散在构成人体的所有器官、细胞和体液中。[20] 事实上，无法移植大脑或许说明了生命确实是一个中心过程，存在于大脑和延伸至全身的神经之中。当医生面临着两全难题（既要保护垂死的病人免受伤害，还得帮助可从新鲜器官中受益的人）时，精准确定死亡时间就变得格外重要了。

正是脑死亡的本质决定了这是一个毫无头绪、无据可依的领域。正如 ICU 中那名过量服用海洛因的病人一样，有许多患者不完全符合脑死亡的标准，但也没有康复的希望。用听诊器和心脏监护仪确认心脏停搏，听起来像是回到了死亡依然简单纯粹的年代。

随着脑死亡的概念在全球得到普及，越发明显的是，许多患者都无法完全符合这份由哈佛委员会设计、总统委员会完善的标准。ICU 中挤满了患者，他们原本都很健康，因为一次重创濒临死亡，却没有真正死亡。

为了保护这些患者免受贪婪医生的伤害，防止死亡成为一场扭曲的混战，1968 年美国国会出台的《统一遗体捐赠法》提出了现在为人们所熟知的"死亡供体规则"。[21] 该法案及其修订案明确规定，只能从已经死亡的人体采集器官。此外，捐献行为不应导致死亡（即摘取器官不应导致捐献者因此死亡）。死亡捐献者规则是为了保护病人而制定的，甚至在死亡的现代定义形成之前就已经颁布了。

死亡捐献者规则主要适用于那些还没有完全脑死亡的濒死患者，比如我的病人。20 世纪 90 年代，一些患者或家属希望捐献器官，但捐赠者并不符合脑死亡的标准。匹兹堡大学意识到，一大批同意捐赠的患者即将带着他们完好的器官进入坟墓。于是，他们起草了一份协议，允许还没有脑死亡的患者进行器官捐献。[22] 协议规定，撤下呼吸机后，如果患者的脉搏和呼吸持续消失 2 分钟即可宣布死亡，成为合法的捐献人。我们无法得知，他们是如何想出了"2"这个神奇的数字。其他机构把时间延长到了 5 分钟，比如美国医学研究所。[23] 这些时长争议的核心是"热缺血"何时开始[24]，这是一种衰变状态，身体器官一旦离体，失去了有效的血液循环，就会因无法清除代谢产物而立刻开始腐败。

第二天，我的病人被送入手术室，来自 3 家医院的移植医生团队也坐飞机赶来了。一切准备就绪后，医生们取出了病人的呼吸管。管子上覆盖着黏液，取出后就被扔进了垃圾桶。所有的外科医生、住院医生、麻醉师和技术人员，为了照看病人都一夜未眠。2 分钟后，手术刀开始移动。打开胸腔后，他们发现心脏已经出现了无法逆转的衰变。医生们又查看了肺部，发现同样无法挽救。肝脏看上去也无法修复。最终，他们只带走了一对肾脏。

听到这个消息时，我既愤怒又伤心。病人的父亲看着孩子经受了这么多痛苦，只想让他平静地死去。但他最后"死"在手术台上时，身边没有一个亲人。令我沮丧的是，他本可以完成捐献器官的愿望，带给别人新生的机会，但由于脑死亡标准中奇怪而扭曲的逻辑，连这个要求我们也无法满足。

美国人的平均寿命为 2481883200 秒 [25]，但其中最重要、最具争议的或许恰恰是一个人死亡后的那几秒。对于生命最后的几秒钟和死亡最初的几秒钟，我们了解的信息越多，越会发现人生的变化和无常。

我从不认识查理。第一次见面时，他正躺在轮床上，被推进 ICU。在他身旁和病床上堆满了各类监护仪器和医疗表格，吊杆上挂着许多静脉输液袋和药物，经过医院走廊时，像一面面风中摇晃的旗子。当时，一个人负责推轮床，另一个人紧紧扶住查理的面罩和氧气袋，跟着向前跑。这些设备看起来就像是一只匆忙召集的舰队，在湍流中乱撞。

查理和他的姐姐一直合不来。他们都已经 60 多岁了，独自居住，而且住得很近，但只有当其中一个人生病了，另一个人接到医生或护士的电话时，才会见面。长年吸烟令查理患上了慢性阻塞性肺疾病。虽然病情不断恶化，起身去卫生间都会气喘，且需要终身吸氧，而身边的氧气罐本身就是火灾隐患，但这一切都无法让查理戒烟。

我看了他的病历，在短短几个月的时间内，这已经是他第四次因肺炎住院了。慢性阻塞性肺疾病患者比其他人更容易出现肺部感染，但这次的情况似乎有些不妙。我的怀疑并没有持续很久，一份高分辨率的 CT 扫描显示，一个巨大的肿瘤已经侵蚀到他的气管，位置正是反复感染的地方。

我第一次给查理的姐姐打电话时，几乎是用劝的方式说服她来医院的。即使是到了医院，她也更喜欢待在外面的等候区，叫我出去说话。她问我查理的情况如何，我告诉她查理可能患上了癌症。她深吸了一口气。我问她还好吗，她长长地叹了口气，说："希望你们能给他一个活下去的机会……一个真正的机会。"

我们确实这样做了，静脉注射广谱抗生素，放置胸导管排出肺部的癌性积液。同时，我们一直在优化他的呼吸机设置。但他的血管渗漏越来越严重，肺部和双腿充满积液。那一天，他的病情突然危急：血压无故飙升。在这种血管内压力过高的情况下，他虚弱的心脏根本无法将血液输送出去。还没来得及有效降压，他就发生了心脏骤停。

我们立刻发出蓝色警报，用了各种药物试图复苏心脏。护士们在按压心脏，我安排他们轮流进行心肺复苏术。警报发出 15 分钟后，我停下，检查心率。他出现了微弱的脉搏，心脏监护仪显示出正常的"窦性"心率。一位同事给查理的姐姐打了电话,可她懒得露面。

时间一天天过去,查理始终无法脱离呼吸机。每天我都会给他的姐姐打电话,但她从来不接。这天,护士告诉我,外面有一位女士在等我,希望和我说几句话。我出了门,发现查理的姐姐站在那儿。她说已经收到了我的语音留言,但她不敢回复,也不敢来医院。谁也不知道这姐弟两人曾发生过什么,但无论怎样,当她看到这个在所难免的结局,很难不感到失落。我告诉她,我们还在尽力抢救,病情确诊是癌症,而且已经扩散到全身。

她一言不发地看着地面,然后说:"医生,你们尽力了。他一直最讨厌他的氧气泵,我想他大概不会喜欢现在身上接满各种机器的样子。"

"我明白……如果你觉得这是他想要的,我们可以撤掉呼吸机,保证他没有任何疼痛或痛苦。"

她安静地抬起头:"没有呼吸机,他还能撑多久?"

"不会太久。"我告诉她。

"他走的时我会来看他的。记得给我打电话,医生。"她转身走了。我觉得她应该不想听到我说再见。

我回去对护士说了我们之间的对话。所有人都顿觉轻松。谁都不愿意继续在查理那瘦骨嶙峋的胸腔上做心肺复苏术了。我在电脑上输入了"DNR/DNI"指令。然后加大了吗啡的剂量,让他保持舒适无痛的状态,之后拔掉了呼吸管。

出人意料的是，他依然可以自己呼吸，虽然大脑并没有被唤醒。当我听到警报声时，正在查理病房外的一台电脑上工作，那是一种没有任何起伏的单调声音，通常是心电图的探针不小心脱落所造成的。但这次，警报响起的确是由于心脏停止跳动。如果这发生在一小时前，大批医务人员将会被调集来做心肺复苏，但现在，因为他签了 DNR/DNI 协议，我们所有人只是站在玻璃门外，看着心电图上最后几簇不规则的波形消失，直到变为直线。

过了漫长的几分钟后，我走进病房，关掉警报器。把听诊器放在他的胸腔上时，什么也听不到。我听不到空气穿过他那破旧的、充满焦油味的气道时的声音。我按了按他的眼球，也没有眨眼反射。这时传呼机响了，看来我们要去急诊室接诊新病人了。我把白床单拉上来，盖住他的脸，但双脚露了出来。床单太短，只能盖住一端。我决定盖住他的双脚，露出脸部。然后用消毒液洗了手，出门用最近的电话联系查理的姐姐，告诉她查理走了。她的声音有些颤抖，听起来有些不知所措。我说服她来一趟医院。

挂了电话后，我继续处理着电脑上的工作，余光却忽然注意到一些异常。在查理的心电监护仪的右上角，似乎有绿色的光正在闪烁。查理的护士站在病房里盯着监护仪，目瞪口呆。护士转过身，看到我正在看着他。我走到玻璃门前，在心电监护仪上清楚无误地看到了心跳的节奏。

我从没见过这样的事，护士也没有，他至少在 ICU 工作了十年之久。我走进病房，探了探脉搏，可以确定的是，查理确实还有微弱的脉搏。但是几乎测量不到血压，没有任何脑干反射，双眼紧闭，肺部也几乎没有起伏。我有些激动，因为我看到了自己做梦也想不到的事情；可我也很羞愧，我已经通知了查理的姐姐他的死讯，真不知道当她看到查理还活着时，会做何反应。

但还没等我处理，这场风波已经自动平息了。查理的心电图再次变为了直线，这次是彻底的直线了。把查理送去太平间后，我立刻做了一件事，每个满心疑问、渴望答案的医生都会如此：在一个医学研究的网络数据库——PubMed 上搜索。就在那时，我才第一次了解到 "拉撒路现象"（Lazarus phenomenon），以及它如何使通过停止心跳来宣布死亡的古老方式变得异常复杂。

✦✦✦

新技术的出现令人们得以持续监测死亡时的心脏活动，其结果揭示了一种极其罕见且令人难以置信的自动复苏现象——拉撒路现象，即一些患者的脉搏已经消失，却又再次神秘恢复，或在心电图上显示出一些电信号活动。通常而言，这种现象发生在脉搏消失后的几分钟内，大部分病人之后又迅速死亡。[26]

然而，拉撒路现象可能比我们想象的更为常见。科学文献普遍鲜有对自动复苏的报告，大多是因为医生不愿讨论此事。[27] 医生和救护人员觉得，如果他们已经宣布病人死亡或停止复苏抢救，结果却发现病人自主恢复了某些功能，他们会觉得自己很差劲且不称职。医疗服务提供者可能还会担心这类事件在法医学方面所带来的后果，以及对家属可能造成的感情伤害。拉撒路现象反映了现代社会对死亡的不同看法。因为死亡发生在远离家庭和社区的地方，所以它离人们的视野越来越远。与此同时，使用电极检测死亡越来越普遍，它们连在人们的头皮上，或是胸腔上。现在的医生把波形看作是生命的象征。这些波形代表电脉冲流过了人体组织，具有非常典型的意义，因为它们与人类生命息息相关，而不是局限于细胞层面。总统委员会曾明确表示，他们不太关心"生命是否会在单个细胞或器官中存在"，而是关注综合性的"整体"，即复杂多层级的机械结构协调运转时共同赋予的机体生命。

也许，我们可以换一种方式，从杀戮角度思考死亡。杀戮是最令人发指的犯罪行为，从古至今，任何社会中都认为杀戮是最恶劣的行径。或许有人会问，谋杀为什么是错误的？是因为它剥夺了一个人的人格，抹去了一个人的意识，还是消除了一个人与生命有关的活动？如果一个精神病患者对无辜路人开了一枪，正中脊髓上端，导致其瘫痪或陷入深度昏迷，虽然受害者保留了所有的意识，却连眉毛都动不了，这是谋杀吗？或者，如果一个人伤害了另一人，受害者可以自主呼吸，能感受到疼痛，具备生命机体的正常功能，但与受伤前判若两人，这是谋杀吗？如果两者都属于杀人的范围，哪种更恶劣呢？

或许，最干净利落、显而易见且没有歧义的死亡方式就是斩首了。纵观历史，斩首已经成为死亡"供应商"，这种方式可靠且绝对，我敢保证，任何人都不会费心替一具无头尸体检查脉搏，也不会去戳孤零零的头颅的眼睛。与其他形式的死亡相比，斩首是生物最清晰的生死分界线。

正因为太了解这些学者，我一点儿也不惊讶于生物伦理学家、哲学家和神经学家对于一个被斩首的生物是否真正死亡，都无法达成共识。为了方便人们理解，脑死亡现在常常被称为"生理性斩首"（physiological decapitation）。[28] 但在这些斤斤计较的科学家眼中，连斩首这样显而易见的事实居然也不在死亡的范围内。人们曾做过一个实验，其病态程度远远超过以往的任何实验，在这个实验中，一些猴子被斩首，它们的头颅被移植到另一些猴子的尸体上，这些尸体已经过人工维持处理。[29] 研究者表示，这些移植的头颅的意识可保持长达 36 小时。

电视剧《权力的游戏》（Game of Thrones）中，总有一些角色的头颅被砍下，但观众绝对不会想到这些因砍头而引发的哲学问题。但是，也有一些简单通俗的比方可以解释斩首对于个人身份和生命的启示。简单地想想那些身首分离、依靠人工维持的猴子们。我们很自然地认为，头部保存了原生物体的生命和意识，尤其当这些头部具有意识时。但那些无头的身体呢？假如身体可以继续呼吸和泵血，它们不是也活着吗？如果是这样，斩首带来的就是生命的延续和增加，而不是杀戮和减少。[30]

那么我那位过量吸食海洛因的患者呢？他准确的死亡时间是什么时候？根据目前的法医体系，他在取下呼吸机后约60秒左右就从活着变成了死亡。但我认为，他死于一周前，在女友家过量吸食海洛因后停止呼吸的那个早晨。但从法律意义上讲，他依然活着，虽然他的脑干没有任何反应，也无法自主呼吸。

脑死亡的现行模式正徘徊在悬崖边缘。虽然一些用心险恶的记者宣称脑死亡的依据已经荡然无存，但这个定义依然很可靠，因为没有任何脑死亡逆转的证据出现。此前我收到了一封邮件，发件人是一个大型研究协会的神经学家，他声称自己已经首次证实了脑死亡的可逆性，可以想象我当时有多么惊讶。不仅如此，这名专家已在一个顶尖的神经学会议上展示了这些成果。点开附件时我很清楚，一点点确凿的证据就可以颠覆过去一个世纪里我们对死亡的一切认知。

◆ ◆ ◆

乔纳森·费卢斯（Jonathan Fellus）是一名神经学家，据他描述，他是在与一位海外显赫家族的年轻女性病人接触后，才开始对脑死亡患者研究产生兴趣的。"我们很快意识到，我们任何人都从未见过脑死亡5个月的状态。"他告诉我。在这个家族的授意下，他的团队开始用"营养物和电刺激"治疗这名病人。他在报告中称，病人的脑电图从"基本持平的直线变为了有明显特征的图形"。但对于病人的状况是否在临床上出现任何改善，他似乎十分含糊。信中描述的是病人"好像可以根据指示转头"和"似乎抬起了手指"。可是，在整个"治疗"过程中，这名女士仍然依赖呼吸机，而且从未睁开过眼睛。

费卢斯报告中的匿名患者是一位 28 岁的女性，因心脏骤停入院。她过量服用了抗精神病和抗焦虑药物，经 30 分钟心肺复苏恢复了脉搏，但没有恢复任何脑功能。医生宣布了脑死亡，但由于宗教信仰，她的家属希望继续治疗。新泽西州是美国唯一允许脑死亡患者继续接受治疗的州，只要家属出于宗教原因坚持这样做。这在其他任何州县都不会发生，因为这些地区将脑死亡患者认定为死尸。

我第一次听说费卢斯是在和同事讨论脑死亡时，他告诉我费卢斯是他的堂兄弟，正在进行一项研究，证明脑死亡其实并非不可逆。费卢斯在神经学会议上展示了一张海报，描述了医生们见到那名女士时的情况，当时距她心脏骤停已经过去了 1 个月。这张海报有些异常，有几处印刷错误，一些单词为了引人注意而被大写加粗，这简直是学术著作中的"大不敬"。[31] 这份脑电图确实不是直线，证明存在一些大脑活动，但没有明确的意义，且被认为存在人为痕迹。这些医生联合使用了电击、多种维生素和精神药物治疗这位病人，时间长达 6 个月。

据其报告，经过 6 个月的治疗，他们已经可以逆转脑死亡，并大胆宣称"一个反例可以颠覆一个理论"。但他们到底逆转了什么？病人脑电图上的活动有所增加，但根本无法代表任何有意义的活动。"瞳孔对光照有些许反应"，仅此而已。我又把这份拙劣可笑的报告读了几遍，简直不敢相信这就是全部。与费卢斯的对话过去几个月后，我做一些后续研究时，发现费卢斯已经因与患者发生不正当性关系被判有罪，不得不支付数百万美元的赔偿金，并被吊销行医执照。[32]

脑电图和心电图不会向我们传达关于生命本身的任何信息。一个心电图上的光点或许意味着还有一些心肌细胞在固执地收缩着，尽管它们的大多数兄弟姐妹已经死亡。脑电图也是如此，即使只剩下几个还在发射信号的神经元，也可以产生图形变化。尽管人们一直强调要在生命和死亡之间划出一条绝对的界线，但在细化和个人层面上进行的斗争至今仍在继续。总统委员会也许无意中承认了这一点，即使他们试图严格地划分生命："死者不能思考、做出反应、自主调节或维持有机活动……死者缺少的是一组属性，这些属性构成了生物对其内部和外部环境做出反应的部分。"[33] 我们还不清楚，哪些才是真正重要的界线。

在我们生活的时代，生物学知识极大地拓展了我们对于生命的理解。但是，人类的生命绝不只是生物学上的结构。仅凭几个还在发射信号的神经元，或是几条还在收缩的纤维，并不能说明一个人还活着。或许这是 20 世纪遗留下最黑暗的遗产之一。我们重新定义的不是死亡，而是生命。生命，这个常用来描述欣欣向荣和勃勃生机的词语，现在却被赋予了一直插着呼吸管、脑电图毫无变化的身体。

第 7 章

何时超越死亡

也许，没有几个孩子会像戴维这样考验母亲的爱。他已到中年，一直没有结婚，有几个孩子，但从不上班，甚至坐了几年牢，至今依然和母亲住在一起。戴维 20 岁出头时就海洛因成瘾，住院前每天都要吸上大约一袋的量。当社工和医生问他长期吸毒的原因时，他告诉他们："只有吸毒时，我才能找到自我。"他的一个女儿说，有一次发现他吸毒过量倒在家中，差点以为他已经死了。她爱自己的父亲胜过世上的一切。

　　长期吸食海洛因已经严重损害了戴维的身体。静脉注射毒品令他感染了艾滋病毒和丙型肝炎病毒。他的肾脏早已无法工作，需要每周做 3 次透析。心脏更是受到冲击，因为扩张膨胀，肥大的心脏无法令血液正确流动。他的血压控制得非常糟糕，即使同时服用了 6 种药物，他的血压依然难以控制，忽高忽低。大概会有人认为，他的病情已经到了最糟糕的时候。但多年的行医经历告诉我，事情没有最糟，只有更糟。

　　他因为腹痛前来医院就诊，这种症状已经出现好多次了，可是一直找不出原因。但这次情况有些不妙。从急诊室转到病房时，戴维呼吸困难，气喘连连，血压是正常值的两倍。这么高的血压下，脆弱不堪的心脏无法泵血，液体开始淤积在肺部。医疗团队立即开始抢救，拍摄紧急 X 光片，同时注射药物，在最短时间内降低血压，却依然赶不上病情恶化的速度。医生们感到病危在所难免，于是发出了蓝色警报，催促麻醉师赶来病房给患者插管，接上呼吸机。果然，最坏的假设很快应验了——戴维的脉搏停了。于是，心肺复苏开始了。

接下来的 5 分钟，可能是戴维一生中最重要的时刻，医护人员用力按压他的胸腔，注射各种急救药物。戴维的健康状况很糟糕，但医生们竟然奇迹般地恢复了他的脉搏。戴维随即被转移到 ICU 病房。他的身体一直在抽搐，直到接受麻醉并被放入降温仪，才渐渐安静下来。在神经科医生进来之前，戴维已经降温 48 小时。停止注射麻醉剂和镇静剂后，医生发现戴维只剩下一些基本的神经反射，比如瞳孔在强光照射下缩小，这表明他存在脑干反应。但除此以外，并没有其他反应，他极有可能已经丧失了大脑的所有高级功能。根据现有的信息判断，戴维成为植物人或落下严重残疾的可能性很高。[1]再加上，戴维在心脏骤停后立刻出现癫痫症状，降温时依然如此，神经科医生在诊断中写道，戴维康复的可能性为零。[2]病人的直系亲属和其他乘飞机赶来的亲人看到这一结果后，错愕不已。

　　戴维的母亲和家人都是虔诚的基督教信徒，他的病房中挂着各种宗教装饰。他们坚定地相信这些十字架和小神像可以带来力量，无论在象征意义还是现实意义上。在一名 ICU 社工和医院牧师的陪伴下，病人的母亲问了一些非常简单，但我们任何人都无法回答的问题：他有感觉吗？能听见吗？有意识吗？知道我们在他身边吗？

　　医疗团队与家属见面谈了谈病人的情况，认为戴维在目前的状态下，如果再次发生心脏骤停，很有可能导致死亡，到那时心肺复苏不仅无效，甚至可能有害。家属一致同意不进行心肺复苏。在他们看来，另一次心脏骤停将是上帝要把戴维带去来世的旨意。

　　但在排除心肺复苏以外，家属希望我们尽一切努力抢救戴维。即便目前没有恢复的希望，家属还是要求维持戴维的生命。在家属的授意下，医疗团队在戴维的颈部开口，把呼吸管送到他的肺部，并将营养管插进他的胃里。

　　很显然，戴维无法与外界交流，我们只能依靠家属来了解他的意愿，但很多时候，我们很难分清这些意向究竟是戴维的还是家属的。他的母亲告诉我们，戴维不愿意做透析，连上呼吸机让他十分难过。然而，她并不觉得有必要撤销他正在接受的任何护理，因为这等同于"杀死"他。他的家人渐渐明白了这种折磨的压力，开始用过去时谈论戴维。戴维的母亲常常向上帝祈求，希望和孩子互换位置。但有一次，她告诉社工，她期待的奇迹是戴维的死亡，这样他的痛苦就

188 现代死亡

会结束。

当戴维被转到我负责的病房时，他的家人已经习惯了一套固定的仪式，一波又一波的家庭成员轮流值班，守在他的身旁，用棉签润湿他的嘴唇，为他念诵圣经。他的眼神空洞而恐怖，全然没有意识。他已经完全沦为植物人。几周过去了，并发症逐渐增多，戴维后背上的溃烂面积大得惊人，约有橄榄球大小，已蔓延至髋骨。而他的骨髓完全失去造血能力，几乎每隔一天就得输一次血。一周又一周过去了，每天早晨，我的实习生都会为戴维做检查，把听诊器贴在他的胸口，按按腹部，压压胸骨，用手电筒照他的眼睛，喊他的名字，我们从未期待这些检查见效或改变。填写表格、更新化验结果、补充电解质只是实习生的例行公事，仅此而已。

接下来，我们把戴维的案例拿到了每周的发病率与死亡率研讨会①上，只有最悲惨的故事、最骇人的结局才会放在这里讨论。我们本想送戴维去康复中心，但阻力重重。这一部分是因为，康复中心希望戴维有一个合法的监护人。虽然在这个病例中，关于母亲是法定监护人的问题没有争议，但我们需要填写大量书面文件，反复邮件沟通，以及等待开庭日期。最后，法院指定戴维的母亲为合法监护人，而戴维将被转去康复中心，或许那会是他度过余生的地方。

---

① Morbidity and Mortality Meetings，也称为 M&MMs，一种欧美医疗机构每周或定期开展的传统会议，旨在讨论并发症，提高治疗效果，不带有评价意味。——译者注

当天晚些时候，我们正在收尾，预计很快就能下班。就在这时，我的实习生慌慌张张地跑来告诉我："你绝不会相信刚才发生的事情。"

"怎么了？"我问他。

"戴维刚对我说，'医生，你好'！"

我难以置信地看着实习生，但他的表情告诉我这绝不是在开玩笑。不一会儿，我发现自己已经不知不觉走到了戴维病房的门口，白大褂都没来得及脱下。戴维的家人正围着他大声祷告，而戴维把脸转向一边，目光呆滞地看着门口，又说了一遍："医生，你好。"

戴维并没有完全恢复正常：这些零星出现的反应毫无逻辑，无法预测。有时，他会一遍又一遍地说相同的话，而且只能听懂最简单的指令，和几周前来医院时判若两人。

可病人家属觉得，这全是他们几周以来祈祷的结果。对他们来说，戴维的罪已被彻底洗清，每一位见证者都会被这种转变所影响。信仰给了他们经历磨难的力量，痛苦被他们当作人生的必经之路，似乎有一双无形的眼睛在监督他们的每个决定。

宗教和精神像一面棱镜，只有最虔诚的信徒才能看见其折射出的世界。对戴维的母亲而言，戴维持续发作的癫痫和他小时候大哭后的抽泣没什么区别。起初戴维的母亲认为心肺复苏是在干扰他的自然死亡，但后来又觉得这是上帝的旨意：心肺复苏不是每次都能成功，它的失败正是代表了上帝的意图。她很清楚，戴维的后半生或许都离不开病床了。但她确信，戴维可以接受现在的状态，并坚定地说："上帝会在合适的时候带走他。"

在美国，虽然宗教并没有渗透到生活的每个角落，但它始终与临终和死亡密不可分。随着医学变得越来越世俗化，人们逐渐开始寻求一些深层次的支持，尤其是在面对疾病的痛苦时。

很久之前就有人宣布宗教已死，但在近半个世纪，宗教又出现了前所未有的复兴，医学世界直到现在才逐渐认识到，宗教和精神在彻底改变人们对生命、衰老和死亡的理解方面，发挥着越来越重要的作用。

除去一些现代斯堪的纳维亚社会，宗教几乎是所有人类社会世界观的一部分。[3] 它不仅是人类文化的重要组成，甚至在很多方面被认为是最具有人性的基本特质。许多动物都拥有复杂的社会系统，但迄今为止，还没有任何动物进化出有组织的精神活动，或者对抽象事物的表达，那是人类所独有的。近期，人类学家亚尔马·库尔（Hjalmar Kuehl）和一些研究人员在《科学报告》（Scientific Report）上发表了一篇文章，称黑猩猩会进行一些仪式，比如朝树干扔石头，这可能是一种精神训练。

为了探寻宗教是如何进入人类生活的，科学家从两个不同的方向进行了研究。当人类学家的脚步踏遍了世界，去发掘古代文物、寻找远古文明、探寻智慧思维的最初痕迹时，认知心理学家则窥探起人类思维最深处的秘密，研究神学思维形成的生化机制。

象征主义是宗教的核心。即使是最新建立的宗教也在用媒介代表神明。近期，研究人员在非洲南端的一个偏远山洞中发现了象征主义的古老根源。人们最初认为，人类第一次尝试赋予附近的物体更高的意义，是在约 4 万年前，而南非的布隆伯斯洞穴才是象征性意图的最早体现。[4] 考古学家在那里发现了 10 万年前的赭石，上面刻有几何图形，这代表了智人在他们周围世界构建叙事的最早努力。"在用符号表达行为的社会中，这些石头起到了人工制品的作用。"

许多哲学家认为，启发宗教和超自然信仰的是个体存在的终结，即死亡。当然，随后就形成了以死亡为中心的仪式。第一个仪式化的葬礼可追溯至 9.5 万年以前，遗址位于以色列的卡夫扎山洞。[5] 考古学家在那里发现了一名 9 岁女孩的遗骸，双手双脚环抱着一副鹿角。虽然还无法弄清这些仪式背后的含义，但显而易见，死亡在远古社会中占有特殊的一席之地，值得为此举办典礼和仪式。

法国的肖维-蓬达尔克洞穴闻名遐迩，在这里，你可以清楚地看到人类对于另一个世界的渴望。[6] 洞壁上画有各色人物和动物图案，还有一些超自然生物，似人非人，似动物非动物。3 万年前的远古祖先画下的狮头人形，不仅反映了当时人们的创造性天赋，更表现了人类长期以来在看不可看、知不可知方面的能力。很快，人类社会开始兴建寺庙，形成社会结构，组成如今世界各地宗教组织的骨架。文字的出现令我们能够更清晰地记录这些社会联系的进程，因为每个社会都找到了自己与神明建立联系的方式。

随着当代社会进步，我们可以想象出一种独立于宗教而存在的文化，但在大部分历史中，文化绝不可能脱离宗教。人类对精神体验的天赋令许多人认为，我们本就拥有精神思维型大脑。[7]如果想要研究这些古代宗教思维的起源，最理想的对象是儿童，因为他们尚未受到社会文化混杂因素的干扰。正如之前所说，儿童对生命和死亡的概念是逐步建立的，他们认为无生命的事物也可以有意识。然而，并不是只有儿童才能将更高层次的思维与周围的事物联系在一起。心智理论假设，人们都很容易将意图、想法、欲望投射在周围的"代理人／物"上。[8]该理论认为，人类像社会一样运作，我们相信身边其他人也拥有与自己相似的独立思维。我们表现为一个凝聚的社会，即使没有受到监督，也会尊重他人的权利，遵守社会为我们设定的规则。根据该理论，我们可以赋予无生命的物体（比如宗教器具和书本刊物）意义，也可以想象出一个超脱自然不受我们思维支配的神。

这种对载体的渴望始于我们的童年。在一项实验中，一些儿童被问到为什么岩石的形状各不相同，这些儿童选择相信这是因为岩石有自我保护的机制，而非地壳运动的随机结果。[9]这种目的性思维在成年人身上也十分明显，尤其是在受到胁迫的情况下。[10]事实上，神明、灵魂这样的宗教概念，和圣诞老人等超自然人物，比冷冰冰的自然概念更容易被儿童理解。[11]超自然存在的确在许多方面要简单得多。我们所遇到的每个人都有可能了解一些事，却不了解另一些事；都可能说真话，也有可能说假话，我们只能靠自己去摸索其他个体的意图。相反的是，超自然存在设有严格的道德标准，尤其是无所不知、无处不在的神，这比我们每天打交道的个体要清晰简单得多。社会学家提出了宗教起源最耐人寻味的理论。随着人类社会的规模逐渐扩大，人们不得不制定一些互惠互利的原则，引入承诺信号，提醒每个人需要做出多大贡献才能留在团体之中，同时优化团体心理，以便管理日益增长的人员。从许多方面来看，这在较小规模的"兄弟会"中表现得最为明显，他们建立了自己的行为规范，新成员总是得遭到一番戏弄才能获得进入资格。

宗教组织有严格的纳入标准，且会制定一系列规则，既包括物质的投入，如捐赠，也包括重复的精神活动，如祷告、禁欲，以此来审查个体对于集体目标的忠诚度。[12]人们认为自己受到超自然存在的监督，因此会表现出更多积极行为。由于害怕神明发怒，人们恪守规矩，不敢随意放弃信仰。或许正是这些因素，使得宗教团体比非宗教团体更加稳定、持久。[13]

以上所有理论都有各自的道理，但如果没有死亡，宗教或许也不会存在。从很多方面来看，宗教之所以存在，是因为我们的生活中充满了出其不意的变故。人类的想象力可以跨越宇宙，可我们至今无法想象虚无。思考虚无就像是看着一只猫捉自己的尾巴。这种困境从一开始就深深扎根于我们的潜意识中，甚至连孩子也会认为灵魂可以超脱肉体而存在。[14] 如此一来，许多人最恐惧的甚至不是被罚入地狱，而是从此消亡，不复存在，那才是真正的死亡。

✦ ✦ ✦

医生的工作在许多方面都颇具挑战性。其中比较特殊的是，我们每天接触的大部分人都心存恐惧，害怕尸体、害怕针头、害怕白大褂，但尤其害怕腋下的肿块、害怕胸前不规则的黑痣、害怕持续的头痛，害怕这些症状可能是死亡的征兆。

当然，这并不稀奇。对死亡的恐惧是我们最原始的恐惧之一，这是我们与其他竭力逃避死亡的生物所共有的恐惧。但直到今天，我们才意识到人们对死亡究竟有多么恐惧。越来越多的人相信，对死亡的恐惧影响着我们生活中的每件事和日常所做的每一个决定。而宗教对于缓解这种恐惧至关重要。

在当代论著中，恐惧死亡常常被刻画为一种软弱和失败，无惧死亡才是英雄主义和无私的表现。但是，对死亡的恐惧对我们来说，就像自身免疫系统一样重要且自然。这就像是细胞层面上，免疫系统中的白细胞永远在与体内已知或未知的不明物质对抗。从更宏观的层面来看，也许恰恰是对死亡的恐惧让我们得以在遍布危险的环境中生存下来。人体复杂的机制令我们在面临致命的恐惧（如被猛兽追赶，或被困火中）时，能够迅速做出反应。因此，在各种恐惧中，对死亡的焦虑可能是最正常和最必要的一种。

恐惧死亡更多是生理的自然反应，但直到近期我们才认识到这种恐惧在多大程度上支配着我们的生活。虽然哲学家和心理学家总会关注死亡对我们日常行为的影响，但没有人比人类学家厄内斯特·贝克尔（Ernest Becker）在《反抗死亡》(*The Denial of Death*) 一书中对此研究得更详细，该书于1973 年出版，获得了普利策奖。[15] 贝克尔的观点启发了心理学家杰夫·格林伯格（Jeff Greenberg）、谢尔顿·所罗门（Sheldon Solomon）和汤姆·匹茨辛斯基（Tom Pyszczynski），他们在此基础上提出了恐惧管理理论（TMT）。[16] 根据恐惧管理理论，人类有强烈的求生和生存欲望，但有别于其他生物，人类又有着强大的自我意识，同时可以敏锐地意识到自己的生命是有限的。人类本能地否认这一注定的结果，通过建立社会规则和形成观念来赋予自己存在的意义，克服这种恐惧。这些社会规则包括道德、文化、民族和种族等各方面的规则。为了提高自我价值，我们沉溺于比自身生命更加永恒的形式，如艺术、文学、慈善、毋庸置疑的功绩，以及取之不尽的资源。我们在子女身上投资，期盼他们能继承我们的遗志，让我们在他们的回忆中永存。

提醒人们每个人终有一死，会使人们更坚定地保护自己的信仰和世界观，而不赞同那些与自己稍有不同的人。在一项实验中，想到死亡的法官判决被指控的妓女平均缴纳 455 美元保释金，而未想到死亡的法官仅判罚 50 美元保释金。[17] 在一名美国读者面前，"死亡"这个词只要闪现短短 28 毫秒，就会大幅增加其对于作者批判美国的反感。[18] 轻微的死亡暗示或许就会令人倾向于支持战争。[19] 虽然此前已有数百个已发表的研究支持该理论，但美国学者依然对此持怀疑态度（与欧洲学者正相反）。然而，当美国历史上最强烈的死亡信号——"9·11"事件发生后，情况出现了变化，该理论开始被广泛接受。[20]

从很多方面来说，宗教是控制恐惧最有力的副产品。与文化或道德之类的理念不同，宗教通过两种方式帮助人们减轻对死亡的恐惧：一、通过祈祷、教会礼拜及朝圣等投入来增加自我价值；二、直接否认死亡。几乎所有宗教都许诺人们有来世，死亡不是终点，而是转折点——从此生到来生的过渡。对死亡的反思激发了宗教思想，即便在无神论者中也是如此。[21]

宗教是否真的减轻了人们对死亡的恐惧，学者们的研究结果自相矛盾，所以尚无定论。有实验研究了虔诚的宗教信徒是否担心死亡，结果既有肯定的，也有否定的，甚至还有中立的。[22] 这证明了各种宗教及其信徒之间存在很大差异。

加拿大安大略省的经济学家德里克·派恩（Derek Pyne）在一篇文章中，对恐惧死亡与宗教信仰之间的关系做出了合理的解释。[23] 从坚定的无神论者，到最虔诚狂热的信徒，最害怕死亡的其实是对宗教半信半疑的人。数学建模反映了颇为直观的结果：坚定的无神论者不会为来世做任何准备，对未来也无所怀疑；坚定的宗教信徒则会为准备来世投入大量精力，如信念、祈祷或其他宗教活动，从而认为自己更有可能进入天堂，而不是地狱。但是，对宗教半信半疑的人时常感到自己处于进退两难的窘境中。他们无法确定来世存在还是不存在，如果真的存在，他们又会对自己进入天堂的概率不满意，毕竟他们很少参与宗教活动。其他一些研究也证明了这种非线性关系，这或许解释了为什么大部分对宗教半信半疑的普通人会对生命的终点如此恐惧不安。

现代医学大大延缓了死亡，却丝毫没有减轻人们对于死亡的恐惧。不但如此，人们比以往任何时候都更害怕死亡。这与医学在延长人类寿命上取得了巨大成功有一定关系。如今在经济发达地区，绝大多数人的寿命都可以达到过去所认为的高龄，人们自然按照现代人的寿命规划人生。我们都不知道自己会在何时死亡，但我们做出的选择反映了，我们正在适应过去一个世纪努力所实现的惊人长寿。

如果人们的预期寿命依然和 19 世纪一致，那么一个人不可能为了成为医生或律师学习到 35 岁左右。进一步而言，现在的人们推迟了许多重要的人生节点，如结婚生子，因为我们预计自己的寿命比祖先长得多。人们养育的子女比过去更少，因为现在的后代存活率高于过去。我问自己的外祖母为什么要生养 8 个孩子时，她给了我两个理由：首先，第一个儿子前的 6 个孩子都是女儿，在巴基斯坦农村地区，儿子才是最珍贵的财富；其次，她不确定有多少孩子能长大成人。过去，人们确实认为死亡无处不在，面对死亡是习以为常的经验。虽然现在我们并没有觉得死亡更容易预测，但所有人的生活方式已经在无意中证明了，我们普遍认为等待自己的是比祖先更长的寿命。正因如此，现代人直到 35 岁左右才开始完成组建家庭或经济独立这样的人生大事，也就不足为奇了。前文提到过，美国 50 岁以下的人的死亡率仅为 12%，而且这个数值必然会继续下降。或许这么说不符合常理，但过去无法预测死亡时，人们反而不那么恐惧。

另一个令当代人更恐惧死亡的原因，是医学带来的死亡生态的变化。瑞士裔美国精神病学专家伊丽莎白·库布勒-罗斯（Elisabeth Kübler-Ross）是美国临终关怀运动的先驱，她曾说过："人们无法冷静面对死亡的原因有很多。其中一个很重要的原因，是它现在更令人恐惧。死亡变得更加孤独、更加机械、更加缺乏人性。我们现在很多时候甚至无法从技术上判断死亡的准确时间。"[24] 她的这些洞见于 1969 年首次提出，但即使在今天看来也非常具有前瞻意义，甚至比现在的很多观点更有先见之明。

还有一个原因，就是医疗在过去几十年间的卫生化和世俗化。[25] 自古以来，死亡就在传统习俗和宗教仪式中被奉为重要仪式，由专门的神职人员来照料临终者和家属的精神需求，如祭司、萨满、拉比 ① 及毛拉 ②。随着这层保护的移除，病人及其家属在生命的最终时刻越来越多地暴露在未知和恐惧之中。但与此前观点相反的是，宗教和精神仍然对病人的临终时刻十分重要，随着人们越来越接近最后的生命倒计时，宗教和精神发挥着越来越重要的作用。

　　美国现在仍然保有浓厚的宗教气息，随着年龄的增长和死亡的临近，美国人只会变得更加笃信宗教。约 85% 的美国人认为自己有宗教信仰，超过半数的美国人认为宗教在他们的生命中一直"意义非凡"。全球著名的商业市场研究机构盖洛普公司过去几十年来搜集调查数据证明了美国人信仰的稳定性，尽管许多人错误地认为宗教对于美国人生活的影响力正在逐渐减弱。[26]

　　医院中的病人也佐证了这个观点。一项研究表明，超过 85% 的病人本能地相信宗教，超过半数的人会参加宗教活动，如定期祈祷并诵读圣经。[27] 在这项研究中，40% 的病人认为宗教信仰是帮助他们战胜疾病的重要因素。身患重病只会更加坚定病人的信仰。在被诊断患有癌症的女性中，3/4

① 犹太教经师或神职人员。——译者注
② 伊斯兰教神职人员。——译者注

的人认为宗教在她们的生命中很重要；一半的人说她们的信仰在确诊后变得更坚定了；没有一个受访者认为，确诊后自己对于宗教没那么虔诚了。[28]

精神现象纷繁复杂，难以用语言表述，而宗教仅仅是其中一种表现形式。虽然宗教可以被定义为"一个井然有序的体系，包括信仰、祭拜、宗教仪式，还要存在一位神明"，但精神性的定义难以诠释。[29]这是因为人类的精神生活尚未得到充分研究。一些研究人员曾通过整合大量学术资源搜集定义，查阅近千篇研究精神的文章后，他们得出一份列表，囊括了不同作者对于精神性的各种定义。[30]从这些定义中，他们认为精神性的主要特征是"逐步建立的有意识的过程，存在两种超然活动——深入自我，或是超越自我"。有组织的宗教是大多数人借以表达精神性的手段，但越来越多的人认为自己具有精神性，却并没有宗教信仰。[31]宗教和精神极大地调节了人们面对死亡的感受，也在很大程度上影响着病人在生命尽头做出的选择。

宗教和精神或许是病人临终时寻求慰藉的唯一方法。他们寻找的是生命的意义，而非身体上的舒适。病人会问："为什么承受这种痛苦的是我？"而医学往往无法提供任何有力的答案。因此，病人经常从宗教和精神中寻求安慰。[32]当病情恶化，有效的治疗越来越少时，病人会更加依赖宗教。[33]目前的证据表明，精神生活有利于缓解疾病的痛苦。一个汇集了几项研究数据的调查显示，随着宗教信仰的增强，病人抑郁的倾向会有微小的下降趋势。[34]但值得注意的是，那些表面上信教的人，即贪图宗教的好处，而非真心信仰的人，抑郁的可能性更大。发表在《柳叶刀》的一项研究表明，健康的精神生活是病人在临终时最强大的保护力量，可有效抵御绝望和自杀的念头，抑制求死倾向。[35]

这就不难理解，为什么一个被恐惧包围的人可以从宗教观念和信仰万能的神明中获得安慰。杰克是一位上了年纪的癌症患者，当被问及患上癌症是否是上帝的旨意时，他回答说："是的，所有的痛苦都是上帝的旨意……我只能坦然接受。"[36]杰克相信有一名天使在帮助治愈自己的病痛，他梦到自己去了天堂，看到自己从疾病中康复。

宗教信仰也会令病人感到并不孤独，神明在他们身旁。一些患有乳腺癌的女性曾这样描述："上帝一直陪伴我们走在对抗癌症的道路上，从未离开。"[37]通过信念，宗教给予病人安慰，帮助他们对抗疾病，为他们解释生命、自我的存在，以及所面临的险境。病人常问："我人生的意义是什么？""我死了以后会怎样？"但很多时候，医生无法给出有用的答案。[38]宗教借助神明为他们的苦难提供解释，精神性则从艺术、科学及自我中寻找这些难题的答案。

年龄、性别、潜在的疾病、种族、社会经济等都是影响患者决策的因素，但宗教信仰独立于其他一切因素来指导决策。虽然宗教和精神确实能帮助人们更好地应对不治之症，但更多时候，宗教会将病人引向一条更加凶险、充满痛苦的道路。许多研究已经证实，笃信宗教的病人更倾向于接受更具侵略性的治疗和创伤更大的手术，以及更密集的护理，而较少接受保守治疗或放弃治疗。[39] 一项追踪美国绝症患者的多中心研究发现，越是笃信宗教的病人，在临终时越有可能使用呼吸机，并接受延长生命的治疗。[40] 此外，他们接受"冒险式抢救"的可能性更高，而放弃抢救、委托护理机构、立下"生前遗嘱"①的可能性更低。虽然该研究中信教的病人多为非裔或西语裔美国人，但除去教育程度较低、结婚率较低、许多人没有医疗保险的因素外，宗教信仰与激进治疗之间仍存在正相关关系。

所有的数据都表明，越是虔诚的信徒在临终时希望接受的治疗越多，但问题是这些医疗护理是否有益。显而易见的是，信教并不等于长寿，这种患者自愿接受的额外治疗很有可能是无效的，甚至是有害的。[41]

为什么宗教令人们在临终时更愿意接受创伤性更大的治疗？一部分是由于宗教与另一些社会因素相关联，如收入和教育水平。[42] 而这些因素都与在临终时希望接受创伤性更大的治疗有关，这似乎不符合逻辑，就像人们会认为信徒应该比普通人更愿意接近他们的造物主才是。[43] 然而，宗教的影响远远超出这些因素。

宗教所强调的是生命神圣不可侵犯。总体而言，这是一

———————————
① 个人表达自己希望在疾病的晚期，或者持久无意识期间所能接受或停止接受某项医疗措施的意愿，比如生命维持系统、插管进食等。——译者注

个积极的观点，有利于社会发展，但有时"生命神圣不可侵犯"与"不惜一切代价延长生命"画上了等号。许多宗教信徒都会抱着病情奇迹般好转的希望，即使这种概率微乎其微。一项针对危重患者的研究表明，多数有宗教信仰的病人和家属都相信病情一定会好转，即使医生已经宣布医学治疗无效。[44]虽然有宗教信仰的病人确实会向医生寻求建议和指导，但他们还会向神明寻求答案。一项全国性调查发现，肺癌患者或其监护人在决定采用何种治疗手段时，首先看重的是肿瘤医生的意见，其次就是对神明的信仰。受教育程度较低的病人更加看重信仰。对神明的信仰甚至大于对疾病的治疗，但对医生来说，信仰是最不重要的因素。[45]

宗教也可以在其他方面影响治疗决定。有一天，我在急诊室值班时接收了一名转院病人。他的手臂上文着文身，皮肤呈蛋黄一样的金色，眼球发黄，看上去像是两颗镶在眼眶里的琥珀。这名男子长年累月酗酒，患有肝硬化，胃和食道正在大量出血，血压甚至不到最低正常值的一半。一般来说，这种情况我们都可以解决，因为酒精肝患者因食道血管扩张出血而被送进医院是常有的事，医生对这类患者的治疗越来越驾轻就熟。唯一令事情变复杂的是，这名病人是"耶和华见证会"（Jehovah's Witness）的信徒，这个教派认为，即便生死攸关，输血也是有罪的。我曾经治疗过类似的患者，所以这种情况对我而言并不算完全陌生。可是，这名病人是一位单亲父亲，他的孩子们都很年幼，我担心一旦发生最糟糕的情况，孩子们会失去照顾。但患者本人十分冷静，仿佛置身事外，例行公事般写下一份表格，声明如果自己死亡，他的姐姐将会照顾他的孩子。这份要求填写的表格，是从世界各地的"耶和华见证会"信徒因拒绝接受输血从而死亡的案例中发展而来的。[46]

随后患者被转入重症监护室，而医生能做的只剩下观察，想办法在无法输血的情况下尽量控制出血。虽然他熬过了这次病危，但肝脏几乎毫无希望复原，等待他的还有数不清的病危和抢救。

医生们常常发现自己处于一种进退两难的境地，病人持有强烈的宗教信仰，但医生很少和病人谈到宗教和精神信仰。一项研究结果表明，住院医生在与病人讨论病情时，仅有 10% 的医生会谈到宗教和精神信仰。[47]信仰在病人生命中占据着如此重要的地位，医生却不愿触及这一话题，这主要是因为病人的背景及信仰教派的差异性。针对死亡这个生命中最重大的问题，各大宗教的解释有所相同，又各有不同。

✦ ✦ ✦

长期以来，美国吸引着世界各地的人们，他们拥有不同的文化背景，不同的宗教信仰。像我的大部分同事一样，我所接触的病人和家属来自不同的宗教，而他们正处于生命中最艰难的时刻。虽然我们可能没有在治疗中充分地考虑宗教因素（作为医疗保健提供者，我们本应考虑到），但不同宗教在临终护理方面的确存在差异。传统的基督教信仰强调忏悔的概念，不会宽恕教徒故意结束自己生命的行为，这也得到了美国最高法院的认可，禁止医生帮助患者自杀。但同时，基督教也"禁止不择手段地使用药物追求健康或延迟死亡"。[48] 1957 年，教皇庇护十二世在国际麻醉医生大会致辞中明确表示了这一点。[49] 这份超前于时代的声明指引着医疗和司法部门努力应对医疗技术发展所带来的挑战。1995 年，教皇若望·保禄二世再次肯定，在无法康复的情况下允许限制或终止治疗。[50] 这也是"凯伦·安·昆兰案"判决中的重要依据，曾被多次援引。但是因为忏悔的核心理念，基督教告诫病人不要在临终时使用药物麻醉病痛，否则会"夺走最后一次忏悔的机会"。

或许一些人自称为基督教徒，但他们其实是摩门教徒、唯一神教派教徒、天主教徒、新教徒或者东正教徒，这些教派千差万别，根本没有通法供医生参考。即使在这些团体内部，对于临终治疗也没有完全形成共识，比如是否接受安乐死。例如，唯一神教派的信徒主张病人拥有自主决定的权利，支持医生协助自杀（医助自杀），并在 1988 年通过了一份声明，表示"支持立法，依照每个人自己的选择，为有尊严地死亡的权利提供法律保护"。[51] 希腊东正教会则完全相反，严禁降低任何治疗标准，而不考虑医疗措施是否有效，并表示，"总是可能出现错误的诊断、未知的结果，甚至奇迹"。[52]

犹太教律法《哈拉卡》（Halacha）强调人的身体是神明

的所有物，严禁任何可能伤害自己身体的行为。这体现在犹太教反对自杀、反对安乐死的态度上。但在一些极端的情况下，犹太教允许人们通过放弃治疗或服用止痛药加速死亡。[53]传统犹太教观念认为灵魂存在于人们的呼吸之中 —— 希伯来语中的"ruach"同时含有"风""呼吸""灵魂"的意思，而现在，犹太教权威已经吸纳了现代死亡的标准，包括首次出现在哈佛标准中的脑死亡。[54]对于何时允许放弃或终止治疗，人们达成的共识较少。争议主要围绕着"垂死"的定义。一些人认为，无法吞咽、预计在四天内死亡的人处于垂死状态；另一些人则认为，受到重创或患有无法治愈疾病的人才符合垂死标准。[55]至于用鼻饲管或静脉注射人工补充营养的情况，意见更是大相径庭。[56]

犹太教鼓励人们追求身体健康。但有趣的是，犹太教拉比、伦理学教授埃利奥特·多尔夫（Elliott Dorff）称："与美国世俗伦理相比，在犹太教观念中病人自主性要少得多。犹太教文化里，医生有足够的权威决定合适的治疗进程……医生同病人一样高度参与医疗决定。"[57]正统派和保守派犹太教徒一丝不苟地遵从犹太教的律法，时刻请教拉比，改革派犹太教徒则倾向于拥有更多自主决定权。

与其他宗教的信徒相似，穆斯林对待疼痛和痛苦的态度错综复杂。在穆斯林传统中，苦难被认为是一种考验，是定义生命的审判的一部分。[58]穆斯林相信凡事皆为神明旨意，包括痛苦，痛其身，苦其心，是神明评估人们决心的方式。[59]事实上，穆斯林认为痛苦是一段修行，其目的是自我实现和领悟与神明的联系。[60] 一些宗教专家表示："临终的痛苦也许是一种净化以往罪恶的方式，这样人们就能以一种'更纯洁的'状态见到神。"[61] 许多穆斯林也相信，此生受苦受难是为了来世的幸福。这套思想理论被认为代表了神义论——在邪恶和痛苦面前为神明的公平正义而辩护。神义论虽然在所有主要的一神论宗教中都有一定程度的表现，但在伊斯兰传统中尤其突出。但是，伊斯兰教允许病人在临终时使用止痛药物，即使这会加速死亡，只要确定不是医生的意图即可。[62]

印度教也是一种包罗万象的宗教。印度教否认死亡的终结性，将其更多地视为一段过渡，通过死亡进入来世、极乐世界，或者梵天界——绝对实在之所。[63] 因此，重点在于死亡的本质，即死亡只有好坏两种状态。善终是在家中或恒河岸边（理想情况下）离世。善终者需要完成自己所有的世俗职责；善因可修来福报转世，恶因则会招致恶果。[64] 善终也被认为应该是非创伤性的死亡。因此，出于无法善终的顾虑，印度教病人通常很少要求延长抢救或人工支持。放弃或终止治疗在印度教中十分普遍，但安乐死是不被允许的，尤其是因疼痛或无法忍受痛苦而选择安乐死。[65]

众所周知，了解每种宗教对临终患者治疗的立场，对医生而言十分重要，但有一些额外的因素会令问题复杂化。个人对宗教仪式的了解和虔诚程度改变着人们对于临终的看法。这些宗教的拥护者或许并不相信各自宗教中的超自然部分，比如是否存在来世、天堂和地狱。[66] 依照当地的主流文化，文化适应性也会影响信徒在多大程度上遵守自己的宗教守则。[67] 也并非所有信徒都与神明保持着积极的关系，许多患者对神明感到气愤，为自己受到的惩罚而愤愤不平，或认为自己被神明抛弃了。实际上，消极的宗教关系会增加病人晚期的痛苦和绝望。[68]

现代生物伦理学仍然是一个纯粹的西方概念，它是在科学技术觉醒之后发展起来的，之后被广泛输出到全球许多文化和传统之中，而其中很多文化和传统至今仍在努力理解它的全部含义。然而，更引人深思的是，很多医生会在对病人的精神世界一无所知的情况下，与他们进行决定性的讨论。

人们很容易忘记，病人和家属并不是唯一参与规划临终生活的人。医生，因其传统职业身份和对该领域的经验，自然是这类对话中不可缺少的角色。在许多病例中，医生不仅是调解人，更是最后的决定者。人们愈发意识到，那些病床边的人的宗教和精神观点，可能和病床上的病人的观点一样重要，都对结果产生着深刻影响。

✦ ✦ ✦

尽管医学的整体面貌已经焕然一新，从提供医疗建议的小木屋，成长为羽翼丰满的科学龙头行业，每年有 50 多万篇研究论文发表，但行医仍然是一门技艺。医生每天要做出成百上千的小决定，甚至一些重大决定，却没有任何数据可供参考。正是在这里，医学培训开始真正发挥作用。当数据存在时，比如多久做一次结肠镜检查，或者哪些病人应该服用降胆固醇药物，医学可以是高度算法程序化的。只有在完全没有数据时，医生才会凭借自己多年的训练判断，真正地思考更重要的决定。

医学培训必然塑造了医生的决定。然而，越来越多的人注意到，医生的个性也会影响重大的医疗决定。风险规避型医生收治的胸痛患者大多并不是心脏病发作[69]，他们进行影像学检查的可能性也更高。[70]富有同情心的医生较少开药或使用干预手段，但实际上为病人提供了质量更高的护理。[71]另一些因素，如行医经验、性别和工作量，都会影响到医生最终做出的决定。[72]虽然这些因素肯定没有患者本身的特定因素那么重要，但它们确实在数据中占有一席之地。

我们很自然地认为，医生的宗教信仰会起到一定作用，尤其是在他们为病人做出生死决定时。但美国的医生信仰哪些宗教呢？一份 2005 年发表的研究回答了这个问题。[73]研究者在美国各地随机选择了 2000 名医生发放调查问卷，收回了 2/3 的问卷。结果表明，美国医生信教比例与美国人的信教比例相似：90% 的医生认为自己有宗教信仰，美国民众中这一比例为 87%。除了这种明显的相似以外，也存在许多差异：相比于普通人，美国医生中的犹太教徒、印度教徒和穆斯林比例更高；此外，医生更多使用"精神性"而非"宗教性"形容自己的信仰，这与普通人正相反，对普通人而言，宗教性与精神性（或许没有精神性）没有区别（要么兼具宗教性和精神性，要么两者都没有）。医生相信神明或来世的可能性更小，更有可能在"不依赖神明"的情况下做出决定。

因此，虽然从表面上看医生与普通美国人的宗教属性没什么差别，但在如何将宗教纳入自己的思维方面有很大区别。与基督教医生相比，少数族裔医生也很少会将自己的宗教信仰带入工作中。考虑到还有 1/3 的医生和半数毕业于其他国家医学院的医生未回答该问卷，这个数字在现实中可能更低。

但多数医生还是认为宗教具有积极的力量，尤其是对病人而言。3/4 的医生相信，宗教会帮助病人对抗病魔，给予他们积极的心态。[74] 但信教医生们的世界观略有差异。宗教信仰较强的医生报告病人提出宗教和精神问题的次数，比宗教信仰较弱的医生多 3 倍。他们也更可能相信精神世界影响着人体健康，该比例是宗教信仰较弱的医生的 5 倍。事实上，宗教信仰较强的医生认为他们花在讨论病人信仰问题上的时间太少的可能性，是其他医生的 3 倍。[75] 因此，有宗教信仰的医生更有可能与病人谈及宗教和精神，显然病人也更愿意与他们谈论。

只有 6% 的医生认为宗教可以影响一些"关键"结果。[76] 但大量研究现已证明，医生的宗教信仰及信仰程度，影响着他们如何做出临终治疗（或放弃治疗）的决定。对来自以色列[77]、美国[78]和欧洲各国[79]的医生进行的分析表明，医生信仰宗教的程度越高，越有可能反对为绝症患者实施安乐死或终止治疗。这一趋势在护士中也类似。[80]欧洲的一项研究表明，无宗教信仰医生的病人终止治疗后存活的时间更长，这说明了信教医生倾向于在临近病人生命终点时才决定终止治疗。[81]

然而，医生的信仰是灵活的，通常与执业国家的社会行为及文化规范趋同。[82]例如，虽然在一些伊斯兰国家甚至不存在"拒绝心肺复苏协议"（DNR），医生认为自己必须继续对病人进行复苏抢救[83]，但在美国行医的穆斯林医生会表现出美国医生的思维方式。[84]

时不时地，会有病人问我来自哪里。人们总是希望更了解自己的医生。他们有时候像在和自己猜谜，想知道自己是否赢了。不过，往往是在预料到要与我进行严肃谈话时，他们会提出这个问题。一旦听到"巴基斯坦"这个词，对话一般会转向以下几个方向。一些人会记起他们认识的为数不多的巴基斯坦人，问我是否认识（我从没听过）。偶尔有一些病人十分了解巴基斯坦，从简要历史到各大城市都有着细致入微的了解，这会令我很惊讶。但有时，谈话会进入不宜讨论的政治领域，我就不得不及时转移话题。我知道，人们一旦知道我来自巴基斯坦，不免会问起我的宗教信仰。有一次，我在病房遇到一位非常可爱的女士，她微笑着对我行合十礼，并对我说："Namaste①。"我回以微笑，告诉她："我来自巴基斯坦，但谢谢您的 namaste。"这位女士也笑了，尽力对我说了句标准的 "assalam-u-alaikum②"。

最近，我正在治疗一位年迈的黑人绅士，他的感染反复而持续。病情十分棘手：侵蚀腹部的感染有生命危险，而治愈几乎是不可能的，尤其是对于晚期患者而言。这位老人非常坚忍，除了所需之物以外别无要求，更不是那种愿意与医生叽叽喳喳整天讨论的病人。他的寡言或许是因为肝脏疾病，这使他的思维大部分时间都很模糊。情况陷入僵局，我们无法向病人解释感染的严重性，只好请他的家人前来谈话。

他的夫人是一位容光焕发、充满活力的女士，她的到来立刻令这个病房热闹起来。病人此时也打开了话匣子，与自己的兄弟说笑打趣，像在自己的家里一样。这位夫人一看到我的名牌就像是发现了新大陆，立刻问我："你是穆斯林？"

到目前为止，我仅被问过几次这个问题。我在巴基斯坦长大，这个国家聚集了多种民族，但大家持有相同的信仰，因此从没有人会问我的宗教信仰是什么。正因为没有提问的必要，所以几乎没有寻求宗教认同的必要。

还没等我回答，这位女士又开口了："他也是。"

---

① Namaste 是一种印度的礼仪手势，两人见面双手合十，鞠躬，互道"Namaste"，表示感恩和祝福。——译者注
② 是穆斯林见面时的问候语，意为"愿真主保佑你平安"。——译者注

在宏观层面上，宗教经常被人们用于区分彼此，在土地和地图上划分界线，但医生用宗教亲近病人，令自己看起来通情达理。作为医生，我们白大褂的口袋里经常装满了其他东西，任何能让病人觉得他们的医生有人情味的东西都是有帮助的。

哪种方式才是在医疗谈话中提到宗教和精神最合适的？对此，现在仍有很大争议。在一些社会和文化中，医生常常借助宗教的帮助，认为自己不需要和任何人协商这种做法，但这适用于当今多民族、多宗教的社会吗？

对大多数人而言，他们的宗教或精神生活在哪里结束，与永眠在哪里开始，之间并没有多大差别。就算有，人们一旦生病，这种细微的差异也会变得更加模糊。随着病情加重，临近生命终点，人们将以更加抽象的方式思考生命和世界。约 1/3 的临床病人希望医生询问他们的信仰，这一比例在住院重病患者中上升至 70%。[85] 那么，医生为何很少与病人聊起他们所珍视的宗教信仰呢？[86]

即使你不认识任何医生，你也一定知道医生的生活节奏很快。医生们总是语速很快，走路带风，吃饭狼吞虎咽，思维异常敏捷。如果问他们为什么很少谈论病人的精神生活，他们往往会回答没有时间。虽然多数病人更愿意和他们的医生讨论治疗问题，但总有些病人——尤其是非裔美国人——更愿意讨论信仰问题，即使那会占用讨论他们健康状况的时间。[87]

　　医生也担心，如果将自己的信仰投射到病人身上，或是忽略了不同信仰之间的差异，或许会给医患关系带来负面影响。[88] 而医生接受的培训可能并不足以应对这些话题。[89] 这种担心确实有其根据。在我刚开始实习时，一个午夜收到通知，重症监护室收治了一名食道重度出血的患者。这名患者从未在我们医院接受过治疗，我也不了解他的病史。他的喉咙里插着两根粗管，抽出的血液装满了一个又一个容器。我们开始启动"大量输血方案"，试图赶上他失血的速度。那是我见过的最令人印象深刻的一次抢救，短短几个小时内，医疗团队为他输了约 60 个单位的血液制品，那一幕，医护人员用可怕的效率制造出一种戏剧般的壮丽，不遗余力地抢救这个人的生命。等家属带着医疗记录来到医院时，我才知道这个年轻人常年酗酒，患有肝硬化，而且癌细胞已经扩散到了脑部。最近一次保守治疗的记录显示，他只剩下不到 1 个月的生命了。

　　这个消息完全颠覆了整个情况：我们不是在奋力挽救一个年轻的生命，而是在徒劳地拖延必然到来的结局。我本想去和外科及介入放射科医生聊聊备选治疗方案，但突然发现还没有人找家属谈话。于是，我从重症监护室前往大厅的家属区，十几位不同年纪的家属正在这里等待。我还没自我介绍完，病人的母亲就悄悄地问我："他是不是要死了？"

　　"是的。"

我向家属解释了目前的情况，他们清楚此时我们无能为力，所以一致认为或许是时候放手让病人走了。我环视了一下房间：一些年长的亲属在专注地听我说话，有的人不时抽泣，还有几个懵懵懂懂的孩子在到处乱跑。结束谈话之后，我回到重症监护室，告诉护士我和家属见了面，病人的母亲想最后见她儿子一面，在她来之前需要收拾一下房间。一位经验丰富的护士问我，家属是否需要牧师。我又返回大厅询问家属的意见，他们感到很宽慰，给了我肯定的答复。回到病房，我又想起忘了问他们的教派。又过去问完后，我沿着走廊走了一段路，把嘈杂的病房和沉重的等候区连接起来。天主教牧师接到了传呼，黎明时迅速赶到。在这位母亲与他的儿子告别时，牧师严肃地站在病床边。1 小时后，这位病人死亡了。

这种精神上的干预不仅在死亡这一时刻，而且在通向死亡的旅途中都很重要。一项对 343 位癌症患者临终随访的前瞻性实验的结果表明，相比于未得到精神关怀的病人，得到精神关怀的病人死亡前生活质量更好，在临终安养院去世的可能性更大，临终前接受创伤性治疗和非必要护理的可能性也更低。在使用宗教来对抗疾病的患者中，这一效果有 5 倍之多，但在不那么虔诚的患者中，这一点也有体现。[90] 此外，无论提供精神指导的是医生还是牧师，效果都是相似的。对于格外依赖社区宗教支持的患者而言，精神干预更为重要。对先前患者的进一步分析显示，自称从宗教团体中得到更多精神支持的患者更有可能在重症监护室中死亡，接受创伤性治疗的可能性更大，临终前生活质量更差。[91]这些病人中少数族裔及低学历人口较多，许多人没有医疗保险，但即使在相等的社会经济因素下，临终生活体验仍存在差异。但是，如果提供精神支持的是医疗团队，情况则大为不同，多数患者更可能接受舒适的死亡。

这种悖论揭示了宗教文化存在于医学语境之内和存在于医学语境之外的差异。宗教团体往往以怀有希望和对抗疾病为重心。因此，从宗教团体中获得帮助的病人一开始对自己疾病的晚期本质有更清晰的认识，但生活质量更高。然而，随着病情加重，病人发现曾经给予他们力量的观念与疾病的事实不符，生活质量因此降低。通过提供精神支持，医生和医务人员可以帮助填补这种差异，并给予病人精神指导和安慰。这为医生主动提供精神和宗教应对资源提供了强有力的理由，无论这种支持是通过自身力量，还是牧师帮助实现的。

医生在与病人讨论精神生活时，最大的障碍在于如何开启这一话题。病历保持着医学的神圣特质。从进医学院的第一天起，医学生就在学习用侦探般的思维深究导致咳嗽、发烧和疼痛的所有细节。你曾经去洞穴探险了吗？吃过重新加热的炒饭吗？尿液的颜色是否变深？这些问题的答案可以触发所有医学生的敏感神经。住院医生们学习如何收集病人的敏感信息，比如询问强奸受害者的经历。但是，几乎从未有人教导过我们如何讨论精神话题。

其中一种方法就是开门见山地提问："你是否认为自己有精神或宗教信仰？"这种开放性问题不带有任何偏见，可以温和地将敏感的话题深入下去。[92] 通常只要开始对话，病人就会提供所有医生所需的信息。病人往往会告诉医生信仰对他们的意义，以及信仰在治疗中扮演着何种密不可分的角色。结束的问题通常是："在治疗的过程中，你希望我如何帮助你处理这些问题？"

在提出这样的问题后，医生们面临的另一个窘境是被病人要求一起祈祷。[93] 我与之交谈过的医生聊起过形形色色的反应。一些医生会积极配合患者和家属的传统习俗，即使有悖于自己的习俗。另一些医生则十分谨慎，尤其是当他们被要求做的事情与他们自身的信仰有冲突时。有时病人会祈祷一些事情，比如一个"奇迹"，而医生可能认为这是一个有害的期待。

病人与神明的关系同样令人担忧。许多病人觉得自己被神明单独选出来承受痛苦。这种情况下，医生只能安慰病人，但无法提供任何承诺，因为那或许会误导患者，而且这也不是医生的专业领域。此时，医生能做的最有效的事情就是倾听，或允许患者发泄情绪。

保持安静也是对于无神论或不可知论患者最好的安慰。在住院患者中，无宗教信仰患者的比例正在逐步攀升，而他们的临终精神需求有别于信教患者。许多医生也不认为自己有宗教信仰。尽管研究精神性的医学文章数不胜数，从 20 世纪 60 年代的 24 篇激增至 2000 年到 2005 年的 2271 篇，但令人遗憾的是，我们对于无信仰者还没有充分的认识，尤其是当他们接近物质存在的终点时。[94]

我所在的医院曾收治了一位癌症晚期的数学教授，他希望医生能帮自己结束生命。这是所有肿瘤科医生和保守治疗专家最难以应付的情况。尽管接近 1/5 的美国人会在宗教信仰的选项上勾"无"，但临终患者中很少有人不相信宗教。[95] 保守治疗专家们对于生命的超然性有着丰富的经验，却在这位数学家坦率而理性的言辞下哑口无言。

如果超自然力量和神灵信仰的起源笼罩在神秘中（或者封存于考古学的层层瓦砾下），那么没有信仰的起源更令人难以琢磨。无信仰者认为他们的根源可以追溯至启蒙运动或文艺复兴，以及一些哲学家的作品，如休谟、尼采、康德及罗素。认知心理学家、考古学家、社会学家和进化派哲学家提出了种种观点，认为无信仰的持续存在和其在上流社会中的广泛流传都表明，人类并不是天生就具备宗教信仰的。[96] 无信仰和信仰一样，可以在人们心中根深蒂固：由母亲或社会传递给孩子，尤其是在斯堪的纳维亚国家和其他一些发达国家，没有信仰成了愈发普遍的现象。[97] "泛灵论"是典型的宗教思维，缺乏这种能力则无法想象出一个有意识的神。

目前发现，自闭症儿童多为无神论者，因为他们无法理解神明的存在。[98] 富人更有可能反对宗教[99]，而每日为生计所困或处于经济萧条时期的人们更渴望正义和公正的力量，容易被吸引进入宗教团体中，令自己的愁苦有所寄托。所有人都在寻找一个可以表达自我的环境，而对很多人来说，反对宗教意味着对抗从出生开始就被灌输的传统和本能。因此，一段没有信仰的旅程可以反映出有多少人正从自身的生命中寻找宗教与精神。

我们不知道究竟有多少人认为自己是无信仰的，传统的问卷调查在这方面收效甚微。许多自称有宗教信仰的人并不真正笃信宗教。例如，欧洲的一项研究表明，自认为是犹太教徒的医生中，仅有 33% 的人真正相信犹太教义中超自然的理论。[100] 该研究在美国得出的结果相似，只有 34% 的犹太教医生表现出天生的宗教性。[101] 其他宗教派别的数据也大体相同。

称呼也是一大问题。与宗教团体不同，无信仰者有许多类别，不一定追求共同的身份。"无神论者"（atheist）常被用于形容不相信神秘力量的人，把他们归为一个群体。然而，这个称呼不仅无法囊括所有的无信仰者，还遭到了许多传统意义上无神论者的反对。一份调查无神论者组织成员的问卷表明，受访者更倾向于自称为"怀疑论者"（skeptics）"自由思想者"（free thinkers），以及"世俗人文主义者"（secular humanists）。[102] 一些人倾向于使用"世俗"或"自然主义"

之类的词汇，还有一些人用"明智"形容自己。[103]

无信仰者不喜欢"无神论者"的称呼，因为这像是给自己贴了一个刻板的标签。近期的皮尤统计显示，美国宗教人口调查中，人们对无神论者的好感度最低。[104] 美国人很少在选举中把票投给无神论者[105]，也很少与无神论者结婚。[106] 一项令人吃惊的研究表明，在大多数美国人看来，令人难以信任且有犯罪倾向的人更有可能是无神论者，而非有宗教信仰的人。[107]

但是，称呼并不是无神论者受到歧视的唯一原因。一项研究表明，人们不但容易歧视带有"无神论者"标签的人，对"不相信神明"的人同样如此。[108] 这种不信任主要是由道德败坏和无宗教信仰之间的联系造成的。[109] 这些对无神论者和无信仰者抱持的警惕和提防态度，意味着他们会更倾向于隐瞒自己的身份。[110]

尽管无信仰者将自己隐藏在公众视野之外，但无信仰者在人口中所占的比例越来越高。一项调查估计，全世界目前约有 5 亿无信仰者。[111] 这其中也包括不可知论者，他们不确定神明是否存在，并且还没准备好是否接受或拒绝超自然的存在。近期一项美国调查显示，虽然 14% 的人认为自己没有宗教信仰，但实际上有 26% 的人被发现既没有精神信仰，也没有宗教信仰。[112]

研究已经证明，相比于普通人，病人更容易相信宗教。在一项关于患癌女性的研究中，绝大多数参与者都自称相信宗教，并且越接近生命终点，越笃信宗教。[113] 病人在临终时发现自己处于恐惧和期待之间，这两种情绪相互冲突，又相互刺激。此时的病人即便之前没有宗教信仰，也可以从精神中得到安慰。苏格兰的一项调查征募了 6 名临终患者，他们此前没有宗教信仰，但在患病的过程中开始思考一些关于精神或存在主义的问题。[114] 一名患者描述道，在健康时，她认为一切都是理所当然的，但她表示："人只有走投无路时，才会觉得自己需要外界的帮助，哪怕只有一点点。"一些患者表示了对上帝的愤慨（"上帝只眷顾自己的信徒"），另一些患者则提出更本源的问题（"死后我将以什么形式存在？"或"我还认识其他人吗？"）。

相比于以上言论，那些躲在暗处的无神论者看待生命的方式与宗教信徒恰恰相反。一位无神论病人这样描述自己的生死观："我们出生、成长、更新，然后给新生命腾出空间。"另一位病人说："我相信我们只是随机地出生、生活，然后死亡。"[115]

还有一些无神论者在临终前对精神谈话也不感兴趣，其中一人这样说道："我只希望自己的健康情况不要被一些人利用，强行令我相信有什么神奇的存在或永生。"[116] 牧师常常不得不见一些无宗教信仰的病人，有时是经由热心的医院员工介绍，有时是家属不认同病人没有信仰。[117] 对这种干预，一些病人乐于接受，另一些病人则感到非常不受尊重。打个比方，这就像印度教病人的医生故意为他送去一名犹太教拉比。面对有限的选择，一些无信仰者宁可保持沉默，也不愿意谈论超自然的话题。

　　无信仰者对理性见解的追求一直延伸到生命的最后一刻。他们不相信来世，所以珍视看得见、摸得着的生活。他们专注于尽量减少痛苦，重视自己珍爱的人和事物。无信仰者渴望自主权，甚至包括控制自己的最后一次呼吸。95% 的无信仰者支持安乐死和协助自杀，这一比例比任何宗教派别都要高。[118] 该趋势在无宗教信仰的医生中更为明显，相比于信教医生，他们更倾向于支持安乐死。[119]

　　然而，就像其他任何信仰体系一样，无信仰世界观对于个体的效果因人而异。由于缺乏体系，所有不相信主流宗教的人都被划为无信仰者，其中包含了各种死亡观点。死亡会加强宗教信徒的信仰，也可能将因怀疑而摇摆不定的不可知论者转变为宗教信徒。但是，死亡的临近对无神论者没有丝毫影响。[120]

　　在许多方面，无神论者与超自然主义的坚信者是相似的：他们都观察世界，剖析内心，寻找着生命和世界的意义。一些人通过神明发现美，而另一些人在构成我们意识和体验的神经递质和电流脉冲的奇妙连接之间找到美。一些人看到的是精妙绝伦，另一些人看到的则是杂乱混沌。可是，无论是最虔诚的信徒，还是最极端的异教徒都会恐惧死亡。医生的责任就是引导每个人度过这段最痛苦的时间。死亡只拜访每个人一次，但医生会目睹无数次死亡，而且会亲眼看到死亡的各个阶段。无论我们接受与否，医生的责任之一就是使用符合病人信仰的语言。无宗教信仰不只是一种"消极的世界观"，对于无信仰者来说，有许多比"宗教信仰缺失"更重要的事情。即使医生试图在精神层面引导信徒时以失败告终，但对于那些无法超越死亡的人，他们还有更多事情可以做。

✦ ✦ ✦

在历史上的很长一段时间里，精神、宗教与医学密不可分。过去的医生兼任萨满，而宗教圣歌也曾被当作处方。在当代的某些社会中，这其中的区别仍然不甚明显。我记得在巴基斯坦的一个社区诊所里，一名小伙子因为勃起功能障碍前来就诊。医生是一名虔诚的穆斯林，满脸浓密胡须，他在处方笺上用阿拉伯语写下一段短短的祷告词，然后递给病人。病人面露难色准备诵读，而医生立即打断了他："用喉咙发声，而不是嘴巴。必须念对了才会见效。"病人十分失望，因为他根本做不到用喉咙吐字。

宗教就像政治，虽然是一种善意的力量，但也会招致狂热的信仰。在世界上许多地方，宗教差异导致着大屠杀和种族灭绝。虽然不是每个人都会谈论自己的信仰，但信仰对大多数人而言依然十分重要。或许，在现代的工作场合中谈论宗教已经不合时宜了，我所接受培训的美国东北部地区就是如此。

　　对于病人来说，在他们眼中信仰和其他事物之间的区别并不像医生以为的那样，特别是当病人的生命即将走向尽头时。这感受就像是被困在了一栋正在坍塌的大楼里——人们会伸手去抓任何可以抓住的东西，无论它多么脆弱不可靠。许多人觉得死亡和生活一样关乎控制。很多时候我们自认为可以决定很多事。人们寻找各种方式施加影响：一些人通过控制，另一些人则通过放弃控制。病人将决定权交给了医生、爱人，或者他们的神明。

　　那位希望医生帮助自己结束生命的数学家并没有如愿以偿。但除了这个要求，医生提供了一切力所能及的帮助，可是依然无法令他满意。这位病人回家后不久，就因不明原因而死亡。由于无法借他人之手书写自己的人生，或许他将主动权掌握在了自己手中。

　　大多数医生认为宗教、精神和死亡的交界地带并不讨人喜欢。许多人觉得它像潘多拉的魔盒，一旦打开就会导致难以弥补的伤害。然而，闭口不谈患者的信仰无异于非人道的治疗。事实上，根据国际医疗卫生机构认证联合委员会（Joint Commission on Accreditation of Healthcare Organizations）及世界卫生组织的规定，医生应根据患者的宗教信仰和精神需求提供治疗。[121] 保守疗法指导方针要求知悉患者的精神偏好，包括询问患者信仰，以及一些可能的精神需求。

　　帮助的关键在于，当病人的世界分崩离析时，帮他们找到能够给予慰藉的东西。朱莉·克诺普（Julie Knopp）是我所在的医院最有经验的保守治疗专家之一，在一个阴雨绵绵的日子，她对我说："对一些病人而言，帮助他们渡过难关的是家人或挚友。而另一些病人更愿意在树林中散步，与大自然沟通。"虔诚的信徒珍视信仰是再自然不过的事情。"有坚定信仰的人有可以依靠的东西，这是不幸中的万幸，也是他们终身拥有的财富。遇到困难时，他们总能在其中找到慰藉。"

听完这些之后，我发现自己突然懂了一位上了年纪的女士，她一直在和病魔做斗争。多年的类风湿性关节炎终于令她虚弱不堪，呼吸困难。前来医院就诊后，CAT 扫描显示她已经患上了肺癌。而活检结果表明，她所患的正是恶性程度非常高的一种癌症：小细胞肺癌。随着病情不断恶化，她不得不使用呼吸机，紧急开始高剂量化疗，之后多次尝试撤下呼吸机，最后才成功断开。

而这位戴着麻醉面罩的老太太依然那么幽默，满怀温暖与智慧。她询问 ICU 的医生："如果我不用这些东西会发生什么？"她勉强同意试试插管，但拒绝做心肺复苏。但一周后，她的病情进一步恶化，每次呼吸都要用尽全身的力气。用尽一切办法后，我呼叫了 ICU 住院医生，准备把这位老太太送回 ICU。可我没想到她拒绝了这个提议。她已经受够了。

我不知道她哪儿来的力气说话。当时的她已经气喘吁吁，胸腔起伏，连鼻翼都颤动起来。显然这绝对不是我想谈论某些问题的时候，但她的头脑十分清醒，令我惊讶。她曾经给了化疗一次机会，但她知道那没有用。在医院进进出出的生活已经令她厌倦。她告诉我和病床边的其他医生，她只想一个人安安静静地待着。我问她，要不要用一些顺畅呼吸的药物，但那或许会让她昏昏欲睡，她同意了。我问她，是否知道自己可能回不了家了，她一点儿也不担心。

我站在她的病床边，而她继续看着我身后电视上的美食节目。这位虚弱的女士戴着一副宽大的眼镜，因为关节炎的疼痛紧紧地攥着拳头。她留着时髦的发型，镇定异常，这是我们很少看到的场景。

"需要帮您打电话给谁吗？"

"不用。"

"您有什么要交代的吗？"

"没有。"

"您有宗教或精神信仰吗？"我问道。老太太一脸疑惑地看着我，回答："没有。"

"那您想要和牧师或其他神职人员聊聊吗？"

"不想。"

节目里金发碧眼的美女主厨正在品尝鸡尾酒，沐浴着午后的阳光轻轻摇晃酒杯，而她不慌不忙地看着节目。有些人渴望我们提供一切帮助，需要我们牵着他们的手祈祷，陪他们聊梦想，陪他们看照片，陪他们吃饭，陪他们在走廊散步，陪他们祈求痛苦远离。但有些人根本不需要我们，他们已经为死亡做好了准备，好像这是他们正在等待的唯一结局。人类的伟大事业大多是在恐惧中淬火而生，比如宗教、医学等。但当看到有人直面死亡，毫不畏惧地俯视它时，依然令人感动，这证明我们所有人的内心都拥有无限的力量。

第 8 章

护理何时成了一种负担

死亡一直以来都是家务事。但当病人的死亡过程不断延长，死亡的彻底改变也引起了家庭的角色变化。考虑到人们的寿命越来越长，如今的人们即将退休时，往往还要承担起照顾父母的责任。但无论如何变化，依然极少有人在孤独中离世，既然如此，死亡就会影响许多临终病人身边的人。

从表面上看，所有的医院看起来都差不多。相同的白色床单和白色毛巾，相同的风景画，以及一袋袋点滴和悬挂着的静脉输液管。病人看起来也差不多，都穿着病号服和防滑拖鞋，顶着医院式的发型——长期卧床的患者头发都会直直地翘着。医生更是如此，都穿着白大褂，口袋里塞满了笔和纸，腰间挂着传呼机，以至于病人常常很疑惑，这些人中究竟谁才是自己的医生。但经过长期仔细观察，我只要看看病房的样子，就能得知病人的许多信息。

有些病人来住院时，除了自己几乎什么都不带。这一般有两种可能：要么病人来医院时很紧急，要么病人不习惯住院。我之所以这么清楚，是因为亲眼看到了经常住院的病人准备得有多么充分。只要看看他们的病房，看看那些换洗睡衣、零食小吃，甚至护发素，你就能知道病魔已经把他们变成了"专业病人"。有些病人有写日记的习惯，详细记录自己的健康情况，每日排尿量、排便量、血压、血糖，以及各种重要器官的指数变化。

一种医院里常出现的东西格外吸引我的注意，那就是成年患者带来的大号毛绒玩具。印有独角兽或其他图案的毛毯也有可能同时出现。可是，这些毛绒玩具往往暗示着某种可怕状况。这类患者大多对麻醉性镇痛药成瘾，表现出明显的精神或心理不稳定特征。这并不是我个人的发现，沃尔特·里德陆军医疗中心在20世纪90年代进行的一项研究表明，在病床边放泰迪熊的患者可能具有边缘人格障碍。[1]另一项研究表明，带有"泰迪熊"标志的成年人因精神问题而发作癫痫的可能性是真正癫痫发作的3倍。[2]曾经有个病例，一名30岁的女性在就诊时带着17只毛绒树袋熊，每只都代表一位给她看过病的心理医生。[3]

床头柜上也布满各种线索。宗教标志，如耶稣塑像或烛台，代表着病人有宗教信仰。病人带来医院的书籍也很有启发性：许多癌症病人会阅读癌症幸存者写的书。如果恰巧我也读过，我会和病人聊一聊。在墙上还能发现另一些线索，来自家人或朋友的祝福卡片，就像打开病人社交圈的钥匙。通过照片可以一窥病人的日常生活，这些照片常常是开心、幸福的，身边伴有他们生命中重要的人。

一走进克里斯蒂娜的病房，我就看到了她床边那张装在相框里的结婚照。克里斯蒂娜一直在政府工作，是一名文职人员，快 40 岁时才遇到了自己的真爱，也就是她现在的丈夫。他们交往了很久才结婚。但婚后不久，克里斯蒂娜的体重开始直线下降。核磁共振结果显示，她的卵巢中有一个肿瘤。虽然通过手术切除了子宫、双侧输卵管和卵巢，但肿瘤组织残存了下来，而且在继续生长。首次化疗失败后，肿瘤已经堵塞了她的肠道。现在，这位为了自己的人生而抗争的新婚女士正在医院接受二线化疗。

单单从外表上，你完全看不出她经历了什么。她是病房中最阳光的人，总是那么乐观，从没有一句抱怨。如果不是医生和护士追问，我们根本不知道她什么时候感到痛苦。她说自己不想成为一个麻烦。她在病房中笑起来的样子和那张不到一年前的结婚照片上的笑容别无二致。但她只是这张照片的二分之一，另外二分之一，也是她生活中越来越重要的那一半，则坐在床边的椅子上，也有时是在家属区等候，或是在大厅焦急地踱步，着急知道结果。那就是她的丈夫，既是一家之主，也是她的爱人。了解病人最好的渠道，就是病人身旁坚定的守护者。

克里斯蒂娜的头发成片地脱落，内脏的压迫感越来越严重，但或许是精神的力量，病痛中的她依然保持乐观，她的丈夫却看上去不那么坚定。他的脸上写满了恐惧和焦虑，但他依然尽力守护着自己的妻子，陪她走完这段痛苦不堪、注定失败的旅程。

所以，只要仔细观察病人的房间，你就能了解许多，但如果你也关注病房里的亲属，你将了解每位病人的不同故事。治疗克里斯蒂娜的同时，我还接手了一位患有阿尔茨海默病的老先生。前一天晚上他踩着电动滑板车从养老院逃跑，电量耗尽后在高速公路上被人发现。早上我见到这位老先生时，他表情严肃，沉默不语。但当他的孙子们穿着五颜六色的衣服和父母一起到病房探望时，他的脸上立刻现出神采。其实，前一天晚上这位老先生是因为太想念儿孙，又有些神志不清，才会想踩着滑板车去找他们。

从远古时代起，家庭就承担着照顾和安慰病人的责任。但当代的护理方式，与过去家庭为生病的亲人提供的护理几乎毫无相似之处。现如今，护理的要求越来越高，已经导致出现了第二类受害者——家人，他们为病人不分昼夜地注射抗生素、用饲管灌注食物、更换尿布、购买医疗设备，这是一种看不到尽头的生活。历史上鲜有孤立发生的死亡，但今天，死亡比以往任何时候都更能触及身边的每个人。

◆ ◆ ◆

我在巴基斯坦长大，很少看到不结婚或不生孩子的人。婚姻无处不在，但对于不谙世事的我而言，这似乎是一件没有必要的麻烦事。那时我认为，做一个名副其实的"当代青年"才应该是我的生活。我问父母为什么一定要结婚生子，他们并没有对我说教，而是告诉我，当一个人老了，生病了，必须得靠孩子照顾（其他人的回答也是如此）。

这的确有几分道理。我的爷爷在我很小的时候就去世了，但我的奶奶还与我们住在一起。在某些地区，人们过去和现在依然如此渴望生育男孩的原因之一，就是希望得到照顾，毕竟大多数老人都是与儿子住在一起。虽然由于女性对家庭的经济贡献越来越多，这种局面现在有了很大改观，但父母与女儿一起生活的情况仍然很少。

照顾奶奶并不是个难题。她只去过几次医院。除了一些抗抑郁药物，从不服用其他药物，90 多岁时依然保持着清晰的思维。一次，奶奶从好几级楼梯上跌下来，腿上割了个很大的伤口，但愈合得很好。因为股骨骨折，奶奶做了手术，之后父亲把她带回村子里，用了他能想到的所有物理疗法。之后的某天，奶奶有些胸痛，不久就在村子里去世了。

对我们而言，照顾奶奶十分轻松，因为我的父母还很年轻，我们能都帮忙。周围还住着许多家庭，几乎不用花钱就能请人帮忙。在许多方面，几十年前的美国就是这样照顾老人和临终病人的。那时慢性病很少见，而且由受伤、感染和缺血（心脏疾病）这三大原因导致的急性死亡非常多，这意味着人们生命中缠绵病榻的时间较短。但随着我们寿命的增长，现代护理的本质发生了巨大变化。过去，只有身体健康的人才能真正活到 90 多岁，就像我的奶奶一样。但现在，这种人无论在美国还是巴基斯坦，都很稀少。大多数巴基斯坦人根本活不到这个年龄，因此他们的子女十分年轻。现代医学延长了许多人的寿命，否则他们在年轻时就会死于某种疾病。一切都在进步，从心肺疾病到癌症，许多人虽然身患疾病，但依然能活下去。

为了延缓死亡，我们已经付出了惨重的代价，其中就包括道格拉斯夫人（化名）。在本应家庭聚餐的那天，84 岁高龄的道格拉斯夫人朝自己开了 3 枪。[4] 但她竟然在这次自杀中奇迹般地生还了，在医院醒来时，她长舒了一口气，因为终于有那么一次，她不用照顾自己 86 岁的丈夫了。道格拉斯夫人的丈夫身体虚弱，生活全部依赖于她。虽然他们有两个女儿，而且住得很近，但道格拉斯夫人是他唯一的护理者。照顾日渐虚弱的爱人是她生活的全部，没有尽头，无人了解，这已经不是她第一次想到自杀了。她坦言说，自己在过去的两年中一直想着自杀，只有这个想法能给她些许喘息的机会。

非正式的护理者虽然无处不在，但他们更容易被忽略。道格拉斯夫人的女儿们不是没有帮忙，但她们永远无法理解母亲究竟承受了多大的压力。道格拉斯夫人陪丈夫去医院，自己却没找任何医生看诊，虽然她的年龄也很大。即使是被护理者，也可能看不到他们给照顾自己的人带来的压力。道格拉斯夫人无法得到任何帮助，主要是因为她的丈夫接受不了任何陌生人出现在自己的房子里，也不接受任何家庭护理服务。"再多一天我都忍受不了，"她告诉医院的医生，"我不止一次问过我丈夫，为什么就不能让其他人来帮忙？至少帮他洗澡什么的……可他就是不愿意。"在道格拉斯夫人试图自杀两个月后，她的丈夫去世了，她如释重负。这个爱了丈夫一辈子，伺候了丈夫一辈子的女人终于解脱了。

还有一次，我在老年门诊遇到了一位老先生，他几个月前刚搬到波士顿，正准备开始自己的退休生活。他放弃了一家成功的律师事务所，和一位比自己年轻的女士生活在一起。他的上一任妻子已经去世，随着年龄越来越大，他娶了一位比自己年轻的女士，好在晚年得到照顾。但他的病越来越重，已经无法在家中得到良好的治疗。我坐在对面，与这位先生和他的妻子对话，但明显感到这位先生越来越糊涂。他记不起自己吃了什么药，也不知道我们现在正在做什么。而与此同时，当他的妻子开始说话时，他粗暴地打断了她。发怒是痴呆的一种常见表现。[5]

诊断结束后，这位退休律师便离开了。我正在写病历时，他的妻子又回来找我谈话。她的脸上满是泪水，双手颤抖，因为她已经被确诊患有严重的甲状腺癌。在这份几乎宣判了死亡的诊断面前，她没有先想到自己，而是尽力继续照顾丈夫。尽管尽到了自己的最大努力，但她依然感到内疚，觉得自己没有尽到责任。这位妻子告诉我，丈夫和她结婚就是为了得到照顾，而不是为了照顾她。

患有严重的类风湿性关节炎的罗伯茨夫人也一直照顾着自己的丈夫，她的丈夫在 70 岁时被诊断出胰腺癌，这是一种不治之症。[6] "我知道自己能照顾他，因为我们做什么都在一起，"她说，"我们在一起 30 年了。从我 18 岁开始，我们就一起玩耍，一起做任何事。"20 世纪 70 年代初，她的丈夫逐渐双目失明，她自那时起就一直陪在丈夫身旁。"要不要继续陪他？我从不想这种问题。"她补充道。然而，面对癌症病人临终前日益增多的需求，即使是她也快被压垮了。她的丈夫因为感染、腹泻、呕吐和脱水多次入院看病。病重到卧床不起时，她开始在家照顾丈夫，每天要花 10 小时左右，而她的两个孩子很少陪在身边。她说："我绝不会停下。无关照顾，这是我的承诺。"随着病人的病情加重，看护者会越来越害怕自己照顾得不够周到。这位妻子说："我意识到，如果发生了什么不测，我将无法再为他做任何事。"

这些故事只是冰山一角：每 4 个美国成年人中就有 1 人需要在某些特定时刻充当非职业护工的角色。[7]随着死亡的过程逐渐延长，会有越来越多的人必须陪伴爱人度过生命的最后阶段，走向死亡。直到现在，人们才了解到现代死亡令护理人付出的代价。

❖❖❖

我和梅里尔·科默（Meryl Comer）聊天时，她告诉我，她患有早发性失智症的丈夫已经有 12 年没有认出过她了，"但我知道，当我拉起他的手时，他认出了我的触摸"。她的丈夫哈维·格兰尼克（Harvey Gralnick）曾是美国国立卫生研究院的血液科和肿瘤科领导，在他 50 多岁患上早发性失智症之前，身体一直很好，但那是 20 年前的事了。而梅里尔·科默曾经是个出色的商业记者，现在却过上了截然不同的生活。这 20 年中，她每天得花 12 个小时照顾丈夫，比全职护工的工作时间还要长。你可以在梅里尔的故事中看到美国每一位护理者的日常。

为临终的朋友或亲属提供照顾，正逐渐成为所有美国人人生中必经的一步。2014 年，有 4350 万美国人护理过与病魔斗争的家人。[8] 其中约 40% 的人表示，护理的负担非常沉重。[9] 正如我已经提过的故事一样，绝大部分护理者是女性，其中 85% 与病人有亲属关系。[10]

护理意味着投入大量时间，平均而言，护理者每周需花 21 小时用于帮助亲属吃饭、洗澡、服药、购物、管理收支、预约门诊、开车接送、更换尿布，以及熟练使用各种医疗设备，比如导管、饲管和静脉输液管。1/5 的护理者每周有超过 40 个小时在提供这种无偿帮助。[11] 梅里尔还得在工作上投入大量时间："我有自己的工作团队，要连续上 12 小时的班，同时，我得照顾病人。"

在所有临终病人的家庭护理中，非职业护理人员占到了 90%。通过这种方式，他们为医疗保健系统节省了一大笔钱。根据统计，2009 年非职业护理人员提供的无偿服务价值高达 4500 亿美元，而且该数字还在继续增长。[12] 另一项研究估计，为一位痴呆症病人提供护理的朋友或亲属，平均每年产生的价值达 56290 美元。[13] 如果收入减少，家庭在各方面的花销都会吃紧。本应该花在吃住、交通、教育或旅行上的人力物力都消耗在了照顾病人中。而护理本身同样令人痛苦："面对经济压力，护理者会选择最便宜的低质量商品，结果就是导管开裂，尿布漏水，一晚上需要换好几次床单。"约 1/5 的护理者最终不得不辞去工作，还有 1/3 的人在自愿护理的过程中花掉了绝大部分或全部的积蓄。[14]

护理者不仅需要耗费财力，还会付出健康的代价。一项研究表明，积极护理亲属的人比不护理亲属的人高出 63% 的死亡风险。[15] 但是，配偶残疾却不需要护理的人群，死亡率并不会上升。不仅如此，在护理的过程中如果没有压力，死亡风险同样不会上升。不难理解，护理者出现抑郁[16]、焦虑[17]及失眠的比例更高，自杀风险也会上升。[18] 护理者把所有精力都集中在了亲属的健康上，再加上这些并发症的风险，导致他们常常会忽视自身的健康。

令人惊讶的是，护理者其实比大多数人更了解医疗保健体系。作为一名医生，有时候我见到护理者的次数比病人还多。他们在医院的大厅和走廊等待，在深夜喝咖啡，在病床边的椅子上睡觉。在手术室和急诊室外的等候区，他们握着彼此的手。在陪病人来门诊时，他们往往手中拿着记事本、装着药物的密封袋，和写满了各种问题的纸张。签文件、取化验结果、预约检查的大多也是护理者，而不是病人本人。然而，虽然频频进出医院，但他们大多时候过于关注他人的健康，以至于忽略了自己。

更严重的问题或许不是护理者忽视了自己，而是医疗保健也在忽视他们。他们是医学中不为人知的角色，几乎没有人关注他们的需求。"那是一种孤立无援的处境。"梅里尔这样告诉我。我在见到陪同病人的护理者时，没有任何立场处理他们的健康需求，除非他们恰巧也是我的病人，但这是非常少见的情况。这些护理者默默地自愿在家照顾病人，正是因为不为人知，大多数医疗系统无法顾及他们的健康。护理者一旦生病，病人就会无人照顾，这反过来又会给护理者造成更大的压力。在护理者中，病人的配偶会比子女负担更重，因为他们通常别无选择，责无旁贷要承担起这个角色。[19]

作为护理者的主力军，女性的处境更加恶劣[20]，她们承受的负担是男性护理者的两倍。[21] 缺乏教育和极度贫困都会加重负担，其他加重负担的因素包括失业、别无选择，以及护理时间延长等。[22] 病人患病前与护理者的关系，也会决定护理者承担额外的责任时对于负担的感受。[23] 值得关注的是，无论是病人本身所患的疾病（癌症、肺病或心衰），还是疾病的严重程度，都无法像社会帮助一样对护理者的负担程度产生影响。护理者的急迫需求常常遭到忽视，他们希望从家人朋友处得到更多帮助，而这种支持可以减轻任何严重疾病带给他们的压力。[24]

不难理解，为什么漫长的临终照顾令人如此沮丧。护理者将他们精心照顾的亲属作为衡量自我的标杆。而往往病人对抗的是无法被打败的疾病，等待他们的只有悲伤的结局。

越接近死亡，护理者从病人身上得到的回应和反馈越少。在这趟艰难的旅程中，护理者扮演着"隐形病人"的角色，他们时刻存在，却从未真正出现过，在病人的需求中被逐渐消耗吞噬。[25]

到目前为止，护理者依然没有正式被纳入医疗体系，虽然医护人员感谢他们的付出，却无法为他们提供帮助，或利用他们的帮助来改善对患者的护理。在过去的 20 年中，只有一位医生曾经问过她的状况。梅里尔告诉我，"当你患了一种无论做什么都无法战胜的疾病时，你需要有一个人令你觉得自己做的事情很重要"。

尽管护理的责任可能很沉重，但当生命的终点临近时，护理者的另一项挑战出现了。美国文化对死亡和临终十分关注。随便翻开一本书，收看一档电视综艺，阅读一张报纸，浏览一个网页，你都会发现美国人对于死亡的关注无处不在。鉴于你正在读这本书，我想这一点无须多言。然而，虽然文化上如此普及，但人们很少真正地谈论死亡。实际上，我的很多病人即使在临终前都从未认真讨论过生命的终结。一个人临终前想要什么？这一对话正逐渐成为我们人生中最重要的话题。

艾伦·古德曼（Ellen Goodman），《波士顿环球报》（The Boston Globe）的专栏作家、普利策奖得主，也是她年迈母亲的主要护理者。她完全不知道在职业生涯的后半段成为一名护理者意味着要处理多少问题。她告诉我，有天她正在赶稿，接到了医院的电话，说她母亲又得了肺炎。"医生问我是否需要使用抗生素。"这只是艾伦和其他护理者在照顾年迈亲属时每天必须决定的无数细枝末节之一。"迎面而来的决定越来越多，而我根本没有准备好。"

艾伦与自己的母亲很亲近，就像许多母女一样，她们无话不谈，除了"那一件事"。这件唯一不曾谈起的事情就是，她的母亲希望如何离世。当艾伦意识到这个话题的重要性时，母亲的痴呆已经十分严重，甚至连食物这种简单的话题都无法讨论，更不用说理解现代医学临终治疗的复杂性。

艾伦的处境并非个例，而是常态。一次全美问卷调查表明，只有30%的病人表达过希望在临终时接受什么类型的治疗。[26] 只有7%的病人与医生讨论过这个话题。比例如此之低，并不是因为人们没有意识到这个话题的重要性，82%～90%的人认为讨论临终治疗十分重要。

尽管我们对死亡的关注从未减少，但我们很少在茶余饭后谈论死亡。即便谈论，也很少涉及个人倾向。纵观历史，死亡一直是一个禁忌的话题。即使在今天的许多文化中，人们依然闭口不谈死亡，就算死神已经在敲门也是如此。一位只会说日语的中年亚洲男子最近因血压骤降被送入重症监护室，已经确诊为肝功能衰竭。静脉输液后，他的情况好转了许多，但为了保险起见，我们又送他到楼下做腹部核磁共振扫描。当他被送下楼时，他的妻子和儿子走过来告诉我们，无论结果如何，都要先让家属知道。病人已经表示他对此没有意见。

病人被送回重症监护室时，我们正准备把他转到普通病房，此时核磁共振结果出来了。放射科医生还没到，但我很想看看结果，于是拉出了扫描单。我并不确定自己能看懂，作为一个只接受过内科医学训练的医生，除非异物形状巨大，否则我辨认不出。恰恰，一个巨大的肿瘤出现在我眼前，已经侵蚀到肝脏和胆囊，并覆盖在胃部，我知道这种情况已经很严重了。果然，放射科医生确诊为转移性肿瘤，几乎长满了腹部。我立即呼叫了肝脏科，他的医生放下手上所有工作赶到了重症监护室。我告诉他，家属不希望病人知情。因此我们带着病人的妻子和儿子去了一间闲置的办公室，那里堆放着米色的文件柜、多余的打印机和监护仪。

病人的妻子只会说日语，但他的儿子说着一口流利的美式英语。他还很小，但愿意承担起家属代表的责任。我有些担心，这些经验丰富的医生会如何说明病人的病情，或者说，如何用一种缓和的方式说明病情。然而，这位病人的主治医生来自爱尔兰，出了名的心直口快。他开门见山地告诉病人的儿子，他父亲的癌症已经无法治愈，没有任何有效的治疗方案，在接下来的数周或数月内随时可能死亡。我目不转睛地看着病人的儿子，他正在努力消化所有信息。他的反应似乎还好，但当他转向焦急的母亲开始翻译时，他才开始意识到自己刚刚听到了些什么。

他每翻译一个字，脸色就随之悲伤一分，等到说完，母子二人哭着抱住了对方。他们希望自己待一会儿，请我们出去。再次回到重症监护室时，他们已经擦干了眼泪，强忍着抽泣，回到病人身边，假装刚刚什么事都没有发生过。透过玻璃门，我仿佛在看某种可怕的表演，全家人强颜欢笑，谈笑风生。这位病人随后离开了重症监护室，完全不知道自己的人生从此刻起已经一分为二。

一些文化非常忌讳讨论死亡。在纳瓦霍^①文化中，据说仅是谈论死亡就能招致真正的死亡，因此与纳瓦霍老人讨论临终关怀尤其具有挑战性。[27] 而我们目前的文化也在极力避免讨论死亡和临终，甚至避免"死亡"或"临终"之类的字眼。英国进行的一项调查研究发现，1/3 的人平均每周会想到一次临终，2/3 的人对于谈论临终非常不适。[28] 尽管人们普遍认为，更加开诚布公地讨论死亡可以改善临终治疗状况，但只有不到 1/3 的公众曾经与家人讨论过死亡或自己对临终治疗方式的偏好。而医生们在讨论死亡问题时也会小心翼翼。在这份调查中，35% 的从业医师（比例高得惊人）从未与他们的病人谈论过死亡的话题。

虽然对我来说，医生不与病人讨论死亡是不能接受的，但我可以理解为什么有些医生可能不愿与病人讨论死亡。大

---

① 　美国最大的印第安部落。——译者注

多数人认为死亡是一个抽象的、假设的事件，对这种事的讨论总是可以一拖再拖。一旦人们不得不讨论死亡——不仅是死亡这个笼统的概念，而且是他们个人无法避免的宿命终点——面对有限的生命，死亡的事实和我们的意识不愿接受死亡之间的分裂就达到了顶点。

每次有病人住院，我都需要了解他们的病史，询问几个问题，比如：病人因何住院？曾经身体状况如何？现在正在服用哪些药物？是否吸烟、饮酒或吸毒？职业素养令我可以非常快速地完成这种详尽的询问，但每次在问最后一项前，我依然会停顿——您希望在临终时接受什么类型的治疗？

还在实习期时，我曾经幼稚地认为，如果人们已经病重到需要挂急诊住院，尤其许多人并不是第一次来医院，那么他们一定已经考虑过这个问题了。但我没有想到，大部分人，即便已经命悬一线，或者已经与病魔斗争了几十年，又或者尚未从高风险手术中恢复过来，也从未想过什么是他们想要的死亡。

有很多次，我询问病人，如果发生不测希望我们做些什么，病人总是会突然沉默。一说到病情，从心脏病发作时的胸腔刺痛，到手术室的全麻心脏手术，病人们的回答像说唱般流利，但一旦提到"死"这个字，人们的第一反应总是"不是我，不会是现在"。这个念头蚕食了病人脑海中的其他理性想法。

很多人与艾伦·古德曼抱着相似的想法："一个人如何

离世"这样重要的话题不应该在医院讨论，而是应该提早在他们舒适的家中，与所爱的人和信任的人一起商量。"这种话题应该在餐桌上聊，而不是在病危的时候。"艾伦这样说。艾伦并不是唯一希望讨论这个问题的人，但她面临着一个艰巨的任务。护理人员和家人现在背负着共同的心理负担——谈论一件绝对没人愿意谈论的事情。

罗兹·查斯特（Roz Chast）是《纽约客》杂志的长期签约画家，最近出版了一本传记绘本，描述了她的父母渐渐老去，而她希望与父母谈论如何离世的故事。这部绘本有个醒目的标题——《我们说点儿高兴的事不好吗？》（*Can't We Talk About Something More Pleasant?*）。其中一幕生动的场景中，她与父母把一切能讨论的都讨论了，但还是没有说到死亡。她尝试着聊起这个话题，她的父母先是假装糊涂，然后困惑、苦笑、焦虑，直到她无奈地说："你知道吗？算了吧，没关系，随缘吧。"在下一幕场景中，罗兹和她的父母都松了一口气，这场毫无进展的对话终于结束了。

在艾伦·古德曼的笔下，人们无法开口讨论临终是一种"默契的缄默"。"父母不希望让孩子担心，而孩子们觉得这个话题说起来过于私密和焦虑。一些孩子担心，父母会误以为自己在盼着或等待他们的死亡。"

人们不讨论这个话题，但它的后果并不会消失。无论人们是有意识地或正式地向他人表达过自己的愿望，还是将其写了下来，每个人对善终的理解并不相同。一些人希望走得无知无觉，一些人则希望感受一切，直到他们感觉不到为止。一些人想在自己的床上离世，一些人却不想给家中带来损失和晦气。一些人渴望安息，还有一些人渴望反抗。

人生不如意十之八九。对我来说，这没什么大不了的。如果你第一次 SAT 考试①发挥失常，还有机会可以挽回；但是，死亡的赌注太高，不给你第二次机会，毕竟死亡的历史成功率是 100%。死亡常常意味着希望的终点，而对于医生来说，死亡意味着我们已经对病人无能为力。如果说我们还有什么可以做的，那么最有意义的莫过于满足病人最后的愿望。波士顿的保守治疗专家拉克兰·福罗（Lachlan Forrow）在此基础上更进一步，认为非必要的治疗是一种可以避免的伤害。[29]

为了帮助其他人不错过讨论这一话题的时机，一些组织提出了许多办法，用各种表格和网站帮助人们与家人、朋友讨论这个话题。艾伦·古德曼也贡献出了自己的一分力量，成立了"对话项目"。艾伦说："我们需要改变传统文化中对临终避而不谈的习俗。"建立"对话项目"的初衷之一，就是为了把谈论"你希望如何死亡？"这种问题，变得像现在谈论"婴儿是从哪儿来的？"一样自然。

---

① 美国高中毕业生学术能力水平考试，相当于"美国高考"，考生每年可参加多次。——译者注

父母可能会觉得和孩子谈论性很尴尬，但由于现代医学的复杂性，谈论死亡则是完全不同的事情，而且每个病人眼中合适的终点各不相同，这代表着无数排列组合。

生前遗嘱是现代医学预先护理计划进步的前身，也被称为预先指示（advance directives）。"生前遗嘱"（living will）一词是由路易斯·库特纳（Luis Kutner）提出的，他是律师、人权活动家，也是"国际特赦组织"的联合创始人，1969年，他在《印第安纳法律杂志》（*Indiana Law Journal*）上表达了自己的观点。[30] 库特纳描述了当时的情况：在 20 世纪 60 年代末，患者可以拒绝治疗，但如果他们不表达或无法表达自己的观点，医生有义务尽最大的努力进行治疗。"因此，最好的解决办法是个人在可以且有清楚表达的能力时，表明自己希望接受什么程度的治疗。"库特纳总结道。但这种方案有其局限性：不适用于已成为"完全植物人"和"精神与身体健康无法恢复"的病人。虽然这份提议的适用范围有所局限，但依然得到了广泛采用，尤其是在"凯伦·安·昆兰案"之后。1976 年，加利福尼亚州首次将生前遗嘱纳入了《自然死亡法案》（Natural Death Act）之中，但该法案中的限制更多。[31] 该法案只允许病人在患有急性致死性"晚期疾病"的情况下，才能停止维持生命的治疗。此外，病人在确诊后的头两周内，不可签署撤去或终止治疗的指令。但生前遗嘱已经在美国普及，并在许多州被纳入法律体系。采纳生前遗嘱的热潮最终得到了美国国会的正式认可，其于 1990

年出台了《患者自主决定法案》（Patient Self-Determination Act），宣布医院需向医疗保险受益人提供医疗保险制度的相关材料，告知病人有做出预先指示的权利。[32] 在目前的生前遗嘱制度中，遗嘱人不需要患有晚期疾病，在任何健康状态下都可以填写。

预先指示已经存在了几十年，并已发展为全面的预先护理计划。方法也从过去简单的让病人勾选表格并签名，转变为引导病人思考一些困难的复杂问题。这些有关决定的帮助通过各种方式询问病人的偏好，包括维生治疗、器官捐献、肾脏透析、止痛、人工营养与补液、生命支持、心肺复苏，以及治疗地点。[33] 方式包括电脑程序、网站、宣传册、视频、DVD 和 CD 等，都可以帮助病人做出决定并表达出来。这些救助大多面向个人，但也有一些面向医疗组织，以便在电子病历系统中记录这些偏好。

尽管有了这些进步，生前遗嘱的体系仍存在很多缺陷。生前遗嘱不失为一种权宜之计，但终究不是长远的解决方案。虽然得到了主流媒体的宣传，受到了美国联邦政府、美国最高法院 [34] 和医学界的认可，但大多数人并不会填写这些表格。在波士顿进行的一项问卷调查显示，只有大约 18% 的民众和 15% 的住院患者填写了这些表格，相比之下，填写财产遗嘱的民众和住院患者则分别为 74% 和 57%。[35] 对于病情更加严重的患者，如透析患者，他们本应思考这些问题，但比例只增加到 35%。[36] 即便已经填写了表格，其中所包含的信息也不足表格要求的 **74%**，仅 16% 符合要求。[37]

何时签署表格或表明偏好，对于最终的决定同样十分关键。刚出院的病人愿意接受创伤性治疗的可能性较低，但半年后他们的态度可能有所变化。[38] 个人对于自己疾病和预后的了解程度也很重要。诸如癌症之类的疾病比较容易预测，因为越到后期变化的概率越小。因此，对一位肺癌转移的患者而言，知晓自己最多只有几个月的生命对于选择日后的治疗方案至关重要。与此相反的是，患有晚期肾脏疾病、任何心脏或肺部疾病，以及多数非癌症疾病的患者难以预测他们的疾病将如何发展，以及他们还剩下多少时间。

如何表述信息也是影响选择的重要因素。医生常常是病人获得信息的来源，医生如何表述影响着病人做出何种决定。如果医生把导管原位癌（一种乳腺癌的癌前病变）称为非扩散性癌症，而非乳腺病变，病人们选择手术的可能性更大。[39] 医生引用数据的方式——引用成功率还是失败率，描述短期效果还是长期疗效，告诉病人更多细节还是更少细节——也会对病人的选择造成额外的影响。如果医生换一种方式表述信息，多达 4/5 的患者都会改变主意。[40]

关于复杂病情的谈话，医生也并非总能从容地应对。有很多次，我都在家属室门口尴尬地听到同事小心措辞，描述微妙的情况。事实上，对于特别糟糕或者特别良好的情况，医生们都很擅长描述。然而，这两种情况很少见，因此也不适用于我们遇到的大多数场景。我们所纠结的是一些细微差别，这或许不难理解。但这些细节的差别难以言表，尤其是当一个人被卷入假设中时。

对我而言，或许决定医生与病人之间谈话结果的最重要的因素是病人的感受。与那些觉得死亡近在眼前的人恰恰相反，健康的人并不会把这种谈话看得多么重要。如果询问一些年轻强健的病人是否曾经想到过死亡，我很确定，大多数从未经历过现代死亡的人完全不知道死亡所包含的意义。我也很清楚，病人做出的任何决定都很有可能改变。在一项针对签署过生前遗嘱并希望得到最大限度治疗的患者的研究中，仅有 43% 的人在两年之后依然愿意接受这种治疗。[41]

当然，无须数据告诉我这个道理。许多事情都会让人们重新考虑他们希望如何死去。更新的诊断、另一家医院、一组成功的化疗，都能改变病人的心意，但还有一些会产生影响的事，虽然不是非常确定，但我总能观察到。眼见自己的亲属受疾病折磨、等待一次重要的婚礼或新生、发生一次关键性的人生转折，这些都会影响病人的决定。我曾经工作过的一家医院的电子病历中，甚至没有预先指示。如果一个上次住院时不希望过度抢救的病人这次改变了主意呢？很有可能病人无法得到想要的治疗，因为医生根据其在另一情形中的意愿做出了错误的假设。

生前遗嘱存在的问题还包括模棱两可和事无巨细。纽约律师协会曾出版了一份生前遗嘱以说明该问题，其中这样表述："如果本人：1. 患有晚期疾病；2. 永久失去意识；3. 意识尚清，但出现不可逆性脑损伤……本人不希望接受心肺复苏……机械通气……伺管喂养……抗生素治疗。"[42] 虽然这份生前遗嘱已经十分具体，但如果该患者发生痴呆或心衰（二者都属于晚期疾病），然后患上肺炎（不是晚期疾病，但需要口服抗生素，或需要几天的机械通气才能痊愈），我依然不知道患者想要什么。许多生前遗嘱或许代表了病人的内心想法，却不合情理。一位医生曾描述，他的病人要求失血时可以输血，但拒绝内窥镜手术，而内窥镜手术恰恰是治疗出血并防止大量失血的手段。[43] 这与我碰到的一个病人相似，接受呼吸机但拒绝心肺复苏。

生前遗嘱在美国威斯康星州西部的拉克罗斯的确奏效，那是个复古的美丽小镇。拉克罗斯坐落在紧邻密西西比河的山谷中，群山环绕，在山谷之中若隐若现，被认为是全美国最适合安稳辞世的地方。当我在密西西比河边的餐馆品尝三文鱼，在悬崖峭壁旁开车兜风远眺山谷的壮丽景色时，并不知道这一点。我也从未想到拉克罗斯 95% 的居民都填写了预先指示，上至八旬老人，下到青年小孩。[44] 想要探究其中的原因并非易事。拉克罗斯是全美国人均医疗花费最低的地区之一，大约每人 1.8 万美元，这或许是因为在拉克罗斯去世的居民中，98% 都拒绝延长寿命的治疗。值得注意的是，之前接受过心肺复苏的病人是预先指示的主力军，他们决定即使有需要，也不要再次接受心肺复苏术。[45]

拉克罗斯是个特例。从地理和人口上而言，这里的单一种族（92% 是白人）在某种程度上代表了过去的美国。[46] 事实上，大多数美国人非常排斥预先指示，这反映在虽然预先指示已经存在了几十年，但填写率一直很低。生前遗嘱的问题在于，寄希望于一个静态的指令解决复杂多变的动态情况。研究证明，71%～78% 的人更希望由家人或护理者做出治疗决定，即使会有悖于自己的偏好。[47] 护理者正在为病人们做出最艰难的决定，在他们的所有负担中，这是最难以承受的。

第 9 章

如何商讨死亡

斯文是一名来自德国的医学院学生，曾来我所在的医院选修实习，在各个科室轮转。他又高又瘦，总是穿着格子衬衫和绒面皮鞋，从不系皮带。除了医学生平常携带的物品（听诊器、袖珍工具书、反射锤、音叉等），他还会随身携带一本小而厚的词典，时时翻阅。那是一本英德医学词典。

斯文从法兰克福远道而来，我真的很想告诉他一些美国医疗的独特之处。当然，德国拥有我们所拥有的一切闪闪发光的工具：最先进的心脏导管装置、最高端的机器人手术、一尘不染的医院、整洁笔挺的白大褂，无所不有。如果一定要说有什么不同的话，那就是在人口基础上比较，德国的医疗在效果方面远超美国。想了又想，我觉得只有一件事是美国特色的，必须带他见识一下，那就是与家属见面。

那是一位来自新罕布什尔州的老太太，此前发作了一次心脏病，但送到医院后被确诊为多器官衰竭。患者病情十分严重，已经无法进行心脏插管，于是住进了重症监护室。她的心脏虚弱到几乎无法跳动，全靠颤动来泵出一部分所需血液。她的肾脏也几乎停止运转，无法过滤体内毒素。重症监护室的医生们紧急在病床边开始了透析，抢救正在衰竭的肾脏。我们希望最终可以解决导致肾脏停止工作的问题，令病人摆脱长期透析。几天过去了，几周过去了，她的肾脏即将衰竭，透析只是治标不治本的权宜之计。

但渐渐地，连"治标"都变得很困难。由于心脏非常虚弱，每次透析，她的血压都会骤降至危险值。病情甚至到了连透析医生都不忍观看的地步，这名老太太完全承受不了这种治疗。病人的情况已经非常不稳定，我觉得这时候必须和家属见一面了，谈一谈接下来可能面临的情况。

病人刚入院时，她的丈夫带来了一张皱巴巴的纸：老太太的生前遗嘱。在这张纸上，"不接受心肺复苏或机械通气"的选项被选中。我认为这份表格用处不大，因为我们无法了解病人是在什么情况下填写了这份表格，是否了解这些手术，又或者她想要什么样的死亡。当我们权衡各种风险，考虑透析或未经过滤的毒素蓄积是否会造成她的大脑缺氧时，我们对她当下的想法一无所知。

为此，社会、司法和医学界提出了一个方案。患者除了可以立下文件，以便在丧失行为能力时表达自己的意愿之外，还可以指定某人，在自己无法充分理解或参与临床治疗时替自己表达意见。这个被指定者也被称为"医疗代理人"。无论何种情况，代理人都要以病人的最大利益为中心，不仅如此，他们还要根据病人可能的想法或行为做出决定。幸好，我的病人已经指定了自己的丈夫为医疗代理人，所以我打电话告诉他，医生们希望和他见一面。他说，自己两个女儿也会到场。

我让斯文呼叫了所有需要参加会议的人：负责讨论心脏衰竭的心胸科医生，讨论透析的肾病科医生，充分了解这个家庭的社工，当然还有我们这些每天片刻不离患者的主治医护人员。我们走进房间时，病人正盯着天花板，嘴巴微张，却什么话都没说。环视房间，我看到了病人的两个女儿，小女儿很年轻，正倚着妈妈哭泣，身旁大女儿正看着窗外，丈夫坐在椅子上，手中紧紧攥着自己的帽子。

例行介绍完病情后，我试图一点一点告诉家属目前的情况。先从心胸科医生开始，他告诉家属，病人的心脏一直十分脆弱，我们几乎无能为力。最后是肾病科医生，告诉家属此时继续透析弊大于利，并总结道，建议终止透析。

常称自己为"小气鬼"的大女儿是一个悲观主义者，似乎同意我们的建议。她反复说，其实现在做什么都是在让母亲受罪。但她也在挣扎："有时午夜惊醒，觉得什么都不做就像在杀死她。"而很少离开母亲身旁的小女儿受到了不小的精神打击。她以为母亲还醒着，对着母亲说话，又哭又笑，不时打断我们的谈话。谁的话她也听不进去，反而说我们厌烦了她母亲，厌烦了治疗她，只是想"摆脱她"。她告诉我们，她是母亲的宝贝，她说尽管自己不是医疗代理人，但她知道自己才是最爱母亲的那个人。

此时窗外，一场暴风雪突然而至。我清楚记得，那场雪不是落下来的，而是被狂风吹得漫天飞舞。我甚至看见阴沉的天空下，风雪打着旋儿扑在红褐色的墙上。代理人是那位丈夫，他几乎有些颤抖。不仅因为责任重大，当时的情况更令他不堪重负。他告诉我们："我感觉自己的理智和情感在打仗，理智上知道都是徒劳，但情感上我不想让她死，不想让她离开我们。"

我看了看四周，紧张的氛围像浓雾一样弥漫在空气中。我又看了看斯文，他涨红了脸。我能看得出来，他从未在德国经历过类似的事情。如果情形继续升级，他的眼睛怕是要滴出血了。当然，我们的感受和家属相比不值一提。他们在她刚开始虚弱时就在身边照顾，至今已有许多年了，但现在是完全不同的情况，决定的也是完全不同的事情。这位丈夫告诉我们："我只是觉得自己没有权利拔掉插头。"

天下最困难的事情之一，就是担任医疗代理人。在看护的过程中，无论做什么，最后赢的都是疾病，这就是医疗代理人的困境。代理人最多能保证，自己亲属死得合理体面，只有这样代理人才能结束自己的工作。他们所面对的问题从来不会轻松：如果医生有好的治疗方案，那么代理人只是个无足轻重的简单角色；只有当我们所面临的选择中，两个选项都不好，才需要代理人去抉择。据我所知，签署代理人协议的朋友或家人中，很少有人知道自己将会面临什么。

✦ ✦ ✦

在许多因素的作用下，现代科技进步衍生出了医疗代理人这一角色。在循证医学（evidence-based medicine）[①]成为主流之前，医生对于患者的康复结果几乎无能为力。那时的医院甚至把水蛭作为非处方药销售。当我们开始掌握医学的技巧、现代医学的招牌（抗生素、手术、疫苗等）时，我们太过于傲慢，毫不顾及病人和家属值得聆听的意见。患者可以参与的医疗决定少之又少，他们要么活着，要么死亡。那时的死亡来得如此迅猛，根本没有时间留给谈话。

一切变化都始于"凯伦·安·昆兰案"，它首次在全美国层面展示了临终过程已经改变了多少。自机械通气呼吸机和心肺复苏术问世以来，与昆兰类似的情况不断出现，但在此之前从未登上过各大新闻的头版头条。之前，医生只能临时即兴地应对这些情况：有时他们与家属达成一致；有时他们会在没有征得家属同意的情况下直接做出重要决定。

这场争取病人自主权的革命来得正是时候，在病人的权利被永远剥夺前拨乱反正。预先指示的发展是为了扩大患者的自主权，超越他们的行为能力，以便保障他们未来的决定权。因此，即使患者无法开口或认知不清，通过预先指示也可以决定自己的治疗意愿。但是，生前遗嘱确实存在不少缺

① 意为"遵循证据的医学"，其核心思想是医疗决策应在现有最好的临床研究依据基础上做出，同时也重视结合个人的临床经验。——译者注

点，于是催生了医疗代理人，也被简称为"代理人"。

代理人存在的先决条件，是病人实际上已无法自己做决定。这意味着病人必须丧失医学上所称的"自主能力"。这里的能力是指成年人对自己生理或心理状况的认知能力，能够理解自己可以选择的各种治疗方案及不接受治疗建议的后果，并且可以向他人表达自己的想法。对于这种能力的评估是一种抽样检查，我通常会寻求专业精神科专家的意见：病人不一定完全丧失能力，但需要对医生认为是由于认知受损而做出的每一个决定进行能力评估。比如，如果一名有自杀倾向的病人希望立即离开医院，我会请精神科医生评估当时病人的能力，且后续每次请求离院都需要再次评估。

许多医生认为，患者在不同意他们的观点时是没有能力的，而患者要做的只是用自己的内在一致的心理机制来证明能力。一个人可以做出不符合自身利益的愚蠢决定，只要他的理智能够意识到这一点。但对一些病人而言，他们即使自己有这种能力，依然会把决定权留给代理人。

美国各州对病人正式指定代理人的要求各不相同。一些州要求填写文件时必须有公证人在场，但更多的情况下，尤其是在授予医疗决定权时，仅需要几份文件和两名非正式的见证人，病人就可以指定一位家属或朋友作为代理人。

这对病人是好事一桩，不必大费周章。面对医院的各种表格、材料和邮件（其中大多是律师撰写或授权的垃圾邮件），病人常常应接不暇。在我接受培训的过程中，我越来越意识到指定医疗代理人对病人掌控自主权至关重要。我劝说病人填写表格的技巧越来越好，但在全国范围内，指定代理人的比例依然低得令人沮丧。一项纽约某重症监护室的研究表明，在比其他任何群体都更需要代理人做决策的危重患者中，仅有 1/5 的病人指定了代理人。[1] 该数字在其他研究中也一样低。[2]

代理人一旦确定，他们就可以在病人失去自主能力时发挥作用。当病人恢复能力时，代理人则失去执行权，但只要他们担任这个角色，就拥有和病人同等的权利范围。所有的同意书都要经由他们签署，所有的数据和结果都要报告给他们，所有的决定都必须得到他们确认。但对于为什么如此强调代理人的角色，大众并不理解，就连那些被赋予重大责任的代理人本人也不甚了解。

如果病人以任何书面的方式留下了自己的意愿，代理人则有义务遵循这些指示。这种代理决策的原则被称为"主观标准"，意思是如果病人已经填写了预先指示，他们的代理人只需要宽松地遵循这些指示即可。多数情况下，代理人认同病人已经写进生前遗嘱的意愿。这种两方意见的结合更有效力，也更有说服力。当代理人的想法与患者的生前遗嘱一致时，医生也有超过 95% 的可能同意遵循病人的意愿。[3] 但是在现实中，也有代理人并不同意病人在生前遗嘱中所写内容的情况。

这种情况简直是医生的噩梦。生前遗嘱并不完美，也没有情境，但它代表了病人的真实意愿。可医疗代理人不是一张表格，而是活生生的人，会对周围的所有信息有所反应，常常会为病人和／或他们所认为的最佳选择而发声。代理人和生前遗嘱都具有效力。这二者很少产生分歧，可一旦碰到就会置医生于两难境地。在瑞士，如果医生碰到代理人与生前遗嘱存在分歧的情况，医生选择较温和疗法的可能性是激进疗法的两倍。[4]

如果代理人决策时没有任何信息可以参考，则会使用"利益最大化标准"。[5] 这意味着，对于具体情况，如果病人没有留下对于治疗意愿的任何书面记录或间接暗示，代理人应该把重心从患者的自主权转移到患者的健康上。这种情况下，代理人需要把自己当作客观的旁观者（如，像医生一样从技术角度考虑）。利益最大化要求代理人考虑到患者病情的严重程度、身体的虚弱程度、康复的希望大小、可供选择的治疗方案、这些方案的优势、病人将会在这些方案中承受多少痛苦，以及是否利大于弊。

大部分临终情况不会涉及"主观标准"或者"利益最大化标准"。因为预先指示的填写率已经很低了，主观标准出现的概率更小，即使出现，也很少与病人意愿发生分歧。而利益最大化主要是出现在儿童身上，或者当代理人不了解患者的任何信息或并非患者亲属时，这也是十分少见的。这使得绝大多数决策都笼罩在备受争议的代替判断保护伞之下。

✦ ✦ ✦

病人们会向任何一个穿白大褂的人寻求复杂问题的答案，无论是医学生、高级医生，还是药剂师。很多事情都取决于我们给出的答案：生死无法改变，但不同的医疗决定将对病人的经济状况产生多米诺骨牌般的效应。在美国，医疗费用是导致破产最主要的原因，每年有 200 万美国人受到影响。[6]每个问题的答案都影响着护理者的决定，因此每次回答都充满风险。我经常被问到一些难以回答的问题："我姐姐还能活多久？""我儿子在这场手术中活下来的概率有多大？""我父亲还能走路吗？"但最难回答的是："医生，如果这是你的母亲，你会怎么做？"

这个问题既是病人家属向医生问出的最聪明的问题之一，也是最不明智的问题之一。在病人眼中，医生往往像一个机器人：反应中不带有亲属或朋友的那种感情色彩。他们和家属的谈话中全是数据、比例和专业术语，这令他们看起来有些不近人情。[7]但一提到自己的家人，你会看到医生也有着丰富的感情，这个方法百试百灵，因为这是人之常情。

然而，这个问题违背了医疗代理人这一角色的核心概念——代替病人判断。这一概念囊括了医疗代理人所有的责任。代理人是病人无法发声时的声音。他们的作用是向医生提供病人的信息，告诉医生如果病人可以表达自己的意愿，他们想要的是什么。代理人需要利用自己所了解的一切关于病人偏好和价值观的信息——私人的、精神的、医学的、道德的——来揣测特定情况下病人的意见。因此，有趣的是，在病人失去能力后，最重要的答案不是来自医生，而是来自病人自己指定的代理人。

如此一来，代替病人决定就需要代理人做出预测，但这恰恰是人类最不擅长的。社会层面上，无论政治、金融，还是运动，我们都不是好的预言家；个人层面上，我们更不是。在一篇名为《生前遗嘱的失败》（"The Failure of the Living Will"）的文章中，作者安吉拉·法格林（Angela Fagerlin）和卡尔·施耐德（Carl Schneider）这样写道："人们总是在做错误的预测，他们不知道自己究竟喜欢什么海报，不知道自己究竟会在超市消费多少，不知道自己有多么喜欢吃冰激凌，也不知道自己能不能适应重大的决定。"[8] 一些令人吃惊的数据表明，截瘫患者并没有比其他人更痛苦，彩票中奖者也没有比其他人更开心。[9] 虽然截瘫患者遭受了失去双腿功能的痛苦，在事故刚发生后备受折磨，但几周之后，他们对生活的态度依旧以积极为主。[10] 这听起来或许和直觉恰好相反，但也恰恰证明了想象会在多大程度上误导我们。我们常常会给未发生的事情描绘不正确、不完整的图景，过于乐观，或者过于悲观。就像中西部的美国人认为，如果自己生活在更加温暖、富饶的地区，比如加利福尼亚州，生活质量会大幅提高。但现实中，加利福尼亚人的生活满意度与他们相差无几。[11]

　　而患者也不擅长预测自己未来的偏好和决定。不难想象，如果让别人预测患者的喜好，不准确的情况更是难免。一项刊载在《内科学年鉴》（*Annals of Internal Medicine*）上的研究可以为我们带来许多启发。作者利用元分析法比较了代理人与病人本人对于治疗偏好预测的精确程度。结果令人惊讶的是，仅有68%的代理人可以准确预测病人从手术到抗生素使用等各类情形下的决定。[12]如果病人患有痴呆或中风，这一数字则降低至58%。有三项研究认为，代理人比患者本人更有可能选择更多的治疗，只有一项研究表明，代理人会撤去患者本愿意接受的治疗。这表明与最终承受治疗的患者相比，代理人虽然没有承受治疗，态度却更加激进。更耐人寻味的是，病人精心挑选的代理人并不比医生任意指定的代理人好多少。

　　代理人处境艰难的原因是，其实连病人也不知道自己在日后的混乱中会愿意接受何种治疗。超过半数的病人会在两年内修改自己的治疗选择。美国教堂山和西雅图的学者们调查了约2000位老年患者，他们发现，在两年的时间内，病人在总体水平上趋向于接受保守治疗。[13]事实上，前两年中不愿接受治疗的是病情稳定的群体，这些患者中有85%的人两年后选择保持不变。最可能改变主意的恰恰是原本想要接受最大化治疗的患者，这一群体两年后不愿接受治疗的人数更多。而两年后倾向于接受更多治疗的患者更贫穷，心情更加抑郁，医保率更低，尽管他们的病情实际上并不比倾向于保守治疗的患者严重。

另一些研究发现，代理人决定的结果甚至不如抛硬币的结果准确，这些数据和研究引发了许多伦理学家、医生和哲学家的质疑：代替病人做决定究竟是否可行？这确实是一个伟大的伦理理论，却无益于实际的临床应用。[14] 代理临终决定的神圣性已经深深扎根于毫无戒心的医学生和医生的脑中，而几乎没有人知道它的根基并不稳固。那么问题来了，为什么我们依然如此依赖代理人的判断来指导临终谈话呢？

我们总是让代理人代表病患的意见，或许其中最重要的原因是我们别无他法。对于预测病人的意愿，医生往往比代理人更加一筹莫展。[15] 此外，考虑到做出这些重要决定对于病人而言很困难，如果代理人相信自己只是在替他人表达意愿而不是单纯地被要求做出重要决定，那么尽管他们可能出错，也不会因此而承受太大的心理负担。[16]

虽然医生或许无法回答"什么是史密斯先生想要的？"这种问题，但有了医生的帮助，病人会更好地找到答案。在过去，医生总是告诉家属，病人应该如何想。而现在，医生被告知要询问指定的家属，请家属预测如果病人可以开口说话，他们需要什么类型的治疗。这种谈话往往弊大于利：医生和病人家属最后经常在谈论各自独立、互不相关的程序，就像是在赛百味快餐店自选三明治一样。

所以，如果真的被问到"医生，如果这是你的母亲，你会怎么做？"，我并不会脱口而出自己的真实选择。像大多数人一样，我也没有明确地和我的母亲讨论过，如果真的碰到类似病人的情况，她会愿意接受什么类型的维生治疗方案。但根据我们母子几十年的相处，我对她有一定了解，她喜欢食物、小孩子和刺绣衣服。但在这个世界上，她最爱的就是自己的孩子。我知道，母亲一天中最开心的事就是与我或是我的兄弟姐妹通话或视频，哪怕只有短短几分钟。我非常清楚，她想要的是更多的时间，无论付出怎样的代价都值得。

但天下没有相同的父母。所以，回到那个风雪交加的日子，我站在斯文身旁，病房里还有丈夫、两个女儿，以及心脏和肾脏都已衰竭的老太太。大女儿问我，如果这是我的父母，我会怎么做。我知道，是时候把这场谈话引向正确的方向了。我们已经花了太多精力在谈论老太太的透析、血压和用药问题上，可除去病人的身份，我依然对这个人一无所知。

"不如来说说你的母亲吧。"我提议。

家属面面相觑，猝不及防，我只好补充道："虽然我们一直在谈她的事情，但我觉得自己一点儿都不了解她。"

两个女儿像是心有灵犀一般，一起开始说：这个家庭的母亲是世界上最善良的人。"她连一只蜜蜂、一只蚂蚁都舍不得伤害。"大女儿告诉我们。她最喜欢做的事情是为自己爱的人做饭。她热情好客，甚至会邀请陌生人来家里吃饭。说到最后，小女儿止不住地流泪："妈妈教会了我一切，但从来没有教过我这个……"

小女儿的声音渐渐低了下去，病房内换了一种气氛。我简直不敢相信自己的眼睛，这像是上演了一幕老套的情节：此时风雪已经停了，窗外阳光明媚。真是不可思议！这位老太太的善良抹去了之前的紧张气氛。我问他们："你们认为对她来说，最重要的事情是什么？"

一直沉默的丈夫开口了："在她看来，如果不能做一桌丰盛的饭菜，或是和朋友出门游玩，那样活着也没什么意思。"

家属不再期待医生的建议了，因为他们向我们寻求的答案似乎已经通过他们自己的故事变得不言自明。他们其实知道，老太太再也不能下厨了，他们也知道下厨对她多么重要。现在家属明白了，老太太肯定不愿意没完没了地待在医院里，虽然她勉力支撑着，但结果只是往返于病房和重症监护室。家属最后得出结论，她想要的可能是终止创伤性维生治疗。

当我和其他医生走出病房时，我们都松了一口气，这场谈话虽然开始得很艰难，但之后十分顺利。我环视四周，看到斯文正站在众人身后。我走到他身边，发现他脸颊发红，眼睛里还有泪水。他说："我以前从未经历过感情这么强烈的谈话。"

✦ ✦ ✦

比起选择什么治疗方案、想在哪里离世、什么时候应该终止治疗，或许病人更看重的是，当自己失去能力时，谁来替自己抉择。然而大多数时候，病人会在还没有对选择做出所需要的思考或暗示的情况下，就指定代理人。那么问题就成了：怎么成为一个出色的代理人？

如果要回答这个问题，就必须重申一遍代理人的职责。代理人的两大职责：1. 关于希望如何度过生命的最后阶段，遵从患者已经表达出的信息或暗示；2. 在缺乏这些直接或间接信息的情况下，基于公认的医疗标准，为患者的最大利益着想。

若要推测患者的想法，代理人必须与其关系密切。因此，在选择代理人时，代理人与患者的关系是至关重要的。文森特是一位 42 岁的病人，脑部大量出血，脉搏停止，进行了 3 次心肺复苏。之后虽然心脏功能得以部分恢复，却永久地失去了大脑功能。CAT 扫描结果显示，他的大脑已经黏稠状肿胀，开始溢出颅骨。[17]进行神经系统测试后，医生认为病人已经脑死亡，并着手准备撤去呼吸机。此时，文森特庞大而复杂的社会关系开始浮出水面。他和 10 个被收养的兄弟姐妹一起长大，现在有两任前妻，5 个孩子，其中有两个已成年的儿子——泰德和威尔，都是 21 岁。威尔与父亲关系疏远，许多年不曾说话。而泰德和父亲关系良好，但并非亲生，他的母亲在与文森特结婚期间与别人有染。一边是像陌生人的亲生骨肉威尔，一边是文森特一手带大却没有血缘关系的泰德。在这个病例中，医生把决定权交给了泰德，强调了关系远比血缘重要。

　　一个理想的代理人，应该是面对完全陌生的领域，也能为患者判断出最佳利益的人。说起来容易，做起来难，这也是许多代理人在承担这份责任时会出错的地方。最值得关注的一个问题是，这可能会让人回想起以前医疗实践中的家长式作风。《大西洋月刊》（*The Atlantic*）于 2013 年 11 月 6 日刊登了一篇文章，名为《我的母亲值得舒适的死亡》（"My Mother Deserved to Die Comfortably"），作者描述了自己身患肺癌的母亲在接受维生治疗时所遭受的痛苦，以及自己与父亲紧张的关系。父亲是母亲的主要护理人，一直陪在母亲身边。但他拒绝告诉妻子实情，试图隐瞒下一切坏消息和毫无康复希望的诊断结果。他认为，拥有尽量多的希望，尽一切可能延长生命，才是对妻子最有利的。而女儿无法接受母亲"绝望地盯着天花板，嘴巴微张，似乎要哭出来"的样子。虽然不是母亲的医疗代理人，她却代表母亲填写了预先指示，坚持不接受任何进一步的治疗。这是女儿眼中的最佳利益，但她只字未提母亲想要什么、看重什么，如果她可以开口，会说些什么。

　　最好的代理人是那些能找到病人最珍视的东西的人。曾有一件事令我终生难忘。有一天，一位患有肺气肿的慢性肺病患者因病情加重住进了 ICU。我像往常一样去询问病史时，家属正站在床边。他的整个家庭都在陪伴着他，其中女儿是他的医疗代理人，也是拿主意的人。病人话不多，穿着"波士顿红袜队"的球衣，于是我觉得可以和他聊聊球队。他简直像一本活的百科全书，对于我们俩都喜欢的球队和他们不久前被缩短赛季的倒霉故事无所不知。但除了棒球之外，他对自己住院的原因几乎一无所知。他不知道现在是哪一年，也不知道自己现在在哪儿。"'红袜队'是他唯一知道的事情。"他的女儿向我证实了这一点。当谈到病人对于维生治疗的意愿时，女儿回答："棒球赛季已经结束了，再没有什么能让他留恋的事。"这样的偏好我从未听到过，但一想到病人对棒球赛的狂热，它的确说得通。我们立刻降低了治疗强度。

代理人可能和病人亲密无间，却未必能判断出什么对病人最有利。当我想到自己时，我知道这世界上没有人比我的妻子更了解我。多少年来，我们分享着生活中每一个最亲密无间的细节，如果有人能预测我在某种特定情形中的想法和反应，我相信那个人一定是我的妻子。但是，如果有一天她无法根据我曾经提及的信息判断呢？她会是那个说"到此为止"的人吗？如果当时的"到此为止"其实已然是"过度治疗"，她对我的爱会让她放手，让死神带走我吗？

让代理人为患者做出医疗决定的核心，是人们假定代理人是无私善良的。"并非所有的代理人都符合心怀善意、为病人着想、珍视病人利益的标准。"著名的肿瘤学家、作家伊齐基尔·以马利（Ezekiel Emmanuel）曾这样回应过一篇文章，该文章认为代理人的优先级应高于病人的预先指示。[18]经济利益冲突往往出现在临终之时，尽管代理人通常会小心翼翼地不在医生面前提起这些冲突。[19] 然而，我确实记得一个由我经手的病例，病人最终死于心肺疾病。他的妹妹是长期代理人，我们与她谈话时了解到病人不愿接受任何创伤性治疗，因此，我们开始着手准备逐渐撤下维生设备。可就当一切就绪时，病人的妹妹似乎还没完全准备好，要求再等几天。这是我们会愉快默许的事情，因为从治疗时的"火力全开"转变为撤去设备的"偃旗息鼓"是一件令人痛苦的事。变成直线的数据、嘀嘀作响的警报、进进出出的医务人员，甚至病人的血污，这一切都令人难以消化，误以为自己做了错误的决定。随后，当你看到病人平静地躺在病床上，再也没有任何噪声的打扰，而病人所爱的人们必须面对即将到来的死亡。你可以想象到，这是一件非常难的事。所以，给家属多一些时间进行调整，是人之常情。

又过去了几天，病人的妹妹似乎接受得很好，但她依然要求等一等。我注意到，她唯一接待的访客是一位穿着西装、拿着公文包的中年男子。等我见到他们两人时才发现，那名中年男子其实是个律师，妹妹要求延长时间是为了准备文件，好把哥哥的财产转移到自己名下。无须多说，我告诉她，违背病人的意愿、令病人遭受不必要的痛苦是一种不道德的行为。

还有一个病人需要问自己的问题，那就是把做决定的重担交给自己所爱的人是否公平？有一位女性患者令我印象深刻，她 40 岁上下，由于长期酗酒导致胃出血而入院治疗。

因为无法戒酒，病人失去了进入移植名单的资格。但她没有寄希望于他人，而是希望从自己的亲生女儿身上得到一块肝脏。我决定和病人的女儿见一面，谈谈进一步的治疗方案，但当她出现时，我完全震惊了。这位被单亲妈妈委任为医疗代理人的女儿，还是个 15 岁的高中生。这位母亲不仅将自己肝病的重担全丢给女儿——可以肯定的是，她过去几个月的生活完全依赖于这个未成年的小女孩，还令女儿相信，捐出肝脏给母亲是天经地义的。她的女儿就这样即将置身于一场十分危险的手术中。虎毒尚不食子，这名母亲的许多做法让我气愤不已。

理论上，如果病人接近生命的终点，已经无法参与治疗，大部分谈话会愈发仅限于代理人和医生之间。因此，理想的代理人不仅得充分了解病人，能够表达病人的喜好和想法，更要谨记病人的最佳利益，即使放手的决定意味着令自己付出沉重的感情代价。他们是听取医生的建议的人，也是为病人的利益大声疾呼的人。不仅如此，他们还得了解病人所患疾病的基本医学常识、可供选择的治疗方案，以及康复的可能性。美国和欧洲的研究都表明，即便是那些自认为充分了解家属的医疗问题的代理人中，也有一半的人对病人的病情和疾病严重程度缺乏足够的了解。[20] 值得注意的是，大学教育并不能提高当事人对医疗问题的相关认识。显而易见，很少有病人能拥有符合以上所有要求的代理人。

但代理人又都很聪明，他们知道现实中有很多途径可以

弥补这一点。他们很少独自作战，最后谈到死亡时，家庭成
员和朋友往往都会到场。代理人会充分借助众人的各种情
感、理智资源推动事情进展。然而，每个家庭都是不同的，
在讨论临终大事时，这些差异会比任何时候更加显而易见。

第10章

家庭因何崩溃

每一位来到医院的老年患者，身后都是一个儿孙满堂的大家庭。他们失去的大多是一个家庭的核心角色。一位母亲或长者的倒下，常常意味着一个大家庭的重新团聚，这通常就发生在病床边。没有什么比死亡更能搅动一个家庭，至少在过去几十年中，死亡已经成了医院的"常驻民"。

　　当我走进一个病房发现病人身边簇拥着许多人时，我会开始介绍。首先是自我介绍，接着是其他团队同事，家属们也向我们介绍自己。我会努力记住他们的名字，但我更关注他们的身份。即使是第一次见到家属，我也能一眼认出谁是那个彻夜看守、更换尿布、喂水喂药、挂号预约的人。多数老年患者的主要护理人是配偶，高龄的他们其实自己的身体状况也在每况愈下。虽然护理者可能会每天记录病人的血糖、血压和各项数据，但他们未必了解什么是病人真正需要的。因为在病人的日常护理中投入了大量精力，护理者很难愿意假手他人，让医院的工作人员来承担他们的工作。但我认为，他们才是最宝贵的资源，在护理中能照顾到他人无法顾及的细节。

　　虽然医疗代理人是正式的决定者，但每个代理人都有各自的风格。或强势，或民主；或果断，或犹疑；或习惯商量决定，或偏好独自定夺。有人为这份权力陷入疯狂，也有人被这份压力折磨得憔悴不堪；有人将话语权牢牢握在手中，也有人迫不及待欲假手他人。因此，重点是认清谁才是家庭的发言人，很多情况下，说话的未必是代理人。因为代理人可能不善言辞，或者没有时间，再或不懂英语，只能找家中英文最流利的人代为沟通。

发言人一般是家庭中的重要成员。一些重症监护室要求，家属需要指定且只能指定一位发言人，由其负责与医生的所有沟通事宜，将获得的信息传达给其他亲属。对我而言，这不免有些脱离实际：指定一位发言人是个好主意，但几乎任何人都不可能整天待在病人身边。家属也需要休息，轮流值班。最终实际情况就是，我会和愿意听我说话且病人默许的人谈话。

每位家属都与病人有着独特的关联，而这种关系随着生命的流逝将被赋予更深的意义。爱、恨，或者愧疚，种种复杂的情感被雕刻进一生的时光，这些情感汇聚成思想和欲望的泥沼，定义了每个家庭成员之间的关系。但没有哪种关系比"游子"更加复杂。"游子"是身在远方的亲人，只有家中报急时他们才千里奔回。在很多情况下，他们会带来全新的不同意见。就像"危重病人网站"①中的文章所写："他们坐

---

① 　http://crashingpatient.com。

飞机匆匆赶来，大谈特谈一番，又匆匆离开。"

我遇到的家属中，"游子"是十分常见的类型，空间上的距离不仅令他们与病人的关系更加复杂，也增加了他们与其他亲属和医生沟通的难度。愧疚是他们表现出的典型特点，许多人愧疚于自己不能在病人身边照顾。然而，这种懊悔往往会变为过度的狂热，迫切地想成为"拯救者"。就连家属也认识到了这一点，一位弟弟曾这样描述自己的姐姐："来自外地的孩子。她就像是要把所有事都修复好才能回家一样。她才是那个没有时间等待的人，而疾病就是一场等待。"[1] 不知多少次，我在重症监护室看到许多病人使用最大强度的维生治疗系统，就为了等远在他乡（通常是加利福尼亚州）的孩子回来。连带着所有医生和亲属都绷紧神经，直到他们到达才能松一口气。很多时候，他们的意见不仅与医生的意见不同，也与参与更多治疗的其他亲属相左。一次谈话中，姊妹中的一人在医生面前对另一人说道："看看，我才是一直照顾母亲的人，我知道她想要什么。你一年才见她两次，哪里会知道。"

往往许多家庭都有"医学专家"。这些"医学专家"并非真是专家。我见过的"医学专家"形形色色，从医学院的院长，到透析中心的技术人员，这些"专家"把医学术语翻译成白话（或西班牙语和其他语言），通常扮演传话人的角色。"医学专家"未必是代理人，但他们的话在家属眼中分量十足。很多时候病人刚入院，家属就直接把手机递给我，让我和电话另一端恰巧同为医生的远房亲戚通话。有时，这些"专家"也会指手画脚。曾经我有位病人的姐姐恰巧也是医生，她总是大声要求一些不必要的额外检查，纠缠实习医生，或是在医生办公室里骚扰我们，甚至主动要求为病人写病历，我不得不礼貌地回绝她，因为这违反了数十条医院保护病人隐私的规定。但无论如何，任何拥有医学背景的人都能使医患之间的交流更加畅通，对病人而言，这些"专家"正是一种良好的资源。

研究表明，虽然法律鼓励代理人自己根据病人已经表达出的想法或意愿进行决定，但病人自己更希望看到一家人根据他们的判断做出决定。[2] 绝大部分此类研究都证明，多数病人希望家人们共同决定，而无须考虑病人的意愿。[3] 在现实中，比起伦理课堂上支持的观点，这种想法更加根深蒂固。尽管我们总是安慰家属和医疗代理人，与其说他们是在做决定，不如说是在传达亲人的意愿，但很多家属依然认为自己正在做出一生中最重要的决定。很多时候，就像文学作品或典籍中所写，病人的价值观最终往往成了家属的价值观。病人如果不在屋里坐一整天，家属会解读为"病人不想被环境束缚，尤其是医院的病床上"。但如果病人热爱旅行，家属会解读为"需要更密集的治疗以便满足病人的愿望"。每一种道路都意味着家属在积极地选择，而没有随波逐流。同时，一些伦理学家认为，代理人和家属在做决定时，不应该将自己的价值观纳入考虑范围，但他们忽视了这样一个事实，没有人乐意于打理与自己价值观相悖的治疗。

理论与现实之间存在差异，医生与家属之间存在分歧，甚至家属内部和医生内部也无法达成一致，或多或少，生命的终点因此已经成为战场。时至今日，一场被称为"重症监护室医患冲突综合征"的"流行病"正在美国蔓延开来。[4]

死亡的展望令各种情绪酝酿发酵：有些人希望痛苦会停止；大多数人怀着对未知的恐惧，害怕不复存在或堕入地狱。这像是一个情绪雷区，悲伤、绝望、希望、满足……一个人永远不会知道自己会踩到什么。但对医生而言，在办公室工作的每一天都只是普通的一天。这种不协调正是医患矛盾频发的原因之一。医患矛盾既是一种当代现象，其实也是病人自主权革命所取得的伟大成果。过去的医生像是高高在上的君王，宣布决定犹如颁布法令，毫无协商的余地。在许多经济体制中，这种关系至今依然存在。

在巴基斯坦，当医生也是相当危险的一件事。希望捞到巨额赎金的绑匪常将目标瞄准医生，有声望的医生更是树大招风。接收恐怖主义受害者的医院会遭到恐怖分子的袭击。美国医患矛盾的本质完全不同，虽然没有那么多人丧命，但临终医患矛盾发生的频率本身就已经高得惊人。曾有一项研究调查了波士顿 4 家医院重症监护室的医生和护士，询问他们是否曾与长期在重症监护室接受治疗的患者发生过矛盾。[5]

这 4 所哈佛医学院附属医院中，有些医院已处于世界顶尖水平，而医生依然表示他们曾经在 1/3 的病例中与家属发生过冲突。但事实上，在这项研究中，与护士相比，医生低估了冲突数字，这是因为护士对于医患之间的不和更为敏感。同时，在一项医患和谐度的调查中，医生报告冲突的可能性仅为患者的一半。仅有 20% 的病例中，医生和患者都承认双方发生了冲突，这可以看出医生与家属的差异。[6] 此外，随着病人生命终点的到来，矛盾将愈演愈烈，达到顶峰。一项杜克大学医学中心的研究表明，在需要考虑终止或撤销治疗的病人中，78% 的人曾经历过冲突。[7]

任何看到这些数字的人都会感到吃惊。死亡确实令人倍感压力，这一点从过去到现在一直如此，但在美国病房和重症监护室中矛盾的激化程度之高表明，现有的医疗制度没有起到帮助作用。为了更好地理解医患之间为何会针锋相对，我们需要分析临终冲突的主要原因。

在所有关于医疗的事项中，涉及维生治疗的决定是导致医患纠纷不断的主要导火索。几乎半数以上的矛盾都围绕着是否终止治疗。代理人要求"积极"治疗的可能性约为医生的 6 倍。[8] 这与我们从预先指示中所了解的患者愿望——大多数人不希望接受过度治疗——并不一致。[9] 对我来说，临终谈话的设置方式只会令情况更加糟糕。

当一位家属被要求描述所面临的困境时，他说："这就像是担任一件谋杀案的陪审员，你必须决定是否把这个人送上绞刑架……陪审团背负的负担太过沉重。"这种对代理人角色的描述，虽然完全曲解了代替决定的含义，但的确是许多人的观点。对于如此重大的两极抉择，代理人的负担显然十分沉重。[10] 但他们往往偏离他们担任的角色，根据自己而非患者的价值观和利益做出判断。[11] 一位母亲曾这样告诉医生："她总说不想靠机器活着。但我认为使用机器对她来说是最好的选择。"[12] 代理人经常偏离他们所声明的角色，根据他们自己的价值观和利益，而不是病人的利益来做出判断。

然而，医生对应该遵循的伦理原则了如指掌。他们不仅在医学院学习过这些规则，而且定期需要经历这种谈话，病人的家属却很少这样做。医生也不大会对病人倾注过多的感情，这使得他们至少在理论上保持了客观的样子。医生造成冲突的主要原因是沟通不畅。虽然经过多年的沟通技巧训练，但是许多医生仍然缺乏基本的观察力和自省意识。除此之外，病人普遍抱怨，医生很少花时间与病人或家属交流，而且医生总是表现出职业倦怠。总体而言，家属过度关心，而医生参与不足，这难免会造成尖锐的矛盾。

并不是所有的矛盾都集中在医患关系上。医疗团队内部结构复杂，也经常难以达成一致。不需要看电视剧《实习医生风云》（*Scrubs*）你也能知道，医院内部有许多小团体。外科医生不同意内科医生，内科医生不同意放射科医生，放射科医生不同意急诊科医生，而急诊科医生似乎每个人都不同意，谁也不服谁。医生们极少为了维生治疗发生矛盾，他们的分歧主要集中在治疗计划上。有一句格言十分在理：医生们总是更积极地对待不是自己负责的治疗。因此，护士会向内科医生建议使用药物，但内科医生会担心药物有副作用；内科医生会建议外科医生做手术，但外科医生会担心出现并发症；外科医生建议放射科医生做造影检查，但放射科医生会担心检查有风险。最后，护士往往感到自己并没有充分参与患者的治疗计划。

一支混乱的医疗团队是最让家属头疼的。毫无治疗方向还不算太糟，最令人不安的是频频改变讨论思路。我与家属进行过的最糟糕的会议不是家属在争吵，而是医生们争辩得不可开交。涉及患者治疗的所有医务人员都有必要出席会议，如此才能同步解答各种疑问，而不会有任何遗漏。因此，每次开会前我都会召集所有相关人员，讨论各自的职位和角色，再指定一名发言人，负责向家属介绍医疗团队，同时指引家属和医生，帮助引导话题，确保所有紧迫问题得到解决。

家属之间也会相互争论。不同的家属与患者有着不同的关系，这影响着冲突发生的概率。一项研究表明，代理人与病人的偏好越一致，家庭内部发生矛盾的可能性越小。配偶与病人的默契度更高，而成年子女与病人之间的交流更依赖于猜测，容易发生冲突。[13] 研究已经证明，有配偶的情况下出现家庭内部矛盾的概率更低。这是有道理的，因为夫妻是家庭的主干，将家庭维系在一起。[14] 一位医生曾这样描述一个混乱的家庭，刻画出的场景尤其典型："家庭成员之间有过纠纷、负担和冲突，而他们把谈话当作解决这些纠纷的平台。争论谁来做决定、谁更爱母亲，诸如此类。这是个问题。"[15] 在这种情况下，家属往往要求过度治疗，作为自己"真心"的体现。[16]

虽然并不是需要一致的意见才能做出决定，但现实中大家都会努力争取一致。事实上，病人希望自己的亲属们做出统一的决定，这也是代理人的想法。这在一定程度上是一种自我保护机制，因为做出决定如此困难，代理人希望征求其他家属的建议，分担这个重任。"我上面有 5 个姐姐，我不能自己做决定。"一位代理人说这就是他希望和兄弟姐妹一起做决定的原因。[17]"我不想承担这些责任，像是你本应该这样做，他们本应该那样做。我说不，要么我们共同做决定，要么谁都别做决定。"

如果家庭成员发生分歧，最痛苦的是代理人，即使代理人已经遵循了病人的意愿。曾有一位病人的儿子这样说："我只是想解决每个人的痛苦……让他们明白，如果非要让她（病人）活着，她会是什么感受？我知道她一定很痛苦。但如果放手，我的父亲会是什么感受？我知道他也会很痛苦，还有我的弟弟。我……只是想让每个人都不痛苦，但太难了，根本不可能。"

一旦发生纠纷，医生很少能准备好有条不紊地解决。考虑到他们遭遇冲突的概率之高，尤其是在重症监护室里，不对解决这种问题的能力进行培训实在令人难以理解。调解是一种自愿对话，一般需要有一名独立的第三方调解人参与。调解人的主要作用是了解争执双方的立场（他们有什么需求）、利益（他们需求的原因），而要做到这一点，调解人只需使用最关键的方法——认真倾听。[18]虽然医生经常站在家属的立场上考虑（误以为需要过度治疗），但他们在挖掘各方利益方面的表现不如调解人（误以为家属急于洗脱"终止治疗"的愧疚感）。有时，只要分清各方的责任，阐明各方的利益，针锋相对自然会变为步调一致。

面对死亡，解决冲突最好的方式是防患于未然。根据统计模型，有冲突史、语言障碍，或是少数族裔的家庭更容易在治疗后期发生冲突。[19]配偶的存在有利于减少争吵，因此，医生应该着重关注无配偶患者。但无论如何，鉴于这一话题的特殊性，一些争吵在所难免。

绝大多数病例中，家属是病人或医生手中最大的资源。家属令病人更有尊严，也是医生联络和谈话的对象，否则病人一旦失去意识，紧盯监护仪显示屏的就是医生了。与家属谈话是医生的一大职责。虽然现有的医学伦理体系并不完美，但至少令医生摆脱了做决定的沉重负担。这就是为什么我的噩梦不是病人坐在轮椅上被家属推进来，而是陪病人来的只有一脸不耐烦的司机。没有家属的患者才是最棘手的临终人群。

✦✦✦

一天，我走进病区办公室，一阵温暖的香味扑面而来，是新鲜出炉的巧克力蛋糕。比起消毒剂或腹泻的气味，这简直是迷人的问候。当我享用着浓郁巧克力味的蛋糕时，我问了问这是谁带来的。原来昨天有一位老太太入院，这是家属带来的。走进这位病人的房间，我发现屋里充满了欢乐的气氛。老太太身边围坐着的家属有老有少，他们正在随意地聊天，几乎让我怀疑她是不是有必要待在医院里。就在这一天，医院里还来了一位独自入院的女病人。她的病房正如其他大多数病房一样：毫无生气，只有消毒水的味道。我问她有没有想过病危的安排，她回答，没有，没和任何人商量过；我问她有没有指定医疗代理人，她回答，没有；我问她有没有知道她的治疗偏好的人，她回答，没有。她只有她自己，独自一人，但她不是唯一这样的病人。

当人们年纪越来越大，成为长寿者时，身边的亲朋好友就会开始像秋叶一样逐渐凋零。据估计，到 2030 年时，将有 200 万美国人比自己的家人和朋友活得更久。[20] 并且在过去的几十年中，我们的社交圈已经发生了很大变化。如今的美国人已开始严格筛选自己的社交圈：从 20 世纪 80 年代开始，平均每个美国人的密友数量从 3 人降低至 2 人。[21] 值得注意的是，近 1/4 的美国人没有任何密友。考虑到 44% 的养老院居民缺乏自主决定的能力，这具有巨大的影响，尤其是在生命尽头时日无多的时候。[22]

孤独是一种与每个人息息相关的感受，耐人寻味、无处不在，且非常主观。孤独像是独处的邪恶面：百年的独处是一种永恒的满足，一种不受打扰的平静；但孤独，即便只有短短的一秒钟，也是一种空虚而悲凉的感受。正因为孤独在本质上是一种主观的情绪，研究者们很难用具体方法量化它。最初，科学家们仅使用二元变量描述孤独程度，如独自生活和已婚生活。随后，科学家们逐渐开始关注可以衡量社交复杂性的变量，如一个人社交圈的大小，以及参与社交的程度。虽然对于孤独的量化争议不断，但大家一致认可的是：孤独是危险的。事实上，是十分危险，通过涉及 30 万人的 148 份研究，研究者发现，孤独将增加高达 50% 的死亡概率。[23] 这种风险远超过一些人们所熟知的高危因素，如吸烟、缺乏锻炼、肥胖及过度饮酒。如果将社会整体性这种复杂变量纳入考量，这种关联会更紧密。

无论身边簇拥着多少人，无论房间里摆放了多少鲜花，无论那些 140 字的微博有多少人回复，每个人只能独自经历死亡。也只有死亡能将我们与周围的人完全分开，这是其他任何事物都无法做到的。死亡是一种我们无法与任何人分享的经历，诗人和作家猜想死亡，词曲作者吟唱死亡，但这些灵感都来源于推测。已经经历过死亡的人无法活着说出他们的故事。

死亡的孤独在自我与他人之间划下了一道无法逾越的鸿

沟。我们一生中取得许多的成就，很大程度上就是为了抵消恐惧，那是一种当生命意义被揭开时升起的孤独。我们对抗虚无的主要壁垒就是家庭，直到生命的最后一刻，这道壁垒都是坚不可摧的。[24]

没有人确切地知道，孤独为什么会致命。学者们分为两派：一派认为孤独令人感到有压力，而社交可以缓解这种压力；另一派的假设似乎更加合理，认为社会整体化可以促进有利于健康的行为模式。对大多数人来说，家人和朋友是"活下去"和"活得好"最重要的原因。我的父亲，如果任他自生自灭，可能会抽烟、吃饭，无所事事地度过他的一生。虽然我的兄弟姐妹和母亲没能令父亲完全改掉他的坏习惯，但我觉得或许是因为我们坚持不懈地唠叨，父亲终于开始注意饮食、出门散步、按时吃药，在抽烟四五十年后，他终于戒了烟。

两个病房截然不同的情景令人动容。虽然这种情况时有发生，但这种两极分化的人生令治疗团队敏感地意识到，他们的人生轨迹截然不同，却又有所相似。第二天，善良的主治医生做了一个可爱的举动，为那名孤身一人的患者带来了一束秋天的鲜花，还有一份《纽约时报》。相比于各种抗生素，或许这才是我们为她提供的最有意义的治疗。

但论起恐怖，这名患者还远谈不上。就在同一楼层，一位老太太因尿路感染入院治疗，她脸色发灰，两鬓斑白，不仅没有任何朋友、家人或熟人，甚至没有自我。已经处于痴呆晚期的她许多年前就失去了语言能力。瘦骨嶙峋，几乎透过皮肤就能看到骨头。她双眼圆睁，却不是真的在看。即使对她的胸腔猛锤，或者朝着她的耳朵大喊，她也不会有任何反应。

如果患者失去了自主能力，美国法律将指定一名默认医疗代理人，仅限于家属，并根据以下顺序指定：配偶、子女、父母、兄弟姐妹。一些州认可同性伴侣作为首选代理人的地位。因为人们很少在健康时指定代理人，所以默认代理人在现实中其实更为常见。[25] 然而，虽然配偶通常会被指定为默认代理人，但研究证明，并非每个人都认为自己的配偶最适合做他们的代理人。非裔及西语裔美国人更希望女儿成为自己的代理人。[26] 如果家属无法到场，或内部存在冲突，且不急于决定，可以诉诸法庭指定代理人。

在紧急情况下，事态将更加复杂。没有自主能力，并且没有代理人的病人非常棘手，占到了重症监护室死亡病人总数的1/4。[27] 没有人真正知道应该如何为这些病人做出关键的临终决定。美国各州还没有就如何应对这些情况达成共识，一些州完全没有为医生提供任何参考意见。甚至在医学界内部，对于处理这种情况的最佳方法依然存在分歧：美国医学会与美国内科医师协会认为，这些病例应该送交法庭审核；而美国老年医学会认为，应由医生和一些机构委员会评估病例。[28] 这二者都缺乏操作性。司法审查耗时较长、手续烦琐，不符合重症监护室争分夺秒的需要。而后者缺乏第三方意见，因为医院委员会的大部分成员都是本院的雇员或医生，通常缺少利益不相关的独立声音。或许正是由于这些原因，医生们很少在需要做决定时咨询这些机构。

当面对一个无法表达意愿、没有预先指示或代理人的危重病人时，大多数医生通常会向自己的内心寻求答案，或与同事商量。表面上看，这个选择也不错，因为每个患者的情况各不相同，十分复杂，没有比主治医生更加了解他们的人。生物伦理学是医生们终生学习的课程，他们熟悉临终病人所面临的各种问题。许多危重患者在没有代理人的情况下，更愿意把治疗的决定权托付给医生，而非法院指定的代理人。[29] 相比于自己决定，把决定权交给医生治疗效果更好，病人自己也会更加放心。[30]

然而，每位医生对于具体情况的处理不同，他们做决定的依据可以是患者的健康状况，也可以是一些非健康因素。[31] 医生的风格、价值观在医疗决定中的分量，和临床证据一样重。无论何时，如果谈话中只有一个声音，那很有可能是失败的先兆，即使发声人是治疗患者的医生。这就是为什么在病人失去自主能力之前，指定一位医疗代理人是如此重要。我曾工作过的一些重症监护室要求，每名病人在入院时必须指定一位医疗代理人，以便使后续的决定更加顺畅。

打电话给养老院时，我发现法院曾经为这名患有痴呆的女士指定了一位合法的监护人。虽然我们已经治愈了感染，但她的神志越来越混乱，而且毫无康复希望。我拨打了养老院提供的号码，电话那头是一位律师，他一直担任病人的监护人。我向他解释了情况，病人的病情越来越严重，考虑到她本身的状况，如果出现病危，我们很难抢救。但这位监护人似乎不太配合，他说和病人已经多年未见，很难做决定，所以维持现状就好。他希望我们全力抢救病人，但他从没来医院看过病人，只是说自己日程繁忙。

仅仅几天后，我的传呼机在中午时分响了，病人血压骤降，似乎已经到了临终阶段。我立即呼叫重症监护室的医疗小组前来评估病人的情况。虽然我站在床尾指挥调度，但我知道，每位医生护士面对这个场景心里都不是滋味。把这样一位患者送进重症监护室，令她遭受各种痛苦的治疗，听起来绝不是什么好主意，尤其是在我们完全不确定病人本人是否想要这种治疗的情况下。我意识到在这里耗费时间根本没有意义。我让同事接手了病人的治疗，去护士站再次打电话给那位律师。

很幸运，他接了电话。当我们通话时，护士、社工和我们之前咨询过的伦理支持小组都围了过来，满怀期待地看着我。我觉得自己像是一位全民瞩目的医生，正站在圆形的剧场里演出。我告诉他，重症监护室的医生正在做的完全是徒劳的过度治疗。但他依然推脱，认为自己在法律上没有为病人签署 DNR/DNI 协议的资格。当我继续对他施压时，他说："如果有反对的亲属突然出现怎么办？"我告诉他，在这种情况下，这不太可能，也根本不重要。他最后终于同意，此时放弃进一步的治疗，才符合病人的最佳利益。几分钟后，一份签名的 DNR/DNI 表格缓缓从传真机中被打印出来。

当我挂掉电话时，每个人都还在看着我。其实在谈话前，我们已经多次联系这位律师，他的态度终于缓和了。法定监护人并非没有潜在的利益冲突：他们以年为单位获得报酬，因此，把支票送去他们办公桌的是病人的寿命，而不是病人的生活质量。³² 就在那一刻，我体会到一种前所未有，甚至任何手术或演讲成功后都无法比拟的欣喜。我们团队的唯一目标是病人的最佳利益，那些不能发声的病人是最弱势的人群，这微不足道的片刻对我和在场鼓励我的人们来说意义非凡。

✦✦✦

白天的医院喧闹、忙碌，充满了生机，尽管有一些故事的结局已经注定。但在夜晚，这里就会变成另一幅场景，更加安静、黑暗，像一潭死水，浸入墙壁和地板，侵蚀着这里的居住者。医院的夜班工作人员也很独特。许多护士只值夜班，而且十分享受这种自由。一家医院中，值夜班的医生数量可能是白天的 1/10，而且往往是医院的底层。我自己也没有完全对夜班习以为常。

就在这样一个晚上，我值班负责约 60 个病人时，收到了护士的通知，一名接受骨髓移植的病人死亡了。这在我意料之内。这位老人已经和淋巴瘤对抗了多年，家属最终决定，进一步的治疗没有意义，转走"保守路线"，放弃一切刻意延长寿命的维生治疗。实习医生猜到病人命不久矣，已经提前替我填好了死亡证明书备用。

我走进病房，屋里一片漆黑，然后我打开了床头的台灯，暖黄色的灯光暴露出一张凹陷的脸，眉骨在脸上投下深色的阴影。病人脸色灰白，和包裹着她的床单颜色一模一样。她的脸颊极其凹凸不平，甚至令人怀疑骨头会在她的嘴里相碰。这是我第一次见她，而她刚刚死亡，这种感觉其实很怪异。

宣布死亡之后，我还需要通知家属这个糟透了的消息。我找到了病人丈夫的电话号码，打了过去。他的声音很急促，我确定当他看见医院的来电显示时，已经做好了最坏的准备。介绍完自己的身份后，我告诉他，他的妻子过世了。接下来是一段沉默，而沉默之后出现了一句我万万没想到会听到的话："谢谢你，医生，谢谢你告诉我。"我简直受宠若惊，除了让他知道病人走时没有任何痛苦，我没有任何能说的。我转身回去填表格，发邮件给病人的主治医生，考虑要不要通知州验尸官。正处理这些事情时，病人的丈夫带着儿子赶到了医院。他们都穿着睡衣，看起来就像刚起床却发现自己站在一辆急速驶来的卡车面前。护士带他们进去，病房在他们来之前已经收拾好了。

我跟着他们进了房间，把手放在病人丈夫的肩上，告诉他我很难过。他崩溃道:"我也一样。"护士比我更了解这家人,她握了握他的手,我拿起手边的纸巾盒。护士打开自己的手机,给丈夫看妻子生前的照片,她穿着病号服躺在床上,身边还有一只小狗。就在上周需要安排她的小狗来看她时,移植团队还在犯难。丈夫说:"她挣扎了这么久,或许就在那之后,她觉得自己的时间到了。"

我正准备回答,传呼机又响了,我不得不去处理新情况。离开房间之后,我再也没见过这位家属和死者。很快,护士把病人转移到停尸房,病房马上被清理干净,以供下一位病人使用。第二天早晨其他医生上班时,我告诉他们患者已经死亡,实习医生叹了口气,但没有时间去多想,毕竟还有许多其他病人需要操心。

相比于我们对于防止和推迟死亡的执着,医学并没有为失去亲人的家属做任何准备。这就回到了一个事实:医生对于家属和护理人并没有任何法律责任。是平静的死亡,还是痛苦的死亡,好像没那么重要。这往往令家属犹如经历了狂风暴雨之后被困在孤岛上。

长久以来,当生命的终点临近,而且看起来不那么美好的时候,人们就会拉上窗帘,关上房门,让家人离开,由医生和护士开始抢救。对于希望得到全力抢救的病人,结果通常就是医生交叠手指,伸直手肘,一次次反复按压病人的胸腔。身上插着无数针管,脸上带着氧气面罩,而昏迷的患者已经毫无知觉,这是大多数人对于临终的印象。显然,这是一种残忍、病态、混乱的终点，这也是多年来医生把家属挡在门外的原因，希望那不是家人对于病人的最后记忆。

至今为止，2/3 的北美和欧洲医生认为，心肺复苏不适合家属目睹。[33] 总体来说，医生反对进行心肺复苏时家属在场有两大原因，他们不仅担心家属妨碍已经乱作一团的场面，更担心他们精神受创。

在做住院医生的时候，我看到过许多骇人的场面，但很少有能让我记忆犹新的，它们都会被一波波更骇人的场景所取代。然而，很少有其他场景能像心肺复苏那样，能留下持久的印象。

面对这种现实，人们对于在这场"恐怖真人秀"中为家属提供前排座位的兴趣越来越大。正如此前提到的法国的一项研究显示，调查中 4/5 的家属愿意目睹心肺复苏，相比于拒绝的家属，目睹了该过程的家属发生焦虑和创伤后应激障碍的比例更低，即使是在抢救过来的患者的家属中，结果也是如此。[34] 这并不符合心肺复苏刚出现时的原则。然而，这项研究远未结束"家庭成员是否从这一有利位置中受益"的辩论。如果说它与其他研究有什么不同，那就是它对病人去世后的应尽事宜有所启示。其结果不言而喻（只有 3% 的病人在心肺复苏后一个月还活着），所有家属都可以接触到经过专业训练的医生，以及一名负责解释心肺复苏所有细节的专业人员，心肺复苏后还会有医生简要汇报情况。[35] 但实际中的情况完全不同，我能从这项研究中得到的信息是：只训练医护人员，使他们提高按压胸骨的速度是远远不够的。与此同时，随着医生需要接待的患者越来越多，如果没有专业社工或咨询师的帮助，医生有效提供专业意见的能力可能会受到限制。以下是我所了解的关于心肺复苏的知识：在心肺复苏的开始阶段，建议每分钟按压 100 次左右，节奏恰巧与"比吉斯乐队"（Bee Gees）演唱的《活着》（*Stayin' Alive*）同步。后续研究证明，模拟迪斯科舞曲速度的医生在进行心肺复苏时表现更好。[36] 因为老师这样教，所以当我在给临终病人按压胸腔时，脑子里想的全是这首歌。但近期研究表明，把心肺复苏的速度提高至约 125 次每分钟效果更好 [37]——这相当于"金属乐队"（Metallica）的《睡魔来袭》（*Enter Sandman*），或者"枪炮玫瑰乐队"（Guns N' Roses）的《欢迎来到丛林》（*Welcome to the Jungle*）的节奏。而在医院外进行心肺复苏时以《活着》作为背景音，病人存活率只有 3%，这太讽刺了。

虽然我曾经接受过关于如何进行心肺复苏，以及心肺复苏成功后该怎么做的系统训练，但从没有任何课程教过我如果失败了该怎么办。这使得我只能依靠自己现场应对的能力。当我在心内科重症监护室实习时，来了一位刚插完心脏导管的病人。医生陪着病人出来，告诉家属手术极其成功：病人之前胸痛难忍，心脏已经缺血数小时，而现在供血充足。他的声音里包含着这么多的安慰，以至于我完全没想到这一刻会成为我的可怕回忆。家属正与病人在病房中聊天，气氛就像是在庆祝节日，可就在此时，病人的血压突然下降。我预感抢救即将开始，于是询问病人的妻子是留在病房里还是离开。她决定留下来，其他人去家属区等待。在病人心脏停止跳动的前一刻，一位医生发现，这次发作已经在他的心脏上留下一个破洞。

每次蓝色警报做胸腔按压的总是我，正当我这么想时，我瞥见病人的妻子正在一旁看向这边，四周都是医护人员。我的眼前闪过几分钟前的画面，我们所有人都在恭喜她和家人，她的丈夫手术取得了圆满成功。似乎是永恒，又或者一瞬间，一切都结束了。受过的培训令我足以应对这种时刻，但仅此而已。

我推开玻璃门，护士正用白床单盖住她的丈夫。我走到她身边，不敢直视她的眼睛。我说，这次抢救我们失败了，话音没落她就开口道："你们尽力了。"我的大脑一片空白，不知道该说些什么。只是凭着直觉，流着泪紧紧地拥抱了她。

第11章

何时渴望死亡

我们见面几个小时后，拉斐尔开始对着一张纸大声朗读。有人递给我一份影印件，这是 1988 年发表在《美国医学会杂志》上的文章，只有一页纸。前几天，既是医生也是诗人的拉斐尔·坎普（Rafael Campo）邀请我和其他几位住院医生去他家做客，开一个写作研讨会。我们对那些动人而有力的故事都十分感兴趣，拉斐尔选出了一篇他认为尤其感人的。这篇文章的标题是《都结束了，黛比》（"It's over, Debbie"），不同寻常的是，文章作者的姓名"应要求被隐去"，这勾起了我们的兴趣。[1] 但那是在我们读这篇文章之前。

医生执笔的奇闻逸事大多发表在医学期刊上，这篇文章的开头也有些类似：一位睡眠严重不足的住院医生，在午夜收到呼叫。作者是一位正在接受培训的妇科医生，夜班时被告知一名患者"无法休息"。他在进一步检查病情时，本以为病人是一位老人，却没想到看见一位 20 岁出头的少女，名叫黛比。这名年轻的病人患有晚期卵巢癌，"持续呕吐""呼吸困难"。一名棕黑色头发的护士站在她身旁，一边紧紧地握住她的手，一边安慰她，等待值班医生的到来。作者写道："唉，我觉得这实在令人痛心。"

作者继续描写了癌症病房里常见的场景："病房里满是绝望的病人，为活下去无望地挣扎着……这里是她的刑场，残忍地嘲笑着她的青春和来不及实现的无数种可能。"然而，接下来发生的情节令我从头到脚不寒而栗。

"她只对我说了一句话：'帮我结束这一切吧。'"回到护士站，一个想法在作者脑中徘徊，"我给不了她健康，但我能让她休息"。于是，他拿起注射器，抽出 20 毫克的吗啡，走向病房，把吗啡注射进病人的血管。作者写道："毫无疑问，4 分钟之内，她的呼吸变得更加缓慢，随着一阵不规律的呼吸声后，彻底停止了。"

这篇文章读来很短，不超过 500 字，但对拉斐尔而言并非易事，尤其是读出最后一句"都结束了，黛比"。

很少有像这最后一句一样，能让我觉得更加残忍的文字了。后来我才知道，受到触动的远不止我一个人，这篇发表在《美国医学会杂志》上的文章引起了轩然大波。杂志社收到了无数针对这篇文章的信件，这是该杂志一个世纪以来得到反馈最多的文章。[2] 几乎所有医生都反对这篇文章，以及它所谓的深远影响。于是在发表了《都结束了，黛比》之后，该杂志又刊登了一篇或许是有史以来最尖锐的评论：

　　　　通过刊登这篇文章，他（《美国医学会杂志》的编辑）蓄意宣扬犯罪，包庇罪犯。故意将最严重的医疗不

当行为公之于众，却令作恶者免于专业审查审判，继续
行医却不受任何谴责抗议，甚至秘密处死其他医生的私
人病人……正当守法的公民绝不会蓄意搅动舆论，讨论
令人发指的野蛮行为，比如奴役、乱伦，或者杀死我们
自己的病人……医学的灵魂正在经受考验。[3]

这场风波并没有在《美国医学会杂志》的一页页文字中
平息。愤怒的纽约市市长埃德·科克（Ed Koch）称这篇文
章为"自首书"，要求司法部部长埃德温·米斯三世（Edwin
Meese Ⅲ）责令杂志社公开关于此次事件的更多信息。[4]"该
案涉及的不是一份信息，而是一份杀人犯的认罪书。"伊利
诺伊州总检察长理查德·戴利（Richard Daley）采取了行
动，向位于芝加哥、负责监督该杂志的美国医学会发出传
票，要求公开该文章所有相关文件，包括作者的姓名。伊利
诺伊州库克县大陪审团要求移交所有记录至州法院，进行进
一步的审理。[5]

阴谋论也开始发酵，许多人甚至不相信作者的描述是真
的。法医也曾质疑 20 毫克的吗啡是否足以致人死亡，而且是
在 4 分钟内。[6]而临床医生觉得这种情况不合常理。一些人说，
没有哪个医生会在几乎不了解病人的情况下做这种决定。[7]当
时，该杂志的编辑乔治·伦德伯格（George Lundberg）承受
着巨大的压力，他的几位编辑同事曾反对这篇文章的发表，
但他一意孤行。[8]甚至有传闻称，这篇文章是伦德伯格身为英

语教授的妻子杜撰出来的。[9]

在《都结束了，黛比》引发的风波后，各方舆论继续对美国医学会施压，要求其公开作者的姓名，并取消该文章的发表资格。一波未平，一波又起，这场辩论中最重要的利益相关者——患者和公众开始发声。一位母亲因罹患癌症而去世的年轻女士这样写道："我强烈同意，只要病人想结束自己的生命，无论是通过注射吗啡还是其他结束生命的药物，就应该拥有这份权利，谁也没有权利让他们继续遭受痛苦。"[10]还有人说："为这位医生鼓掌，因为他更在乎的是病人的痛苦，而不是那些残忍、过时的职业道德和法律。"亚历克斯·哈代（Alex Hardy），一名患有晚期转移性癌症的病人写下了最感人的一段话：

> 一路走来，我见过太多托词、搪塞和虚伪的道德。大多数医生不愿面对病人即将死亡的事实，连讨论死亡的医生都少之又少。医生们常说，自己无法"扮演上帝"，然后就撤下了维生设备。可是连接设备的时候，难道他们不是在"扮演上帝"吗？……我唯一担心的，就是一些执迷不悟的医生非要违背我的意愿让我活下去。活着不是靠机器或大量吃药存在于这个世界上。一个人必须有思考、工作的能力，并能参与到日常生活中（即使只是一些琐事）。[11]

写完这篇评论后不到一个月，亚历克斯·哈代就离开了
人世。《都结束了，黛比》中，作者的描述涉及许多内容，
从医助自杀到安乐死，从仁慈的杀人犯到冷血的刽子手。
在许多方面，这篇文章浓缩了当代文化中最富争议的话题
之一。

✦ ✦ ✦

安乐死和医助自杀的历史中经常出现一些疯狂的历史
人物，如在芝加哥工作的医生哈利·J. 黑兹尔登（Harry J.
Haiselden）。20 世纪初，作为安乐死及优生学的公开支持者，
他说服了一对父母，同意他们患有梅毒的孩子约翰·布林格
（John Bollinger）死亡，因此成为全美国关注的焦点。虽然
芝加哥医学会威胁要取消他的行医资格，但大陪审团宣布他
无罪，这让他得以继续为患有疾病的儿童安排死亡。

然而，像许多雄心壮志的优生学倡导者一样，黑兹尔登
并没有止步于此，他开始创作自己毕生的大作 —— 一部名为
《黑鹳》（The Black Stork）的电影。这部半自传性质的作品
描绘了他的一生和追求，黑兹尔登在电影中饰演自己，一位
为减少世界劣等人口而奋斗的正直医生。在这部颗粒感十足
的黑白电影中，一个场景的镜头聚焦在一位深色头发的女士
身上，她脸色苍白，眼圈发黑，挂着已经花了的烟熏妆。身
旁的护士帮她整理头发时，她醒了过来，随后突然想起了刚
发生的一切：她刚刚生下一个孩子。襁褓中的婴儿正在房间

的另一头安静地躺着。

站在孩子身旁的是一位高个子的白人男子，头发浓密乌黑，穿着深色外套。这正是饰演自己的黑兹尔登，他用厚实的手掌抚摸着婴儿。他一言不发，也无须多说，因为他的手已经向观众展示了一切。这孩子唯一明显的缺陷是营养不良。他时而像个富有爱心的医生，温柔地抚摸婴儿，时而十分粗暴，像是对待破娃娃的脑袋一样把婴儿的头转来转去，像挑选肉排一样检查这个婴儿。当护士准备接手时，却受到黑兹尔登的责备，画面上出现了他的台词："有些时候，救人性命是比取人性命更大的罪恶。"

黑兹尔登的行为得到了全国性的关注，尽管受到许多权威专家的批评，他依然可以继续他的做法。[12]芝加哥医学会经过投票，取消了他的会员资格，但主要原因是他过于渴望曝光率，而不是他的所作所为不符合道德伦理的要求。[13]他的电影以不同的片名放映，如《你适合结婚吗？》（*Are You Fit to Marry?*），但直到 20 世纪 40 年代，也就是黑兹尔登 1919 年逝世后的很多年，这部电影才在电影院正式露面。

"安乐死"和"医助自杀"有时被混为一谈，但其实差别很大：安乐死是由医生本人实施导致病人提前死亡的行为，而在医助自杀中，医生只是向病人提供死亡手段，通常是开出剂量足以致死的镇静剂处方，让病人根据自己的意愿具体实施。二者相比，安乐死的历史更悠久，而医助自杀兴起于近代，更强调病人的自主权。

安乐死的前身——自杀——自古有之。但大多数时候，尤其在西方传统中，自杀被认为是一种罪恶、卑劣的行为。但有一些文化不仅包容自杀，甚至在某些情况下会鼓励自杀。

关于西方传统对自杀的态度，我们可以从古犹太教的记录中推知一二。对犹太教的文献分析可以得知两种自杀者的形象——参孙（Samson）式的英雄，或者扫罗①（Saul）式的耻辱。参孙是古以色列一位力大无穷的士师②，撞断了非利士人的神庙中的两根柱子。参孙明知道这样做会导致自己死亡，但这是唯一打败非利士人的机会，所以他依然这样做了，因此这种死亡被描绘成"英勇之死"。[14]然而在大多数情况下，自杀被描绘为可耻、失败的行为，如扫罗、心利③（Zimri）和亚比米勒④（Abimelech），这些暴君都是自杀的。[15]虽然存在这种描写，但文献中并没有对自杀做出具体的道德评价。

古希腊社会是第一个将安乐死和医助自杀推向主流的社会。古希腊虽然将健康推崇为所有美德之首，却并不认为不惜一切代价延长生命是医生的责任，除非这是病人的特殊要求。公元前 5 世纪，斯巴达国王帕萨尼亚斯（Pausanias）认为，最好的医生会尽快埋葬病人，而不是强行把他们留在人世。公元 1 世纪，古罗马百科全书作家塞尔苏斯（Celsus）

①　以色列联合王国的首位君主。——译者注
②　以色列建立国家之前的临时性军事首领。——译者注
③　以色列联合王国分裂后，北以色列王国的第六任君主。——译者注
④　《圣经》中十大恶人之一，自封为荆棘王。——译者注

在自己的作品《论医学》（*De Medicina*）中记录了古希腊社会对于晚期疾病的主流看法："一位智者首先不会接手自己无法救治的病人，其次不会惧怕杀死一个注定死亡的人。"[16]

在古希腊社会中，自杀是一种被广为接受的行为，对于一些患有膀胱结石和头痛的病人，医生会帮助他们切开静脉，结束生命。公元 1 世纪，古罗马百科全书作家老普林尼（Pliny the Elder）在他七本著作之一的《自然史》（*The Natural History*）中描绘了菲莱的伊阿宋（Jason of Pherae）的事例，他的胸腔里长了一个脓肿，在"众多医生放弃医治之后，他决定在战斗中结束自己的生命，在战场上，他胸膛负伤，借敌人之手找到了治疗自己疾病的方法"。[17]

✦ ✦ ✦

《希波克拉底誓言》（Hippocratic Oath）被许多人奉为医生职业定义的圣典。它不仅是西方医学院的必修课，更是全球医学生入学仪式的一部分，与"授予白大褂"等仪式同等重要。表面上，《希波克拉底誓言》可以简化为一句箴言——"请勿伤害"，但这背后隐藏了诸多细节。我们不仅不知道《希波克拉底誓言》中有多少部分是由希波克拉底本人撰写，更无法确定撰写的年代是在公元前 5 世纪到公元前 1 世纪中的哪个时间段。

与安乐死争议相关的最著名的一条誓词便是："我不得将危害药品给予他人，并不作此项之指导，虽然人请求亦必不与人。"①18 原文同样禁止医生为女性实施堕胎手术。从这些誓词中可以看出，希波克拉底的信仰与古希腊数学家毕达哥拉斯十分相似。毕达哥拉斯与他的追随者们相信"灵魂转世说"，以及生命的神圣性，认为任何人都没有任何理由主动结束自己的生命。19 因此，他们认为这种手术理应被禁止。虽然缺乏证据，但很明显，该誓言在罗马帝国崛起时期并不被大多数古希腊医生所接受。随着希腊哲学的一个分支——斯多葛学派的兴起，《希波克拉底誓言》中反安乐死的要求愈发销声匿迹。斯多葛学派的学者相信，人生应当受到理性的引导，才能探寻宇宙的秩序，获得自由。对于斯多葛学派来说，终极目标就是战胜死亡。斯多葛学派哲学家塞涅卡（Seneca）曾说："必须活着是一种罪恶，但人们并不是必须得活着……感谢神明，没有人可以被强迫如此。"20 斯多葛学派坚持着自己的信仰。马尔库斯·波尔基乌斯·加图（Marcus Porcius Cato），又名小加图，是尤利乌斯·恺撒（Julius Caesar）的劲敌。一提到他，人们常常想起《加图，一部悲剧》（*Cato, A Tragedy*）中的一句话——"不自由，毋宁死"（Give me liberty or give me death）。21 塔普苏斯之战中，加图被恺撒击败。他不愿受辱，试图用剑自杀却未能成功，身受重伤。然后，他撕开自己的伤口，残忍而恐怖地结束了自己的生命。22 斯多葛学派的创始人芝诺（Zeno）

---

① 摘自中文版《希波克拉底誓言》。——译者注

同样如此。某天，他讲完学走在回家的路上时突然被绊倒，磕破了自己的脚趾。芝诺认为这是上天的指示，于是闭气窒息而亡。[23]

最终改变局面的是君士坦丁大帝。这位罗马皇帝皈依了基督教，在欧洲大陆传播基督教教义，提高基督教的地位。基督教坚信，人的生命属于上帝，是上帝赐予我们的礼物，在任何情况下都要保护神明。古罗马神学家圣奥古斯丁（Saint Augustine）明确表示："法禁止自杀，汝不可杀戮。"[24] 基督教的影响之大，令曾经被斯多葛学派大肆宣扬的理性自杀在欧洲大陆上销声匿迹。到了中世纪，"神学界之王"圣托马斯·阿奎那（Saint Thomas Aquinas）进一步反对自杀，称这种行为违背自然、罪不可恕、危害社会。[25] 因此，在近两千年的时间中，自杀和协助他人自杀不仅违法，更是犯罪。自杀者的财产将被充公，其本人也将蒙受耻辱。

直到文艺复兴时期，这种现状才开始受到质疑。文艺复兴将当时所有的传统习俗付之一炬，并且挑战宗教对死亡权的态度。托马斯·莫尔（Thomas More）是亨利八世统治时期的大法官，也是一名天主教圣徒，在 1516 年撰写了《乌托邦》（Utopia）一书。莫尔在书中描绘了他理想中的完美社会。乌托邦与基督教最核心的信仰形成冲突，比如：牧师可以是男人，也可以是女人，甚至可以结婚；允许人们信仰各种宗教，甚至不信教；允许人们轻松离婚。乌托邦中对于死亡的态度也十分超前："人们围坐在无药可治的病人身旁，与他们聊天，尽其所能减轻他们的痛苦，以此来安慰他们。如果这些绝症患者已经无法忍受活着，法官或牧师应当毫不犹豫地批准安乐死……如果病人同意，他们可以绝食，或者使用药物，毫无痛苦地结束自己的生命。当然，生活在乌托邦的人在没有得到病人的允许前绝不会轻举妄动，也不会懈怠自己的职责。"[26]文艺复兴期间，人们不仅重新开始讨论安乐死，而且争议愈演愈烈。1605 年，弗朗西斯·培根（Francis Bacon）区分了"内心安乐死"（inward euthanasia）与"表型安乐死"（outward euthanasia），前者是灵魂的平静离世，后者是身体的无痛死亡。[27]他认为，神职人员和家属有助于提供内心安乐死，而医生所提供的更多是表型安乐死。但培根所建议的并非"主动安乐死"（active euthanasia），即使用药物或手术的方式加速病人死亡，而是通过"被动安乐死"（passive euthanasia）来减轻疼痛和痛苦。

戴维·休谟（David Hume）是启蒙运动中的哲学家，倡导经验主义，强调实证逻辑及人生经验高于一切。休谟对于自杀有着自己的独特见解。1775 年，他发表了《论自杀》（"On Suicide"）和《论灵魂不朽》（"On the Immortality of the Soul"），由于引发了广泛争议，休谟又从文集中删去了这两篇文章。直到休谟逝世后，这两篇文章才重新发表。[28]

虽然在休谟举世闻名的文章中没有明确讨论安乐死，但他巧妙地暗示过这个话题："自杀或与我们的利益、责任紧密相关，不应受到任何人的质疑。生命不应该因年龄、疾病或财富沦为一种负担，否则生命会比死亡本身更糟糕。"休谟认为生命的伟大意义不应该被局限在某些具体的规则中："对于宇宙而言，人类生命的意义并不比一颗牡蛎……一头走兽、一只鸟儿，或者一只昆虫来得高贵……只要我有这个能力，我绝不把改变尼罗河或是多瑙河的河道当作犯罪。那为什么令区区几盎司的人类血液从它们自然的航道中流出就成了一种犯罪呢？"休谟得到了许多认可，他的支持者们虽不支持自杀，但极力反对将自杀列为犯罪。

然而与此同时，安乐死依然遭受着强烈的抗议，尽管反对程度与"黑暗的中世纪"相比相差甚远。与休谟比肩的经验主义者约翰·洛克（John Locke）认为，既然人类是由上帝创造的，那么自我伤害就相当于侵犯了上帝的财产权。因此，他坚持反对任何形式的自杀。[29] 人类被认为是身体的管理者，而身体是上帝托付给他们的，因此人类无权伤害自己的身体。"一个人所能拥有的最大权利是拥有自我，他不能夺走自己的生命，也没有另一种权利高于此。"[30] 德国哲学家伊曼努尔·康德（Immanuel Kant）与洛克一样，将"故意结束生命"认为是道德败坏的表现。[31]

文艺复兴和启蒙运动解放了人们对于安乐死的思想束缚。但直到 19 世纪，麻醉得到发展，阿片类镇痛药得以广泛应用，各种手术开始兴起，安乐死的争议才从哲学家的文章中走向病人的床边。可也是在此时，死亡权的辩论开始混杂更阴险叵测的部分——杀人权。

✦✦✦

"安乐死"（euthanasia）一词源于希腊语："eu"代表"良好"或"健康"，"thanatos"意为"死亡"，"euthanasia"的字面意思就是"好的死亡"。但是，如果你和普通人交谈，大多数人对"安乐死"这个词并没有正面的看法。事实上，许多人觉得"安乐死"听起来恰恰像"善终"的反义词。这一观念并非自古如此，而是在 19 世纪到 20 世纪上半叶逐渐形成的。

19 世纪初，德国药剂师弗雷德里希·瑟图纳（Friedrich Sertürner）成功从鸦片中提取了吗啡。吗啡得到了广泛的应用，尽管在某些情况下使用吗啡会受到批判。比如，一些基督教信徒拒绝在分娩时使用吗啡，因为这违反了《圣经》中上帝的判罚——"我必多多加增你怀胎的苦楚，你生产儿女必多受苦楚"。[32] 但最终，这些问题得以解决，19 世纪上半叶，麻醉在全世界范围内飞速发展，乙醚被成功用作全身麻醉剂，这些进步令医生可以舒缓疼痛、控制意识。随即，麻醉剂和止痛剂被应用于手术中，各种类型的疼痛都可以得到明显缓解，这是史无前例的。

约翰·C. 沃伦（John C. Warren）是《新英格兰医学杂志》的创始人，来自医学世家，他的父亲曾经在美国独立战争中为托马斯·杰斐逊（Thomas Jefferson）效力，并于 1782 年创立了哈佛医学院。沃伦首次公开展示了如何在外科手术中使用全身麻醉，这是他最著名的手术。然而，沃伦意识到，乙醚除手术之外还有其他用途。他在自己的著作中详细描述了使用乙醚麻醉的经验，并建议扩大乙醚的用途，以此减轻病人临终阶段的痛苦："乙醚可以自如应用于外科手术，减轻痛苦，这启发了我，我们可以更加自由果敢地运用它……考虑到不得不在生死线上挣扎的病人远多于被迫承受外科手术痛苦的病人，乙醚的价值将得到极大提升。"[33] 沃伦发现，乙醚在减轻临终痛苦中具有重大价值，他认为："如果我们找到了减轻或防止疼痛的方法，我们或许可以不用恐惧，甚至可以平静地看待这个巨大的变化。"

事实上，根据沃伦所述，麻醉在某些情况下已成为安乐死的阻碍。"必须动手术'挨刀子'的恐惧令病人胡思乱想……难怪许多人无法接受手术，也难怪一些深陷绝望的人宁愿用自杀的方式率先了结自己的痛苦。在这座城市里，曾有一位患有膀胱结石的先生因为惧怕手术而选择自杀。"[34]

虽然约翰·沃伦从未开出乙醚、氯仿或吗啡来结束任何人的生命，但人们觉得这只是时间的问题，迟早会有人这样做。后来，主动安乐死果然成为一种模式，但它的支持者并不是医生。

"伯明翰猜想俱乐部"（The Birmingham Speculative Club）是一个由哲学家和思想家组成的小圈子，他们聚集在一起讨论公众利益，而后将这些演讲内容公开出版。其中最有影响力的一篇演讲发表于 1870 年，作者的姓名至今仍不为大众所熟知，他叫塞缪尔·D. 威廉姆斯（Samuel D. Williams）。面对听众，他提问到："为什么即将动手术的病人可以免于疼痛，而因造物主的寿命法则痛苦不已的临终之人，却要被置于毫无帮助和希望的境地？"[35] 他随后提出了自己的观点："在所有绝症或病痛中，只要病人愿意，医务人员就有责任提供氯仿注射……以便立即摧毁意识，使病人快速无痛地死去。"威廉姆斯补充道，前提条件是"采取一切必要的预防措施，避免任何滥用职权的可能性，并且需要各种方法确保这种治疗是出于患者本人意愿"。

这一演讲被广为传播，并发表在了极有影响力的杂志《大众科学月刊》（*Popular Science Monthly*）上。到了 19 世纪与 20 世纪的世纪之交时，许多非医学人士开始发声支持主动安乐死，其中就包括哈佛大学艺术学教授查尔斯·艾略特·诺顿（Charles Eliot Norton），以及后来任美国律师协会主席的知名律师西缅·E. 鲍德温（Simeon E. Baldwin）。[36] 这些观点在一定程度上影响了俄亥俄州寻求安乐死合法化的法案。该法案虽然遭到否决，却是美国第一份提交并投票表决的此类法案。

但当时的医学期刊（一些至今仍保持着重要地位）依然固执己见，强烈反对任何关于"医生应该协助病人死亡"的建议。《美国医学会杂志》和《英国医学杂志》表示，如果安乐死合法化，医生就变成了"刽子手"。[37]

与此同时，虽然医学界断然拒绝主动安乐死，却在迎合一个更加黑暗，甚至道德沦丧的概念：优生学。优生学引用了达尔文的《物种起源》（*On the Origin of Species*）中对生命的认识——"医护人员竭力挽救每一个人的生命，直到最后一秒……因此，文明社会中的弱势成员才有机会繁衍生息。凡是养过家畜的人一定会质疑这种对于人类整体而言十分有害的做法"。[38] 优生学运动的一个特别点，是针对儿童，以及某些"智力缺陷"或"弱智"的个体。"一战"后，优生学在德国和美国被广泛接受。到了 1926 年，美国已有 23 个州通过了绝育合法化的法案。[39] 许多实行自愿绝育的州在现实绝育时并不需要征得当事人的同意，这使得绝育实际上是非自愿的。[40] 此外，绝育的重点群体是少数族裔和外国移民。[41] 截至 1944 年，美国有文献记载的绝育者已经超过 4 万人，在 1943 年至 1963 年之间，有 2.2 万人做了绝育手术。[42] 在当时，绝育不仅不是什么秘密事件，甚至得到了主流医学协会及法院的认可和鼓励。1933 年《英格兰医学期刊》的一篇社论表示："智力缺陷人数增加而导致的社会负担是灾难性的。首先，智力不正常的人群更有可能犯罪……我们应认识到，我们的人口可能会被智力残缺的人群代替。"[43] 当时的编辑们预见了纳粹优生学的计划："对于残障人士的生育限制，德国或许是最激进的国家……个人必须臣服于更大的利益。"[44]

法院也持相似的态度，里程碑式的 1927 年"巴克诉贝尔案"（Buck v. Bell）充分体现了这一点。[45] 卡丽·巴克

（Carrie Buck）在母亲因卖淫被拘留后，被交由寄养家庭照顾。在巴克年仅 17 岁时，她被养母的侄子强奸并怀孕。巴克的养父母认为家丑不可外扬，因此将巴克送到了弗吉尼亚州的癫痫弱智收容所，这里的工作人员将根据 1924 年颁布的《弗吉尼亚州绝育法》（Virginia Sterilization Act）对巴克进行绝育。案件上诉至美国最高法院，法院最终以 8∶1 的投票结果支持了该州对巴克绝育的权利。判决结果中，最高法院大法官奥利弗·温德尔·霍姆斯（Oliver Wendell Holmes）这样写道："这种做法对于整个世界更好，与其坐等这些弱智者的后代在将来因犯罪受到处决，或者是任由他们因为饥饿而死，不如由社会禁止这些残障者生育后代。目前推行强制接种疫苗取得的成效足以说明切除输卵管的重要性。强制预防的原则自然可以包括切除输卵管。"[46] 直到 20 世纪 70 年代末，这份判决的根据——《弗吉尼亚州绝育法》才被正式废止。

优生学运动虽然在第二次世界大战后一蹶不振，但许多人仍然把它与安乐死相提并论。安乐死的争执主要在于其定义，一些人总是试图将安乐死等同于优生学或是"死刑"之类的词汇；另一些人则试图将安乐死与它们划清界限。关于安乐死的所见所闻，对我们明白自己在这场无休止的辩论中选择何种立场是十分重要的。

✦✦✦

第一次世界大战后的几十年中，医疗技术出现了爆炸式发展，包括机械通气、心肺复苏，以及那些几乎肯定能维持生命的技术。直到"凯伦·安·昆兰案"，人们才意识到这些发展，"昆兰案"就此成为病人重获表层自主权的开创性事件。虽然最高法院支持了患者"不再进行干预"的诉求，但并未对患者的死亡权做出评论。"昆兰案"的判决对于安乐死的支持者来说是胜利的一大步，但巨大的挑战摆在了他们面前。仅是"安乐死"这个词，就会引起人们脑海中最恐怖的联想。虽然安乐死的原则（如自主权、自由生存权、自主决定权）一直以来都得到了公众的支持，但很少有人喜欢其中囊括的各种细节内容。

因此一场形象重塑行动随之而来，这也是一场声势浩大的改名运动。美国安乐死协会（Euthanasia Society of America）先是更名为"死亡权协会"（Society for the Right to Die），随后又更名为"临终选择"（Choice in Dying）。虽然安乐死运动的支持者最初把安乐死称为"无情的解脱"，但在 20 世纪 80 年代至 20 世纪 90 年代间，"临终救助"成了安乐死的新名字，特别是在 1991 年华盛顿州安乐死合法化运动失败期间。[47]加利福尼亚州和华盛顿州安乐死合法化运动的失败，意味着安乐死立法又回到了原点。安乐死调查研究指导组织的问卷结果表明，当下的热词是"尊严死亡"。[48]

这不仅被潜在投票者认为是最容易接受的说法（或最委婉的用语，取决于你的立场），还暗示了那些死于严重疾病或抢救失败的患者毫无尊严。[49]如何称呼非常重要，以至于评论家难以就安乐死的定义达成一致。"痛苦""无痛""解脱"这样的词语与"无痛致死""自杀"在本质上没什么差异，都是道德上的曲解。这些选词不仅对于哲学家和倡议者很重要，对投票人和病人也有着深远的影响。我在肿瘤中心工作时了解到一些一手信息，在医院，如果患者和家属想要放弃后续的维生治疗，可以选择一种名为"仅舒适治疗"（Comfort Measures Only，CMO）的方案。这种疗法的受众常常是临终关怀的患者，但不同的人对其有不同的理解。"仅舒适治疗"对大多数患者来说，意味着不再直接缓解症状，如不再接受实验室检查、重要生命体征监测、抗生素治疗，以及补液等治疗；而对另一些病人来说，输液维持心跳或防止液体在肺部积聚，保持肺部循环，可能被认为是"舒适治疗"。

在肿瘤中心工作时，我曾经照顾过一位肺纤维化的病人。这位病人已经患病数年，且具有遗传倾向，她的两个姐姐已经被这种疾病夺去了生命。肺纤维化即肺部失去弹性，逐渐被一种僵硬的纤维成分代替，无法交换氧气。这种疾病不可逆转，会进行性加重。病人越来越依赖氧气罐呼吸，最终会因无法呼吸或其他并发症而死亡。在这位病人的病例中，伴随出现的疾病是肺癌。她被送进了医院，开始化疗，不得不持续带着巨大的氧气面罩，三周后，她觉得再也无法忍受这一切了。

于是我找来姑息治疗的医生，帮助我们移交病人。当我说这位病人可能只接受"仅舒适治疗"时，姑息治疗专家告诉我，她不喜欢这个词，宁愿称其为"集中舒适治疗"。她告诉我："与其让病人感到我们正在隐瞒什么，不如让他们知道我们正在做更多的事情。"

视觉呈现也很重要，没有人比杰克·凯沃尔基安（Jack Kevorkian）更了解这一点。他是一位病理学家，也是 20 世纪下半叶最著名的安乐死支持者。凯沃尔基安坦言，曾帮助数十名病人实施安乐死。1994 年至 1997 年，他被 4 次带上法庭，但都被宣判无罪或指控无效。直到 1998 年，他在一档名为《60 分钟》（60 Minutes）的电视节目中向全世界展示了一段视频，视频中他为遭受肌萎缩侧索硬化症折磨的病人注射了致命药物，帮助其结束生命。不出所料，这段视频令他遭受了牢狱之灾，罪名是过失杀人，但他已经打赢了这场视觉战。他让人们看到，这名病人本已痛苦到连一次平静的呼吸都无法完成，而注射药物不久后，病人的面容不再扭曲，表情不再痛苦，无力地瘫坐在椅子上死去。电视台播放视频后采访了死者的妻子，她说："我认为这不是谋杀，而是人道的。我觉得本就应该这样做。"

一些人认为，凯沃尔基安是十恶不赦的杀人犯[50]，但另一些人将他视为英雄。[51] 即使是安乐死的支持者，如喜剧演员兼脱口秀主持人比尔·马赫（Bill Maher），也认为凯沃尔基安不是安乐死的最佳代言人，并不止一次对他的行为进行批评。但凯沃尔基安将安乐死推向公众视野，引发了一些安乐死所需要的报道宣传。一定程度上，凯沃尔基安的新闻报道和电视节目令协助死亡走向了常态化。

尽管遭到了坚决反对（主要来自医生团体），但美国各地的安乐死支持者仍坚持不懈地推行着主动安乐死的合法化进程。他们面临的最大挫折，是 1997 年美国最高法院在审理"瓦科诉奎尔案"（Vacco v. Quill）[52] 和"华盛顿州诉格拉克斯伯格案"（Washington v. Glucksberg）[53] 时，判决主动安乐死为非法行为。这明确意味着死亡权不受宪法保护。如果将焦点转移到各州的改变，就会发现失败早已注定。1991 年华盛顿州的司法提案和 1992 年加利福尼亚州的司法提案都遭到了否决。然而到了 1994 年，情况出现了转机——俄勒冈州成了美国首个投票通过医助自杀合法化的州，因此成为美国安乐死的试验范例。

♦♦♦

每一代人对于安乐死和医助自杀的接受程度不同，因此直到近期安乐死才真正得到法律的认可。但这一认可并没有发生在对此争论不休的美国，也没有出现在对人道死亡高度接受的欧洲。第一个正式完全承认晚期病人死亡权的地区，是澳大利亚偏远的北领地。

该地区的立法机构认为，晚期病人已经因为诊断结果承受了很多痛苦，没有必要让他们更痛苦。医生必须确定病人已经病入膏肓，会死于这种疾病，没有其他可行的治疗方法，且病人神志清晰。这些信息必须得到另一位医生的确认。在澳大利亚推行医助自杀的先驱是菲利普·尼什克（Philip Nitschke），他选择成为一名医生，最初是希望治疗自己的疑病症。虽然没有成功，但他在捍卫安乐死的运动中找到了自己的使命。[54]

北领地的医助自杀合法化仅持续了两年，从 1995 年至 1997 年，《晚期病人权利法》（Rights of the Terminally Ill Act）最终被当时的澳大利亚联邦议会推翻。在此期间，有 7 人请求医助自杀，这 7 个案例对安乐死的实施和追求安乐死的人们产生了重要影响。[55]

许多请求安乐死的病人都患有抑郁症。北领地第一位请求医助自杀的病人是一名患有乳腺癌的女士，她孤身一人，与丈夫离了婚，和孩子的关系也很疏远。自杀未遂后，她希望求助于该法案。这名女士告诉媒体，她没有康复的希望，尽管医生的评估结果仍不确定。但还未等法案正式通过，她就自己结束了生命。

第二名请求医助自杀的患者同样既没有任何亲属，也没有社会支持，独自生活在澳大利亚内陆地区的一间小屋中。他告诉记者："我只是一具行尸走肉，不知道生活还有什么意义。我知道时间已经到了，已经做好了长睡不醒的准备。"

他安排好自己的后事，决定驱车前往北领地。我觉得，这应该是历史上最漫长的 3000 公里汽车旅行了。但在北领地的首府达尔文市，等待着他的是更大的痛苦：议员们对该法案提出上诉，医生们接到通知，不得协助任何形式的自杀。最后，这名患者不得不踏上似乎更加漫长的回程，最后，他在当地一所医院去世。一个我们反复提到的话题，就是社会隔离。曾有一名老年患者，早年间移居英国，终身未婚，在澳大利亚也没有任何亲属。最后，他服下致命药物死于家中，而家里的所有门窗都早已被他封死。

首位成功获得协助自杀的是一位患有前列腺癌的老年患者。癌症令他的骨头脆弱不堪，甚至有一次因为拥抱而导致肋骨骨折。恶心呕吐、反复感染、腹泻和无法自主排尿令他再也无法忍受。在生命的最后时刻，他的妻子守在他身旁，紧紧地握住他的手。虽然很多人——尤其是在美国——一直强调疼痛因素，但对一些病人来说，他们更在意的是其他因素。一位女士患有肠癌，只能在袋子里排便，散发的恶臭迫使她限制自己的社交活动。在她决定进行医助自杀时，该法案已经被废止。她转而开始大剂量静脉输入吗啡，随着其他药剂的增加，吗啡的剂量也在呈指数级增长。在经受了漫长的痛苦折磨后，她终于去了另一个世界。

这 7 个案例中，人们对珍妮特·米尔斯（Janet Mills）最感兴趣。[56] 米尔斯过着漂泊不定的艰难生活，在拖车里养大了 3 个孩子。40 岁时，她身上长出一些发痒的疹子，结果确诊为一种十分罕见的淋巴瘤——蕈样肉芽肿瘤。之后十年间，她接受了化疗和各种治疗，却依然无济于事。她常常在抓痒时弄伤自己，导致伤口反复感染。她几乎无法入睡，对生活丧失了兴趣。她告诉心理医生："我无时无刻不在抓挠，手上、脚上长满了水泡……我受不了了，一切都是徒劳，你想得到一些帮助，但没人能帮你。"她的丈夫说，每天她夜里醒来就会央求自己帮她自杀。最后，尼什克医生用一种自动注射致死装置帮助这位病人死亡，她的丈夫和儿子都陪在她身旁。

虽然澳大利亚是最先（也是最短暂）允许医助自杀的国家，但对大多数人来说，荷兰才是现代安乐死的"圣地"。尽管荷兰直到 2002 年才真正合法化安乐死，且如果不按照法律规定的要求进行安乐死，医生将面临 12 年监禁的惩罚，但早在 20 世纪 70 年代，荷兰医生就开始公开实施安乐死了。事实上，荷兰医学界早已为如何实施安乐死和医助自杀提供了指南。荷兰用积累数十年的数据提供了一个例子，描绘出了一个广泛接受安乐死的社会的面貌。这些描述既为安乐死合法化的支持者提供了依据，也为反对者提供了证据。

在了解荷兰的安乐死之前，有必要强调一下构成荷兰这个国家和这个健康经济体的一些因素。自文艺复兴之后，荷兰一直是自由主义的象牙塔。诸如笛卡儿这样的哲学家担心遭到迫害，于是纷纷前往荷兰，以便能自由地表达他们的观点。虽然荷兰在纳粹占领期间遭受了许多苦难，但"二战"

后又恢复了往日的生机。荷兰人用更大的热诚再次拥抱了自己的身份，而非否认。他们最与众不同的一点，就是支持临终病人的死亡权。

特鲁斯·波斯特玛（Truus Postma）与她的丈夫安德里斯在医学院学习时相识，20 世纪 50 年代，他们在荷兰一个叫诺德沃尔德的小村庄开了一家诊所。[57] 他们把一生奉献给了这里，从未想到自己会在这个不发达地区成为安乐死的先驱。但正如前文暗示的那样，在荷兰努力直面自主死亡的问题时，这对夫妻令人揪心的处境成了先例。1971 年，特鲁斯的母亲深受病痛折磨。在一次脑出血醒来后，她失去了听觉，无法正常说话，甚至无法控制自己的身体活动。为了防止跌倒，她只能待在一个轮椅上。她一再要求特鲁斯结束她的生命，特鲁斯最终答应了母亲的请求，为她注射了 200 毫克吗啡。她的母亲渐渐失去了反应，呼吸减慢，直到停止呼吸，离开了人世。特鲁斯通知了疗养院的工作人员，而工作人员上报了有关部门，最终案件提交至法庭审理。吕伐登地区的法院认为，特鲁斯杀害母亲的罪名成立，但只判处了她一周监禁以示惩罚。与此同时，法院制定了一些准则，供医生在为病人实施安乐死时有据可依：病人必须患有晚期不可治愈性疾病，且病人正式请求进行安乐死。

特鲁斯的案件和其他几起著名案件，以及公众都站在了安乐死一边，这令医生可以实施安乐死。但由于当时没有强制要求医生报告协助死亡，没有人真正知道安乐死究竟实施到了何种地步，直到 1991 年，雷米林克委员会（Remmelink Commission）公布了他们的调查数据。该委员会对荷兰医生进行了一项匿名调查，发现 1990 年荷兰 13 万名死亡者中，有 2300 人（1.8%）死于安乐死，另外有 400 人（0.3%）死于医助自杀。[58] 虽然安乐死的人口比例很低，但人们关注的是，其中有 1000 名患者在进行安乐死时据称无自主能力。这 1000 名患者正是反对者需要的证据，对他们来说，这足以证明荷兰正在滑向极其令人担忧的处境。安乐死反对者一直有一个核心论点，就是安乐死会沦为对老年患者和残疾患者的强制处决。[59] 这种观点认为，一旦为安乐死开了绿灯，医生就可以越来越轻而易举地夺走患者的生命。正如一位以色列医生曾向我转述过的一位荷兰医生的话："只是第一次有些难。"[60] 调查越是深入，情况越是微妙：多数患者表示愿意接受安乐死，因为他们的预期寿命都十分有限。在 1995 年的第二次调查中，接受安乐死的患者比例趋于稳定，未征得患者明确同意进行安乐死的比例略有下降。[61] 2001 年的数据表明，安乐死的比例已经趋向稳定，每年要求安乐死的人数约为 9700 人，其中完成安乐死的人数为 5000 人。[62] 与此同时，姑息治疗得到进一步发展，因无法忍受疼痛而要求进行安乐死的患者人数稳步下降。因此，安乐死的支持者利用这份数据主张合法化安乐死，即患者在最糟糕的情况下依然可以保留自主权，并不会引发对于老弱伤残病人的大规模"处决"。

一些国家已经使安乐死合法化了，如比利时[63]、卢森堡[64]，还有一些国家使医助自杀合法化了，如德国、瑞士和日本，可美国的情况截然不同。[65] 美国民众是一个更为保守的群体，但还有一个巨大的差异令这种比较显得有些没有意义：以上提到的国家都有全民医保。比如在荷兰，虽然医疗费用有"正常"或"额外"的区分，但患者不必每一笔费用都自掏腰包。这无疑对安乐死的争论有巨大影响。

虽然美国大部分地区认为安乐死和医助自杀等同于谋杀，但有一个州率先将安乐死引进了美国。俄勒冈州，其人口在美国仅排第 27 位，却成了美国现代死亡的一面旗帜。

第12章

何时终止治疗

布列塔尼·梅纳德（Brittany Maynard）的头痛发作时，她刚刚结婚。头痛是一种非常普遍的症状，很少有人一生中从未经历过头痛，人们有时甚至会因为没喝咖啡而头痛。许多长寿的人一生从未患过心脏病、中风或尿路感染（尤其是男性），但几乎都有过头疼的经历。在美国，每年约有4000万头痛反复发作的患者，但其中只有极少数人是因为患有致命的脑癌。布列塔尼在做了脑部核磁共振等一系列检查后发现，她正是这极少数人中的一个。

布列塔尼在旧金山生活，她不知道这种癌症是否能治愈。像其他人一样，她做了神经外科手术，取出了部分颅骨。但癌症再次复发，而且到了晚期，无法治愈。诊断表明，无论是否接受治疗，她的生命都只剩下不到一年的时间了。布列塔尼写道："和家人研究了几个月后，我们得出了一个令人心碎的结果。没有任何治疗能够挽回我的生命，它们只会毁了我剩下的生命。"[1] 布列塔尼曾考虑保守治疗，但这或许会导致她"耐受吗啡，疼痛加剧，并伴随一项或多项语言、认知和运动功能受损"。因此她决定，不把生命最后的控制权留

给疾病或医生。布列塔尼和家人收拾好行李，驱车前往俄勒
冈州。"我希望以自己的方式死去。"

✦ ✦ ✦

俄勒冈州，美国首个允许医助自杀的州，它充满未知的
旅途始于 20 世纪 90 年代，那正是死亡权运动最激烈、最
令人担忧的时期。从 1988 年发表的《都结束了，黛比》和
1990 年杰克·凯沃尔基安首次协助患者自杀开始，安乐死和
医助自杀在各种医学会议、立法机构、法院及公共舆论领域
展开了辩论。1994 年，凭借 2.6% 的微弱优势，俄勒冈州成
为美国第一个允许晚期病人在医生的帮助下结束自己生命的
州。但几乎立刻，该法案还未实施，就被联邦地区法官发文
禁止，理由是该法案未能向医助自杀申请者提供与普通民众
相同的"预防自杀保护措施"。1997 年，这一禁令得以取消，
从此，医助自杀正式在美国出现。

俄勒冈州制定的规则与世界其他各地基本相似。申请人
必须为年满 18 岁的成年人，有做出医疗决定的能力，是俄勒
冈州的居民，患有晚期疾病，预计生存时间少于 6 个月。符
合这些条件的病人需书面申请致命药物，得到两名见证人的
签字，并向处方医生提出两次口头申请。处方医生与另一位
顾问医生必须确定病人患有晚期疾病，且预计生存时间少于
6 个月。如果其中一方认为病人没有自主能力，或有某些精
神障碍，就需转诊至精神科医生。医生应告知病人其他可供

代替的治疗方案，还应询问病人，是否希望通知亲属。

《尊严死亡法案》（Death with Dignity Act）的颁布像一颗炸弹，令这场争论的中间立场不复存在。20 世纪 90 年代进行的各项调查表明，绝大多数医生反对医助自杀及安乐死。[2] 虽然来自某些宗教派别（如犹太教）的医生对安乐死持更开放的态度，但大多数医生仍然反对安乐死。[3] 俄勒冈州的医生倾向于接受[4]，其他州的医生则持怀疑态度。然而调查也发现，美国医生在不断收到患者的安乐死请求，有一小部分医生在非法的情况下帮助病人实现了这些请求。一项全美国的调查显示，约有 5% 的医生曾提供过致死剂量的药物，在俄勒冈州这一比例为 7%。[5] 一项针对重症监护室护士的调查也发现，在病人明确表达渴望结束自己的生命后，有约 1/5 的护士应病人要求，为他们注射了致死剂量的药物。[6] 考虑到各种形式的安乐死都属于非法行为，其实施者可能因过失杀人罪而受到审判，这些调查中的数据可能低于真实情况，但依然足以令人震惊。[7]

此外，尽管公众的态度更加开放，但依然分为两派。[8] 最支持安乐死或医助自杀合法化的人依然是与其切身利益相关的少数群体：晚期疾病患者。[9] 在我看来，这些人才是在这场辩论中最重要的，但他们常常没有发表意见的机会。相比于公众或医生，晚期疾病患者的人数太少，而且疾病的噩耗已经令他们无暇顾及医院之外的生活，大部分时间都只能在医院、疗养院或临终安养院中度过。

　　当医助自杀在俄勒冈州合法化后，全美国希望掌握自己生命最后时光的患者都期盼着这里能成为他们真正的最后家园。有一种可能更合理的担忧是，这一举措的主要对象将是经济弱势群体，如少数族裔和无医保人员，他们负担不起医药费用，因此会选择走这条路。与全民医保覆盖的荷兰不同，该法案通过时，俄勒冈州约有 50 万人没有医保。

　　《尊严死亡法案》自 1997 年实施，到 2013 年精准统计的数据已经解除了大部分担忧。[10] 在这 16 年中，有 1173 名患者申请了致命药物，其中 752 人（约 2/3）最终使用了致命药物。这表示每 1 万例死亡中，只有少数患者死于安乐死。安乐死患者的平均年龄为 71 岁，其中 77% 的人年龄在 55 岁至 85 岁。仅有 6 名患者年龄小于 35 岁，如布列塔尼·梅纳德。绝大多数患者为白人（97.3%），有医保（98.3%），死于家中（95.3%），注册了临终关怀（90.1%），受过高中教育（94.1%），患有癌症（79.8%）。约半数患者为男性（52.7%），已婚（46.2%），具有大学本科或更高学历（45.6%），死亡时无医生陪伴（44.7%）。尤其引人注意的一点是，1997 年后，选择在医院安乐死的患者仅有 1 人。虽然人们曾担心，弱势群体选择医助自杀的可能性更大[11]，但在俄勒冈州，仅有 1 名非裔美籍男性和 12 名无医保人员进行了医助自杀。

　　是什么令俄勒冈州的临终病人做出结束生命的决定？排在前三位的动机分别是失去自主权（91.4%）、生活失去乐趣

（88.9%），以及失去尊严（80.9%）。仅有 23.7% 的患者因为无法缓解疼痛而结束生命。这一数据令人十分吃惊，因为 65%～85% 的癌症晚期患者都忍受着剧烈疼痛。[12] 这很重要，原因有许多，如一些医助自杀的批评者认为，这代表了姑息治疗和疼痛控制的失败。但正如荷兰所证明的那样[13]，安乐死合法化只是强调了临终关怀，使医生比以往任何时候都更清楚地意识到如何履行他们对临终病人的职责。

有推测认为，抑郁是病人希望结束生命的主要动机。但俄勒冈州的许多研究证明，令病人做出该决定的所有因素中，抑郁位列最后。[14] 拿到致命药物处方或许是一部分原因。布列尼塔写道："现在我已经拿到了处方，它是我的私人财产了，为此我感到一种极大的解脱感。"[15] 1/3 的患者甚至不会真的用到他们的处方，而在决定使用的患者中，从首次申请致命药物后开始算起，到真正使用药物，中间的停顿时间从 15 天至 1009 天不等。[16]

当俄勒冈州首次允许医助自杀时，人们常将其与纳粹的实验相提并论。而现在我们认为，在死亡方面，很少有比俄勒冈州做得更好的地方，而且不仅是对那些选择结束自己生命的人而言。俄勒冈州不仅没有重蹈优生学的覆辙，而且成了许多美国州的范例模板。2008 年，华盛顿州投票通过了与俄勒冈州相似的法案，为该州医助自杀合法化奠定了基础。[17] 蒙大拿州紧随其后，该州最高法院于 2009 年宣布不再禁止医生帮助患者结束生命。[18] 2013 年，佛蒙特州议会通过了《临终病人选择权法》（Patient Choice and Control at End of Life Bill）[19]，内容与之前的法案类似。2016 年，加利福尼亚州也为这里的居民开了绿灯。在美国之外，加拿大也通过了一项关于医助死亡的法案。

就在布列塔尼·梅纳德去世的前几天，她似乎改变了想法。在 2014 年 10 月 29 日发布的一段视频中，她说道："我和我的家人朋友开怀大笑，似乎现在还不到时间。"[20] 我听到后给她写了封电子邮件，希望了解她的想法。但我还未收到回复，11 月 2 日便传来她结束了自己生命的消息，正如她一直希望的那样。"再见了，这个世界。传播希望，传播爱。"这是她在脸书（Facebook）上写下的遗言。[21]

虽然美国已有 5 个州合法化了医助自杀，但在其他 45 个州这样做依然违法，而且即使是在那些已经合法化的地区，采用医助自杀的病人也并不多见。然而，有一些做法非常接近于主动安乐死，可以极大地加速病人的死亡，而且完全合法，也更为常见。许多次值夜班时，我也曾经按照病人的请求，为他们注射双倍剂量的吗啡，直到心脏监护仪上的线条逐渐变直……

◆ ◆ ◆

对于许多在艾滋病流行期间接受过培训或工作过的医生来说，这一经历使他们更有人情味，而不仅是将自己定义为医生。[22] 拉斐尔·坎普既是医生也是诗人，20 世纪 90 年代初曾在加州大学旧金山分校医学流行病中心任住院医生。一天，在回忆那段往事时他这样对我说："HIV 对我有很大启发，让我明白了我们的能力有限。"

在他接受培训时，有一名令他印象深刻的患者前来看病，当然，时间无疑是在午夜。这位患者是一位异装癖表演者，正处于极度痛苦之中，"几乎被自己的呕吐物呛死"。令这名患者极度不适的原因是卡波西肉瘤，一种皮肤癌，而令拉斐尔感到惊讶的是，患者出现了呼吸困难的症状。"患者当时无法呼吸，这是我目睹的最可怕的经历之一。"他说道。

任何看到这种痛苦的人都会质疑自己的职业信仰。拉斐尔说："我们都宣读过《希波克拉底誓言》，都穿着白大褂，都信奉绝不伤害病人……但不伤害的意思不应该是静默地坐在正遭受痛苦的病人身旁……令病人处于无尽的痛苦中，这是另一种形式的伤害。"

面对病人的痛苦，拉斐尔"觉得与病人感同身受"。除了安乐死之外，他想给病人所需要的安慰，但也知道这种安慰是要付出代价的。他为病人注射了致命剂量的吗啡，以缓解疼痛。这一刻被拉斐尔写进了一首诗中——《她最后的演出》（"Her Final Show"），最后一句是"在无人鼓掌中宣布她的谢幕"。[23] 你是不是觉得这个"临终药物镇静"（terminal sedation）的案例与安乐死十分相似？你并不是唯一有这种感受的人。临终药物镇静，即给予病人苯二氮平类或阿片类药物，以解除持续的疼痛或痛苦，直到病人意识丧失而死亡。这种常见的做法与安乐死最大的差别是：它是合法的。

虽然我们在减轻现代死亡相关症状（如疼痛、呼吸困难、神志不清、恶心呕吐，以及其他痛苦）的药物研究方面取得了进展，但在许多病例中，这些症状依然没有得到缓解。[24]除了身体症状外，许多病人会经历因死亡临近而导致的痛苦。据报告，最常见的症状主要包括感觉生活毫无意义、觉得自己是他人的负担，以及对死亡感到焦虑。[25]稍有不同的是，在临近死亡时，病人本人和医疗代理人都可以要求提供临终药物镇静。

临终药物镇静的核心伦理指导原则具有双重效应。这种双重效应起源于中世纪基督教的传统：如果是出于好的意图做一件事，那么即使结果不好，也是可以接受的，只要出发点是好的。[26]这意味着，如果医生为病人提供吗啡之类的药物以缓解疼痛，那么即使病人由此出现呼吸缓慢之类的副作用，也是可以理解的，因为医生开药的目的是为了缓解病人的症状。1997 年，在具有里程碑意义的"瓦科诉奎尔案"，及"华盛顿州诉格拉克斯伯格案"中，临终药物镇静得到了法律的支持。[27]虽然在裁决中反对医助自杀，但美国最高法院已经意识到，有大量患者在临近死亡时遭受着无法缓解的症状折磨。美国医学会不认同医助自杀的支持者，并发表了一份声明，其中写道："对于大多数晚期患者，临终过程中的疼痛不需要通过大剂量镇静或麻醉也可以得到控制……只有极少数患者在生命最后几天或几周内，需要使用昏迷剂量的镇静剂，以避免患者遭受剧烈疼痛。"[28] 法院根据这份声明，为要求医助自杀的患者提供了相似的代替方案。

对于这种死亡前深度睡眠的准备，虽然支持者曾经试图将其名称改为"缓和药物镇静"，避免不祥的"临终"二字，但对于临终药物镇静的批评之声并不完全来自医生，更多的是来自那些研究有关死亡问题的专家——姑息治疗专家。苏珊·布洛克（Susan Block）是丹娜法伯癌症研究院的姑息治疗专家，她在一篇合著文章中，将临终注射吗啡称为"慢速安乐死"（slow euthanasia）。[29] 但这一比喻并不是为了劝阻这种做法，她与合著者安德鲁·比林斯（Andrew Billings）认为，不使用"临终药物镇静"的委婉用语，或许可以令公众和医生在适当的情况下更愿意接受安乐死和医助自杀。

蒂莫西·奎尔（Timothy Quill）的意见也在这场争论中占有一席之地。作为纽约州罗彻斯特市的一名姑息治疗专家，奎尔第一次出现在人们视野中的方式就格外惹人注意。在 1991 年《新英格兰医学杂志》的一篇文章中，他"坦白"曾经为自己的一位病人黛安开过致死剂量的巴比妥类药物。[30] 黛安被确诊为白血病，但她拒绝任何化疗。在开始接受姑息治疗后，她想要一种可以完全控制自己生命终点的方法。"她知道人们可以让自己停留在一种'相对舒适'的状态，但那绝不是她想要的，"奎尔这样写道，"当那一刻终于到来时，她希望以一种最不痛苦的方式结束自己的生命。"黛安希望奎尔帮助她自杀。奎尔为她开了药，以治疗失眠的名义。几个月后，黛安披上自己最喜爱的披肩，吞下了药片。他的叙述激起了巨大反应。奎尔告诉我："那些遭受着相同问题困扰的家庭非常支持（这一做法），声援的比例远超反对的。"

但奎尔也发现了这种双重效应的弊端，它允许医生在病人临终时可以不断加大止痛药和镇静剂的剂量。奎尔认为，人性是复杂的，我们作为社会成员，"十分了解在这些医学伦理专家所推崇的理想化的理念背后，医生和患者在现实中究竟经历了什么"。[31] 这句描述在我看来再真实不过了。当我还在重症监护室实习时，就曾经不止一次调高过病人的镇静剂剂量，直到他们几乎处于昏迷状态。护理病人的目的就是不惜任何代价让他们感到舒适。每次告诉护士增加剂量时，我都清楚，这可能会令病人离死神更进一步。在某些病例中，也许是我出于好意的意图加速了他们最后的生命历程。

在一位评论员看来，美国最高法院，在否定医助自杀、接受临终药物镇静时，至少对这种类似安乐死的措施表示了认同。在医助自杀中，医生并不直接参与致命药物的摄入过程，因此病人拥有百分之百的自主权。反过来而言，接受临终药物镇静的病人往往病情更加严重，缺乏做出决定的能力，也缺乏让代理人替他们做决定的能力。由于临终药物镇静的控制权掌握在提供者手中，而非患者手中，这种措施确实很接近于安乐死。[32]

更富有争议的是，对于那些希望缓解因死亡必然到来而产生的心理痛苦而非生理疾病痛苦的患者来说，是否应该应用临终药物镇静。[33] 研究表明，因非生理症状而要求临终药物镇静或安乐死的人数正在增加。因无法缓解症状而提出此类要求的人数出现下降，这很可能表明我们在治疗临终症状方面已经取得了进步。但是，因为心理压力（如死亡引起的焦虑）而提供阿片类或其他药物的做法并没有被广为接受。事实上，美国医学会认为，"缓和镇定并不能解决因社会隔离或孤独而产生的痛苦"。[34]

但一些研究已经证明，为临终患者提供镇静剂或阿片类药物并不会缩短他们的生命。[35] 接受这些药物的往往是病情最严重的病人，他们本身的疾病已经发展到了晚期阶段，任何其他因素的作用都不会对疾病的必然发展过程造成影响。[36] 此外，接受这种双重效应，是令医生得以用一种平和的心态与疾病进行无情斗争，而不必担心无意造成后果的重要因素之一。它或许代表了安乐死的别名，但委婉用语也具有重要的意义。在一篇文章中，两位医生记录了这种双重效应如何帮助他们更好地为患者缓解痛苦，并称它"对于每天治疗重病及垂死患者的医生来说，是极大的帮助"。[37] 这种双重效应为在其他情况下可能被视为冷酷行为的安乐死，带来了些许温和。

"只要你感到疼痛，我们都会给你止痛治疗，"一名护士这样说，但她又补充道，"99% 的情况下这都没有问题，但你会碰到某一个病人，令你突然意识到这不是万能的治疗方法，也不是永远有用的方法。"[38] 关于安乐死、医助自杀及临终药物镇静的整场争论，只涉及那 1% 正面临痛苦死亡的病人。医生在处理临终恐慌方面做得越来越好，绝大部分原因是安乐死之类的话题，引起了人们对于帮助病人安然离世的高度关注。

但是，大多数病人并不是死于使用干预措施，如止痛药和镇静剂，而是死于急于撤去维生措施。维生措施有时是诸如呼吸机或强效药物一样的先进手段，有时是最基础的东西——水和食物。虽然主动安乐死在死亡人数中所占的比例微乎其微即使是在安乐死合法的地区也是这样，但如今，人们在没有撤去维生措施的前提下死于医院是非常罕见的情况。

医学技术的进步超乎人们想象，这不仅为许多即将屈服于病魔的患者带来了生的希望，也引发了许多在过去从未被提出的伦理问题。尽管"凯伦·安·昆兰案"提供了先例，即监护人可以代表病人撤去治疗设施，但事情马上进展到了紧要关头，不是出现在法庭上，而是发生在一张重症监护室的病床边——1989 年 4 月，一位绝望的父亲用一把已经上膛的手枪对准了自己正在接受插管治疗的孩子。

鲁迪·利纳雷斯（Rudy Linares）在儿科重症监护室掏出一把 .357 马格南左轮手枪的 8 个月前，一个平淡无奇的日子里，意外发生了。鲁迪 15 个月大的孩子塞缪尔在一个生日派对上吞下了一只气球，随后开始窒息。鲁迪尝试恢复孩子的呼吸，可塞缪尔的反应渐渐消失，鲁迪抱起他冲向最近的消防站，边跑边喊："救命！救命！我的孩子不行了！"[39]虽然塞缪尔最后保住了性命，但一直没能恢复大脑功能，陷入了持续的植物人状态。

几个月的煎熬后，鲁迪请求医生终止塞缪尔的维生治疗。医生们同意了，可医院的律师警告他们不要这样做，否则将可能面临刑事指控。随着时间的流逝，绝望变为失望，进而转为愤怒。当收到医院准备把塞缪尔送去疗养院的语音留言时，鲁迪彻底爆发了，他带着自己的左轮手枪冲向医院。在重症监护室里，他拔出了手枪并宣称："我不是来伤害任何人的，我只是想让我的儿子死亡。"[40]

鲁迪拔出了儿子喉咙上的导管。短短几秒钟内，塞缪尔就安静了下来，但鲁迪依然把他轻轻抱在怀中，至少 20 分钟。一名医生把听诊器悄悄递给了他，让他确认孩子的心脏确实停止了跳动。最后，他扔下了枪，随后被逮捕，并被指控谋杀。在舆论上，人们认为鲁迪是一位英雄。《芝加哥论坛报》（*Chicago Tribune*）发起的一项民意调查表明，在 6000 名电话受访者中，支持鲁迪的人与反对者的比例为 13∶1。[41]尽管鲁迪的行为属于法律上的灰色地带，但无论是医院或是法庭，都不想惩罚他。陪审团也是如此，他们释放了鲁迪。虽然在强调撤去维生治疗的道德标准方面，鲁迪并不是完美典范——他曾因打架斗殴被数次逮捕，在被指控谋杀无罪释放后仅仅两周，又因为过量服用致幻剂、可卡因和酒精而差点丧命[42]——但他比大多数生物伦理学家更强调医学技术在生命尽头的作用。

20世纪80年代末，类似于鲁迪的戏剧性事件不时发生，这是一段美国人民对那些让他们在医院和疗养院里长久活下去的机器发起反抗的历史时期。"'维持生命'变成了'延长死亡'。患者既无法康复，也不会死亡。相反，他们成了医学技术的囚徒。"一名医生这样写道，这是对于那个时代的准确刻画。[43]对于终止或拒绝维生治疗的诉求再次递交到了美国最高法院。这一次从凯伦·安·昆兰手中接下火炬的是南希·克鲁赞（Nancy Cruzan），一名个人结局同样引起全美国争论的年轻女子。南希的"第一次"死亡发生在1983年1月，当时她的车在一条废弃公路上失去控制，她面朝下掉进了一条水沟中。医护人员赶到现场，对她进行心肺复苏。15分钟后，她的脉搏再次恢复，但她本人没能恢复，陷入了持续的植物人状态。4年过去了，南希在密苏里州的一家疗养院中日渐虚弱。她的父母请求撤去南希的鼻饲管，但屡屡受挫。尽管父母转达了南希的意愿——她曾说起不希望人工维生，但被要求提供进一步的证据。即使南希父母的请求得到了一位初审法官的同意，密苏里州最高法院还是推翻了这一决定，称南希有权撤去维生设备，但这一决定不得由他人代其做出。法院赋予了该州要求书面证明的权利，虽然当时只有密苏里州和纽约州对于书面证明有严格要求，形式大多为预先指示。上百万人对于克鲁赞夫妇的遭遇表示同情，其中一位父亲的女儿也正处于昏迷中，他这样写道："在女儿的一生中，我做过许多决定，指引她走向成年，而现在，当她没有能力为自己做决定时，国家却想要取代她父亲的位置……走进她的房间就像走进一间墓室……鲁迪·利纳雷斯为了'挽救'自己垂死的孩子免受呼吸机的折磨，用枪指着芝加哥医院的医护人员和警察，难道他比我们的法院更加明智吗？"[44]

法院做出的让步是，宣布人工营养和补液是一种治疗形式。他们与医学界和生物伦理组织的普遍观点一致，但也注意到有反对者坚称，食物和水不是治疗，停止供应相当于安乐死谋杀。"在密苏里州，即使是一只狗也不能被合法地饿死。"生活在亚特兰大的反堕胎倡议者约瑟夫·福尔曼（Joseph Foreman）牧师这样说道。[45]这些抗议者不仅多次质疑法院的裁决，甚至冲进南希所在的医疗机构，试图再次为她连上鼻饲管。

然而最终，法院采信了南希同事的证词——据他们描述，南希在清醒时曾说不希望处于植物人状态——并准许南希的父母取下鼻饲管。在终止治疗两周后，南希终于走完了这条长达 8 年的漫长而痛苦的死亡之路。这一事件的影响很快体现了出来。加州大学旧金山分校的一项研究显示，1987年和 1988 年，近半数重症监护室的病人在临终前终止或拒绝了维生治疗，而在 1992 年和 1993 年，这一数字上升到了 90%。[46]
这反映了现代社会的一种状态，如果医院不允许，人们很难
真正死亡。我认识的一位高级重症监护主治医生曾这样告诉
我："没有医生（撤去维生措施）的指令，谁也不能在重症
监护室死亡。"关于医助自杀和安乐死的争议，让许多人开
始考虑其他选择，而临终脱水引起了人们的极大关注。戴
维·埃迪（David Eddy）分享了一个非常私人的故事。埃迪
是一名医生，他的母亲要求公开自己的死亡过程："戴维，写
写这件事吧。告诉别人它对我是多么有效。我把它当作一
份礼物。"[47] 维吉尼亚当时 84 岁，但对她而言，年龄不过是
个数字而已。她 70 岁时曾独自游遍非洲，82 岁时在怀俄明
州斯内克河里一艘倾覆的筏子上幸存了下来。但在丈夫去世
后，她看待生活的视角变了："我知道，他们可以让我活下
去，但那有什么意义？如果已经没有了生活的乐趣，而死亡
是必然的，为什么我非得苦苦拖延，直到癌症、突发心脏病
或中风令我解脱？……生命的意义是取决于时间长短吗？又
或者活着是那么重要，以至于需要不惜任何代价维护这一
意义？"

细细打量她的选择，她一定考虑过医助自杀，最终没有
选择是因为这并不合法。在考虑这些选择时，她冒出了一个
想法，而家人也对此表示同意。过完 85 岁生日，"她津津有
味地享用了最后一块巧克力，然后就停止了进食和饮水"。6
天后，家人再也无法叫醒她，她去世了。

虽然埃迪完整地呈现了临终脱水的过程，但代表不了多数人的观点。临终脱水导致死亡的过程可能长达数天，甚至数周，这会令病人和家属陷入不确定之中。[48] 此外，病人需要承担起临终脱水的所有责任，把自己饿到枯竭——这对于正在承受病痛的人而言，未免过于困难。尽管终止治疗现在已经变得非常普遍，但它仍然存在争议。毕竟，这就是"拔掉插头"的起源，而这个词组本身就体现了终止治疗的积极方面。当病人完全依赖维生系统（例如接受插管并与呼吸机相连）时，终止维生治疗几乎会导致病人瞬间死亡。

曾经有一名心衰晚期的病人，因为受够了一系列并发症，要求医生关闭自己左心室中的辅助设备——一个用于保持全身血液循环的涡轮，在他自己的心脏无法供血后装入。关闭后不久，他便去世了。在区分安乐死和终止治疗时，学者们往往称安乐死是一种委托行为，而终止治疗是一种不作为。这种理论在道德层面上根本无法立足，而且终止治疗通常就像注射致命药物一样，是一种有意为之的行为。[49]

另一个反对安乐死的中心论点要追溯到《希波克拉底誓言》，它规定医生的主要职责为延长生命。然而，这种规定并没有考虑到病人的偏好。如果临终患者决定，他们不想要任何延长生命的药物、手术或复苏措施，实际上就是在明确表达不希望依赖医疗手段活着。为什么我们理所当然地允许患者用一种不确定性更多、更痛苦，且丧失自主性的方式来缩短生命，而不是换另一种方式呢？如果防止自杀才是目的，那么我们从未成功阻止过自杀者进行他们的计划。事实上，如果抑郁或有自杀倾向的患者不符合医助自杀的条件，他们也可以拒绝任何进一步的治疗，或者终止治疗。[50]

虽然我们的社会、法院和医生已经默认了终止治疗，但值得注意的是，被动安乐死和半主动安乐死之间的界线十分模糊。作为医生，我们会在心中划出一条清晰的界线，让自己能够正常工作，但真相远不明朗。在写这本书的过程中，我对自己的了解愈发深入。出乎意料的是，根据已有的了解，我所得出的结论是：我们必须做更多工作来讨论并支持临终患者提出自己的要求，声张自己的权利，获得在医生的帮助下结束痛苦的方法。

每一个生命都是独特的，但死亡永远是那样令人沮丧、痛苦、想要逃避。大多数通过自杀寻求死亡的人，其实更多是为了结束生命，而非走向死亡。这是所有临终病人的共同之处。至今为止，我从未见过哪个病人明确表示是为了追寻死亡而想要死亡。相反，努力对抗了病魔却不得不离开时，生命更加弥足珍贵。

有人说，现代医学把精力更多地花在了延长死亡上，而不是延长有意义的生命。尽管我不同意这一观点，但许多病人的确在去世前会经历一段时间的衰弱和痛苦。医生和护士在治疗这些病人时，给出的生活质量评估结果总是比病人本人所认为的更差。这一点儿也不出人意料，因为病人往往已经对自己的病痛习以为常。绝大多数病人都希望尽一切可能延长生命。在少数充满悲剧的病例中，活着这件事本身已经只剩下痛苦和绝望。无论是癌症、败血症，还是肝硬化，潜伏的疾病都在侵蚀病人生命的真正本质。

与此同时，医生可以从许多方面缓解病人的痛苦。缓解疼痛的阿片类药物、减轻焦虑的苯二氮平类药物，以及治疗恶心的止吐类药物，都可以轻而易举地由医生或临终治疗科室的护士开出。但这些药物远远不能令人满意。阿片类药物会导致嗜睡、乏力和神志不清，它们的确可以缓解疼痛，但往往以损害病人的生命力为代价。阿片类药物也会让人产生依赖性：一旦身体接触了阿片类药物，神经元中的受体数量就会增加，这意味着下次必须使用更高剂量的药物才能达到相同的效果。接近生命终点之前，病人常常会经历医疗干预措施的急剧升级。1/3 的美国老年人在生命的最后 1 年里在医院接受了手术，1/5 的美国老年人在生命的最后 1 个月里在医院接受了手术。[51] 由于进行这些手术时病人已经接近生命的终点，我们难以确定手术是否有带来任何实质性的好处。也有 1/5 的病人在生命的最后 6 个月中进行了维生治疗，包活插管、心肺复苏及人工营养支持。[52] 一次又一次的住院、治疗、开处方，日益频繁。这似乎是一场永远不会结束的暴风雨，但你会突然意识到，已经没有什么可以被摧毁的了。大多数病人或家属就是在这时决定撤下维生设备，终于接受了这个他们已经抗争了许久、延缓了许久的结局。

过去的人们所经历的临终轨迹，是经过一个快速的急症期后躺在床上，而现代死亡的实际模式更像是：人们生病，好转，但永远无法回到生病前的状态，诊断和治疗越来越多，直到人们发现（通常很晚）继续下去并没有任何益处。这对绝大多数人来说是合理的，而且很可能是出于好的意愿，但有少数病人不愿意走这种老路。美国的一些州已经开辟了其他道路，并且制定了规则，而对于选择这样做的少数群体中的很多人来说，这即使不是皆大欢喜的结局，也是他们想要的结局。

纵观历史，为什么医生一直反对医助自杀？因为医生所接受的培训就是为了治疗，就像士兵是为了战斗，水手是为了出海，政客是为了选举。无论是试图缓解一种症状、纠正一次电解质紊乱，还是切除一个肿块、打开一条血管，医生经过了年复一年的忙碌、事无巨细的准备和令人精疲力竭的学习，他们受到的训练就是如此。医生很难不竭尽全力救治病人，正如病人和家属很难放弃治疗一样。

在许多医生看来，把协助自杀变成他们的日常工作可能会给病人传递混淆的信息。医生认为信任是医患关系的基石，而给予医生取人性命的权力，或许会改变病人在半夜看到医生接近他们时的想法。实际情况是，在很大程度上，普通人和医学界都已经接受了与安乐死非常接近（如果不是毫无区别的话）的做法。临终镇静、临终脱水，甚至停止治疗和撤除维生设备，在医生眼中这些做法与安乐死之间的区别显而易见，但对普通人来说，区别十分模糊。[53] 如果说有什么影响的话，那就是混淆这些概念无异于把病人手中的死亡控制权交给了医生和代理人，而众所周知，他们在揣摩病人的想法方面是出了名的糟糕。

在我接受医学培训期间，我被告知，医生的职业道德是把病人放在最重要的位置上而形成的。但是，当我为写这本书做调查的时候，我与病人、医生、护士、护理人员和研究者进行了交谈，对那些常规的、不容置疑的护理进行了思考，我意识到，现在被认为是标准的临终护理大部分都是权宜之计。是医学技术的变革推动了这场对话，而病人甚至医生都只能顺势而行。

讨论的中心问题是"伤害"的定义，但至今没有得到解答。那些医助自杀的反对者的中心主题，就是那句经久不衰的"不要伤害"。但伤害是什么？强加给病人不想要的治疗是伤害吗？过度却毫无益处的手术是伤害吗？是否能有一次死亡令人不受伤害？或许最重要的是，会有人不想要没有伤害的死亡吗？

当古希腊人造出"安乐死"这个词时，他们试图回答一个我们至今仍然难以回答的问题：什么才是"好的死亡"？这或许是所有问题中最重要却最难回答的一个问题。一个人一生中最重大的损失如何能称之为"好"？在看似精密的机器的阻碍下，病人正在进行一场艰难的战斗，不是为了逃避死亡，而是为了以一种更加合理的方式经历死亡。《纽约时报》的头版刊登了约瑟夫·兰德瑞（Joseph Landry）的故事，医疗系统无法批准他最后的愿望：在家中离世——这就是他想要的死亡方式。这篇文章描述了他的女儿为实现父亲心愿所做的努力，标题为《父亲的遗愿，女儿的痛苦》（"A Father's Last Wish, and a Daughter's Anguish"）。[54] 患者的愿望是什么，他们希望自己的生命如何结束，更重要的是，我们可以做些什么来帮助他们以自己想要的方式实现生命终点的愿望，这都是我们这个时代中最紧迫的问题。尽管我们取得了一些进展，但这些问题还远没有得到解决。

第13章

何时分享死亡

孤独，正如许多其他事情一样，是当代人们死亡的特征之一。我们日渐衰老，就像在金字塔上拾级而上。每上一层，空气愈加稀薄，塔顶愈加尖锐，正如我们越来越窄的亲友圈。90多岁的罗杰·安吉尔（Roger Angell）曾在《纽约时报》上这样写道："我们这些老头子啊，每天都揣着一份厚厚的名单，上面列着去世的伴侣、孩子、父母、情人、兄弟姐妹、牙医、心理医生、办公室里的老伙计、邻居、同学、还有老板，这些人我们曾经那样熟悉，是我们人生里不可替代的一部分。"[1]

虽然这在很大程度上是人类寿命大幅延长的"副作用"，但许多临终患者体会到的孤独是医疗系统演变过程中的人为产物。人们一旦病倒，结局必然是住进医院、疗养院或康复中心，对许多人而言，这些地方将是他们度过余生的地方。

死亡前的病痛令人们无法以过去的方式继续生活，他们无法去保龄球馆、逛公园，或者泡酒吧，无法和老朋友聊天，也无法认识新朋友。但是这一切已经开始发生变化，毫无疑问，带来这些变化的正是病人。越来越多的人开始使用互联网记录自己生病、缓解和复发过程中的经历。无论写博客、发脸书、写推文，还是拍视频，那些面对生命终点的病人都会在互联网上分享自己的想法。我治疗过一名年轻男子，才 20 岁出头，就被确诊患上了一种罕见的恶性肿瘤。每次我早晨查房时，他都似乎魂不守舍。他很少注意到我的存在，更喜欢盯着笔记本电脑，有一次他告诉我，他不是个习惯早起的人。但出乎我意料的是，有天早晨，他坐在床上，兴高采烈地向我问好，背挺得笔直，而这时才早晨 7 点。我问他怎么突然之间心情大好，他告诉我，今天晚些时候得出趟医院。我吃了一惊——他的感染很严重，正在静脉注射抗生素，胆囊还连着排脓的导管。从纯医学的角度来看，这简直是个不可理喻的要求。但在我还没开口这么说时，他就把笔记本电脑的屏幕转向我，打开了一个网页，上面是一张照片，他穿着病号服，比着一个"耶"的手势，脸上挂着大大的笑容，比我曾经试图让他硬挤出的笑容要明亮百倍。这是一个募集资金的网站，而今天有他的活动策划。那时我明白了，只有在其他地方有所贡献才能让他快乐，在那里不会有没完没了的输液，不会有退不下去的高烧，也不需要和医生护士讨论止痛药的问题。

我不得不为了他的筹资计划做点变通。我们安排好了注射抗生素的时间，以便他在两次注射之间有充足的时间外出，并且在当天返回医院。

现在，无数患有威胁生命的疾病的患者借助网络记录自己的痛苦与挣扎。当然，其中有高潮，有低谷，有欣喜若狂，也有落荒而逃。其中有一名20多岁的博主，她的笔名是一个被低估的俄罗斯小说家的名字——奥勃洛莫夫（Oblomov）。她写下了自己的抗癌之路，从确诊、缓解，再到不幸复发。在一篇名为《另一个无名之辈的日记》（"The Diary of Another Nobody"）的博文中，她写道："我写博客记录一切只是……在对着流逝的时间、短暂的回忆，还有冷漠的宇宙用力比出一个轻蔑的手势。"[2] 但她的博客令她不再是一个无名之辈。当克莱夫·詹姆士（Clive James）在《纽约时报》上认出她时[3]，她已经有了许多粉丝，许多人为她加油打气，就像为一位马拉松运动员加油一样，在她独自喘息时，这些粉丝会接力为她递上水和能量饮料。她的真名叫作什哈·察布拉（Shikha Chabra），在我准备联系她时，她的博客已经停止更新。她已经去世了。

　　借助网络，患者和家属开始以一种前所未有的方式谈论死亡。究其原因，正是因为其中的医疗从业者开启了一场更加深入的对话。我曾为《纽约时报》写过一篇稿子，描述了人们在医院的最后时刻[4]，一位医生在评论区写道："作为一名执业肿瘤医师，我觉得在这种公开论坛中讨论这些想法有些奇怪（是的，我知道这很讽刺，我此时此刻正在做这件事）。如果死亡是神圣的，死亡的时刻是私密的，那为什么要出书立传，将成千上万医务工作者所做的事情戏剧化呢？"很快，另一位读者反驳道："为什么要出书公开？正是因为死亡不是'神圣的',而是必将发生的。但我们美国人还没思考,就把死亡远远推开,把徒劳的努力和无效的手术施加给垂死的病人,只是因为我们觉得,现代医学在任何情况下都能挽回局面。但现代医学从来无法挽回那件必将发生的事,只能推迟它。患者和家属需要知道,他们的爱人临近死亡时将会发生什么。他们需要确切地知道这些事情,尤其是可能发生什么、延长生命意味着什么,以及生活质量对于患者又意味着什么。"

时至今日,死亡依然笼罩在神秘之中,有时是因为人们不了解,有时是因为人们故意不去了解。大多数文化都对死亡避而不谈,把死亡视为不吉。死亡正在以一种前所未有的方式走进人们的生活,走进那些已经迫近生命的终点或是远没有抵达终点的人的生活。这种文化上的转变比任何科技创新都更有助于改善我们的死亡方式。

在社交媒体和网络上,人们分享自己私人的死亡观。2013 年 7 月 29 日晚上 7 时 27 分,斯科特·西蒙(Scott Simon)向他推特(Twitter)上的数百万关注者发了这样一条推文:"心率正在下降,心脏正在衰竭。"任何刷到这条推文的人都能看到,他的母亲正躺在芝加哥医院里。西蒙是美国国家公共电台的通讯记者,虽然生活一直相对公开,但从未如此公开,他直播了母亲去世的全过程。一连串的文字,故作轻松（"我知道大概快到了，因为这是自我长大头一次，她没问我'为什么穿这件 T 恤'。"），又令人心碎（"护士说听觉是最后消失的感觉，所以我唱歌、说笑话给她听。"）。晚上 8 时 17 分，在最后时刻，他写道："芝加哥上空的天堂之门已经打开，帕特丽夏·里昂·西蒙·纽曼（Patricia Lyons Simon Newman）已经登场。"渐渐地，直面死亡的人们不再游走在边缘，而是越来越受到关注，并且站在了舞台中心。尽管我从未和什哈·察布拉交流过，但我有幸能和她最好的朋友克里特聊了聊，她是第一个鼓励什哈开始写博客的人。"什哈从来不是那种热衷于社交媒体的人，"克里特告诉我，"但是在生病期间，她成了脸书的忠实用户。有一部分原因是为了更新博客，但主要还是为了与朋友保持联络，因为她无法与他们见面。"

对于什哈所更新的有关死亡的内容，她的很多朋友和家人都不知道该如何回应。"人们实在不善于谈论这些事情。"克里特说。随着什哈病情的恶化，社交媒体成了她接触外界的唯一途径。"最后一次和她好好聊天是在聊天软件'WhatsApp'上……之后几天她没有再回我的消息，最后我终于收到一条回复，她说她不太舒服，但等身体好些会继续写下去。那是我最后一次收到她的消息。"她在脸书上的最后一次更新是一个搞笑视频——《星际迷航》中的场景配上流行歌手 Ke$ha 的歌曲。克里特说："最后几天她非常痛苦，但她还是用 WhatsApp 发了几条告别消息，她的妈妈说她一直在浏览脸书，只要她还有力气。"医生想不到的是，病人更愿意通过社交媒体"面对死神"。有一名英国男子，30 岁左右，在零售行业工作。他头痛难忍，几乎无法走路。核磁共振检查表明他患上了一种侵袭性脑瘤。虽然接受了治疗，但肿瘤仍在恶化，他丧失了右侧身体的全部功能及语言能力。只能躺在医院病床上的他只有几个交流的渠道，于是他拿起了 iPad，开始在博客上讲述自己的经历。令他难过的是，他有一个 1 岁大的儿子，他希望他的孩子日后能在博客中更好地了解他。正因为博客具有动态瞬时性，医生得以了解病人在临终前经历了怎样巨大的情感变化。他的医生在一篇文章中这样写道："某天他在安排自己的葬礼，第二天却要求转去急诊接受进一步化疗。"[5] 医生们知道，博客有时只是宣泄情绪的工具，但他们也在思索："如果医生认为这些评价是不公正的，他们是否有权评论或回应？……他们真的有权回应吗？"他们用提问结束了这篇文章："用网络传播这些记录很可能将成为一种社会常态，我们准备好了吗？"

此外，当死亡和临终与社交媒体有了关联，许多棘手的问题也随之而来。家人有时会通过脸书得知亲人的死讯，这显然会造成无法预料的创伤。例如，曾有一名已经死亡的脑瘤患者的家人气愤不已，原因是患者的朋友创建了一个脸书账号，贴出了患者孩子的照片，为他们募集教育资金。[6] 这些信息被公之于众后，许多失联多年的朋友发来信息，令家属疲于回复。对于那些本就不常使用社交媒体的家属而言，这种反应尤其严重。社交媒体也成了许多抗议运动的有力媒介，但这也可能是一把双刃剑。约书亚·哈迪（Joshua Hardy）年仅 7 岁，濒临死亡，他从婴儿时就开始与一种罕见的癌症抗争。在接受了骨髓移植后，他发生了病毒性感染，鉴于约书亚的免疫系统极其脆弱，这一感染十分严重。他的家人寄希望于一种尚未获得临床使用批准的实验性疗法，于是发起了一次社交媒体运动，收集了上千人的签名，迫使研发公司为约书亚提供药物。在约书亚得到药物后，他们的努力却引发了猛烈抨击，许多人认为这不公平，因为并不是每个人都能利用社交媒体召集这么多人声援。[7]

即使走过了生命的终点，社交媒体依然在发挥作用。我的一个老同学在一次游泳中意外死亡，知道这个消息后没几天，我收到了一条推送，他的脸书更新了。那是一张他和家人的合影，好像是他的姐姐替他发的。这似乎有些奇怪，她的姐姐痛失亲人，却还能在他的账户上更新，诉说她是如何在梦里见到活着的他，如何想象这一切都只是一场梦境。从已故朋友的账号上看到这些文字，我感到胃里一阵绞痛，它们甚至还和那些猫咪视频、度假照片混杂在一起。最后我实在感到不适，决定在推送中屏蔽这些消息。

现在，约 100 万脸书用户已经去世，人们甚至造出了"脸书幽灵"（Facebook ghosts）一词用于描述这些账户。[8] 在脸书上，这些个人主页可以转为纪念主页，供人们公开表达哀思。

因为有了社交媒体，人们可以用文字、照片和视频捕捉思想、情感和瞬间的宝藏，并将其流传下去。在过去，只有少数人可以用自传的形式记录他们的一生，而现在，我们每一个人都可以用社交媒体创造只属于自己人生的账户。有几家公司已经为社交媒体开发出了新方法，可以在用户去世后长期保留他们的信息。其中一个网站，Dead.social.org，可以在用户死亡后管理他们将要从社交媒体账户发出的消息。会员可以设置时间，在去世后很久依然可以在脸书或推特的个人主页更新语音或视频消息。这项服务不收取任何费用。根据网站的说法，这可能"对（他们的）遗产产生重大影响"。

客观而言，社交媒体绝不是昙花一现，而将会保留下来。随着人们逐渐衰老，行动受限，疾病使他们孤独缠身，网络却可以带给他们更多交流。电脑系统变得越来越智能，我们一定会发明出一种方式，只要动动脑子，就能传递我们的思想。关于数字连接对我们社交生活的影响，无论每个人看法如何，不可否认的是，走向生命终点的人或许可以从中受益。比起我们已经发明的大部分先进医疗手段，互联网给了我希望：在病人面对生命终点时，我们或许可以减轻一些他们的痛苦。

医生有许多盲点，而最大的盲点大概就是病人在医院之外的生活。对于医生而言，重要的是将病人看作病人，但有时或许应该把他们看作人，一个被困在他们从来不愿前往的地方的人，这更有帮助。作为社群中的一员，我们才刚刚开始感受到新媒体对于晚期患者的作用。一些计划中的项目将选择使用社交媒体来帮助患者，不仅旨在帮助他们与外界连接，更着重于帮助他们获得实际的医疗护理。[9] 现在，Skype 等视频聊天服务已经触手可及，它们不仅可以用于与朋友、家人线上见面，也可以用于与医务人员进行线上会议。许多在线论坛，诸如"癌症经验记录"（Cancer Experience Registry），已经被用来记录化疗可能对患者产生的情感伤害。这些创新的机会不计其数。

科学的进步使医疗实践发生了革命性的变化，但我们也要意识到，在许多方面，医务人员都执着于传统的，甚至已经过时的行医习惯。毕竟，医生是极少数依然在使用传呼机进行联络的职业。我们日常使用的许多设备，如听诊器和心电图，已经发明了 100 年之久。许多被认为是前沿的进展其实是基于更古老的疗法，如在 2015 年获得诺贝尔生理学或医学奖的疟疾新疗法，是基于一种 1700 年前首次使用的疗法。[10] 以当代的标准而言，即使是现在应用于各大医院的电子健康记录软件，也是个过时物件，杂乱无章，难以上手。医疗学习、实践，以及医生与病人之间的互动方式，在很大程度上也停滞不前。意料之中的是，医生们虽然在社交媒体上很活跃，但大部分人不愿将新媒体纳入自己的行医实践。

这是可以理解的，因为许多医生担心侵犯病人的隐私权，近些年来，对于病人的隐私保护愈发严格。然而，缺乏积极的医生声音，导致留下了一个巨大的空白。人们更加关注自己的健康，尤其是在接近临终时，他们经常寻求与医生在平台上进行互动，而不是面对面的短暂会面。医生遗留的空白空间中，充斥着自我推销的庸医和利用人们的恐惧和好奇牟利的骗子。

人们的好奇和医生的沉默之间的断层被一个特殊的群体填补了，他们横跨了两个世界，他们就是恰巧患有绝症的医生。29 岁的凯特·格兰（Kate Granger），在接受老年病学（护理老年患者）的学科培训时，不幸降临了。2011 年，她在离家乡英国约克郡数千公里以外的加利福尼亚州度假时感到不适，她的丈夫克里斯带她去了当地的急诊。结果表明她的肾脏正在衰竭。进一步的检查表明，她的腹内长了东西，阻塞了尿液排出肾脏。而这个"东西"是最罕见的癌症之一——肉瘤（sarcoma），发病率为两百万分之一。最初，医生认为这个肉瘤仅限于腹部，有可能通过手术治愈。但凯特无论如何也想不到接下来发生的事情，这对于许多病人而言或许并不陌生。

"我待在隔壁房间，可以清楚听到外面发生了什么。我疼痛难忍，又独自一人，"《每日邮报》（*Daily Mail*）引用了凯特的话 [11]，"一名年轻医生来与我讨论那周早些时候核磁共振检查的结果。这名医生我以前从没见过。他走进房间，坐在我身旁的椅子上，目光从我身上移开。没有任何警告，也没有问我需不需要有人陪着，他直接开口道，'你的癌症已经扩散了'。"

凯特现在已经 30 多岁了，并没有被她的疾病击倒。很明显，她毫不打算独自承受痛苦。她开始写博客，然后是推特，在这里她吸引了超过 3.5 万名关注者，并且发起了一项广受好评的运动，名为"我的名字是"（mynameis），鼓励更多的医生和护士向患者和家属介绍自己，与他们建立联系。尽管化疗将她从死亡线上拉了回来，但她的癌症依然无法治愈，而且随时可能复发。但凯特已经有了自己的计划：她准备用推特直播自己的最后时刻。她在给我的信中写道："临终直播将包括我的症状、治疗、恐惧、焦虑、期待，以及克里斯如何应对这一切。""我希望完完整整地展示我的人生、我最美好的回忆，并借此机会感谢每个人，感谢他们为我做过的每件事。在这个过程中，我希望临终直播能在社会和公众中开启一场关于死亡的对话，并在家庭内部引发一些对临终愿望的讨论。"

作为一名医生，凯特感到，了解一名患者的社交媒体内容对于他们的主治医生而言非常有价值。"如果这些内容可以帮助我更好地理解他们的死亡体验，我会很感兴趣……如果患者没有得到良好的治疗，那么这种实时的反馈对于解决问题和改善情况是非常宝贵的。"

尽管即将公开病情，并且有意愿直播即将发生的一切，凯特依然在分享和保留之间挣扎。"我认为临终是一种极其私人的体验，或许只应该属于个人和他们的爱人，远离外界的目光。我也许会为推特上对直播死亡的期待感到压力，或许我应该更关注自己、克里斯和我的家人。"在网络上各种声音的洪流中，她的观点也在发生着变化。有一次，一个人说她"不符合一名医生的行为规范"。①

医生们对于公开地面对自己的死亡已经非常坦然。我们这个时代最杰出的作家之一奥利弗·萨克斯（Oliver Sacks）于近期过世，在被诊断出晚期疾病后，他写了几篇文章。沉浸在星空的浩瀚中，他写下这些文字，于去世前发表在 2015年 7 月 24 日的《纽约时报》上："正是这样超凡的浩瀚令我突然醒悟，我的时间所剩无几，我的生命也所剩无几。我感受到天国的美妙和永恒，而这种感受与转瞬即逝和死亡的感觉无可避免地混杂在一起。"

然而，在使用新媒体使患者受益这件事上，医生们做得并不出色，尽管的确有一些人希望改变这种状况。丹·米勒（Dan Miller）是伦敦大学学院的人类学教授，他正在进行一个多年项目，研究临终关怀医院对社交媒体的使用情况。[12]米勒认为，重要的是打破对于交流思维的限制，不要只着眼于个体的交流形式，如脸书、推特或 Skype。"我们需要更进一步，不能只紧盯着这种媒介或那种媒介，"他在给我的一

① 凯特于 2016 年 7 月 23 日逝世。——译者注

封邮件中写道，"人们认为在文本中自己拥有所有事物的控制权，这就是为什么人们总是在打电话、会面或进行预约之前，先发文字确定是否可行。一个见了医生说不出话的人，却可以在午夜写出一封长达数页的电子邮件。"米勒已经在研究中发现，医生对于自认为的最佳沟通方式极其固执："许多医生非常厌恶听到这些建议，他们对于哪种媒介应该或不应该使用，有着非常固执的观点。这对患者来说是个问题。"

社交媒体为那些临近生命终点的人开辟了新的交流渠道。如果有人用类似 Skype 的媒介播出他们的死亡，我应该不会为此感到惊讶。对于米勒而言，这种直播也并不算过分。"为什么这些 Skype 案例会有别于传统的、在许多文化中被视为必要的死亡场景？它的目的只是为了让那些无法到场的人也可以出席。"我认为，在我们的社会中，任何能为死亡这间黑屋子打开一扇窗户的事物，都应该受到欢迎。任何能为患者和家属提供更多交流渠道的方法，都是朝着正确方向迈出的一步。医务工作者永远在尝试新的仪器、新的手术、新的药物，可一旦涉及新的交流方式，患者唯一能看到医生的途径还是坐在诊所里问诊，或者更糟的是，住进医院。

如果死亡是我们的敌人，那么它最擅长在暗处作战。死亡悄无声息地支配和控制了我们生活中的方方面面。很多人说，可以用药物或设备战胜死亡，但这些只能用来延迟死亡的脚步，延长临终的过程。或许，战胜死亡最好的办法就是交流。

✦ ✦ ✦

死亡，这个强大的敌人，正在被一些不同寻常的方式在非常公开的论坛上抽丝剥茧。"死亡咖啡馆"[13] 和 "死亡沙龙"[14] 开始兴起，人们在那里一边享用饮料和食物，一边讨论死亡。许多人像喜剧演员乔治·卡林（George Carlin）一样，拿死亡开起玩笑，这在过去是不可想象的。关于死亡的大学课程越来越普及。[15] 人们甚至可以买到一种名为"死亡手表"（Tikker）的手表，它会提醒佩戴者还能活多久。在日本，年轻人甚至可以亲自躺进棺材里拍照，看看如果那一天真的到来，哪种棺材更加合适。所有这些都构成了"积极死亡"（death positive）运动的一部分，旨在对死亡开诚布公，受众不仅是那些正在面对死亡的人，还包括更年轻的一代，他们的生命远远没有到期。[16]

意识到生命有期限，不仅能让我们摆脱对于死亡的恐惧，还能让我们变得更加善良。一项研究显示，对死亡思考更多的人参与公益活动（如献血）的可能性更高。[17] 另一项研究则证实了，反思临终的人更愿意向慈善机构捐款，更懂得感恩。最后，思考死亡，这件几乎违反本能的事情，可以减少压力[18]，而众所周知，减少压力是健康长寿的秘诀。[19]

虽然医生确实在谈论死亡，但他们在自己的圈子内部谈论死亡时，会比在外部更加坦诚。我们被训练成这样，将死亡认为是最大的失败。有一次我在重症监护室，一名主治医

生正在给病人插饲管。病人病情严重，但情况似乎正在好
转。正在插管时，病人突然失去了意识。监护仪显示他的心
脏出现了恶性心律失常，主治医生发现病人已经没有了脉
搏。心肺复苏开始，但最终没能挽回病人的生命。

这名医生在房间的一角哭了起来，她之前一直克制着自
己的情绪。我带着她走出来，一直等在门口的其他医生抱了
抱她。我了解她的感受，她觉得自己失败了。直到今天，我
还记得那段记忆。

每一项进行的研究，每一次评估的治疗，唯一决定成败
的终点就是死亡。一次治疗可能让人们感到好转，但它避免
不了死亡，它只是缓兵之计。

轮到自己，医生们当然不认为死亡是最坏的结果。事实
上，大部分医生珍视生命的质量，而非生命的长度。这反映
在这样一个事实上：鲜有医生要求做心肺复苏，即使在需要
的情况下。无论在年轻 [20] 还是年长 [21] 的医生中，都是如此。
换作医生自己，他们更倾向于快速的死亡，而不是延长临终
的过程。也许是时候让医生们更加开诚布公地讨论死亡了，
就像他们的一些患者那样。这说起来容易，做起来难。死亡
这件事在美国已经被赋予了浓厚的政治色彩，政客们常常利
用人们恐惧的事情去控制他们。医生曾经经常与患者谈话，
但现在形势发生了转变，当医生的意见最具有价值时，他们
选择闭口不谈。

人们总是在谈论征服死亡，并且认为可以通过某种方式

避免死亡，以此来征服死亡。在我看来，死亡的威力源于每次讨论它时的噤若寒蝉。我们会从唤醒这些曾经失去的死亡讨论中受益。死亡应该离家更近一些，少一些隔阂和孤独，但关于死亡，我们还有一件更重要的事。我们所面对的死亡仍然不是真正的现代死亡，除非死亡成为一个可以交流的话题，让人们可以开始在课堂、酒吧、餐馆、后院，当然还有医院里，理性科学地谈论死亡。

致　谢

　　当时，我站在一间病房里，病人躺在床上，身边围着家属。虽然我是房间里最年轻的人，但每个人都来向我寻求答案。仿佛他们正在一间餐厅里，看不懂菜谱，也从未尝过这些菜式。他们对于生命的认识远超于我，却对死亡知之甚少。这就是我想写这本书的原因：为了他们，也为了无数生命中最痛苦的时刻与我相连的人们。这本书是为我自己而写，也是为其他医务工作者而写，为了让我们能更好地帮助他人。

　　在写这本书时，我正在位于美国马萨诸塞州波士顿的贝斯以色列女执事医疗中心工作。在这里，我得到了许多启发，也是在这里，我才了解到如何提供人道主义的治疗，如何成为一个真正的医生。承蒙爱琳·雷诺兹（Eileen Reynolds）的信任，我得以参与美国最负盛名的培训项目，被选为凯瑟琳·斯旺·金斯伯格人道主义医学研究员。该研究基金是为纪念一位出色的外科医生——凯瑟琳·斯旺·金斯伯格（Katherine Swan Ginsburg）而设立的。34 岁时，凯瑟琳因宫颈癌逝世，尽管她的一生十分短暂，但我从其中看到了人性的光辉，她可贵的精神正通过这个项目延续下去。

也正是在写书期间，我开始定期为《纽约时报》（The New York Times）供稿，编辑托比·比拉诺瓦（Toby Bilanow）和克雷·莱森（Clay Risen）常指点我，帮助我提高写作水平，并带我结识了一批十分令人惊喜的读者。做事需要竭尽全力，这与医学中我们强调的精神别无二致，写书也不例外。我将写书的想法告诉妻子时，她起初很是怀疑。一边是紧张的培训项目，一边是忙碌的研究，还要写一本书，这是不是有些太耗费精力了。但是在我完成这些文字和故事时，她既给了我时间，也给了我前进的信心。下班后，一回到我们在波士顿的小家，我就开始在我们二人的餐桌上伏案写作。没有她，就不会有这些文字、这些页码、这些章节，也就不会有这本书。

完稿后，我找到了一位愿意给新人作家机会的代理人。通过此前的作品，我联系到了唐·费尔（Don Fehr），尽管我们素未谋面，但他在短短一天内就给了我回信。

圣马丁出版社的编辑达妮埃拉·拉普（Daniela Rapp）是个再好不过的搭档，她本人为这些故事付出了许多心血，对我而言意义重大。在我还没为找出版公司犯愁时，唐·费尔就极有远见地告诉我，达妮埃拉是个出色的编辑。圣马丁出版社的专业团队使得出书的整个流程高效而愉悦。此外，我还要向阅读并倾情推荐这本书的作家表示感谢。

　　在波士顿完成这本书时，我的新"家"——位于美国北卡罗来纳州达勒姆的杜克大学，对我的写作鼎力相助。在这里，我充分感受到了美国南方的热情好客，无论是心内科、医学部，还是通讯部的所有人。

　　然而，以上列举的只是对本书做出贡献的其中一小部分人，是更多的人帮助我将某天在医院里闪过的一个念头成全为一本书，希望这本书能够叙述出我们这个时代中最重要的故事之一。

海德·瓦莱奇

注 释

第 1 章　细胞如何死亡

1. Wenner M. Humans carry more bacterial cells than human ones. *Scientific American*. 2007.

2. Salzberg SL, White O, Peterson J, Eisen JA. Microbial genes in the human genome: lateral transfer or gene loss? *Science*. 2001; 292(5523):1903—6.

3. Everson T. *The Gene: A Historical Perspective*. Greenwood Publishing Group; 2007.

4. Tuck S. The control of cell growth and body size in Caenorhabditis elegans. *Exp Cell Res*. 2014; 321(1):71—76.

5. Kramer M. How worms survived NASA's Columbia shuttle disaster. Space.com, www.space.com/19538-columbia-shuttle-disaster-worms-survive.html.2013.

6. Sulston JE., Brenner S. The DNA of Caenorhabditis elegans. *Genetics*. 1974; 77(1):95—104.

7. Kerr JF., Wyllie AH., Currie AR. Apoptosis: a basic biological phenomenon with wide-ranging implications in tissue kinetics. *Br J Cancer*. 1972; 26(4):239—57.

8. Hotchkiss RS, Strasser A, McDunn JE, Swanson PE. Cell death. *N Engl J Med*. 2009; 361(16):1570—83.

9. Lotze MT, Tracey KJ. High-mobility group box 1 protein (HMGB1): nuclear weapon in the immune arsenal. *Nat Rev Immunol*. 2005;

5(4):331—42.

10. Festjens N, Vanden Berghe T, Vandenabeele P. Necrosis, a well-orchestrated form of cell demise: signalling cascades, important mediators and concomitant immune response. *Biochim Biophys Acta*. 2006; 1757(9–10):1371—87.

11. Taylor RC, Cullen SP, Martin SJ. Apoptosis: controlled demolition at the cellular level. *Nat Rev Mol Cell Biol*. 2008; 9(3):231—41.

12. Narula J, Arbustini E, Chandrashekhar Y, Schwaiger M. Apoptosis and the systolic dysfunction in congestive heart failure. Story of apoptosis interruptus and zombie myocytes. *Cardiol Clin*. 2001; 19(1):113—26.

13. Melino G. The sirens' song. *Nature*. 2001; 412(6842):23.

14. Horvitz R. Worms, life and death. In: Frängsmyr T, ed. *Les Prix Nobel*. Stockholm; 2003.

15. Gompertz B. On the nature of the function expressive of the law of human mortality, and on a new mode of determining the value of life contingencies. In: *Philosophical Transactions of the Royal Society of London*. 1825; 115:513—83.

16. Caserio at the guillotine. *The New York Times*. August 16, 1894.

17. Comroe JH Jr. Who was Alexis who? *Cardiovasc Dis*. 1979; 6(3):251—70.

18. Moseley J. Alexis Carrel, the man unknown: journey of an idea. *JAMA*. 1980; 244(10):1119—21.

19. Moseley, Alexis Carrel.

20. Weismann A. *Essays upon Heredity and Kindred Biological Problems*. Poulton EB, Schönland S, Shipley AE, eds. 2nd ed. Oxford: Clarendon Press; 1891—92.

21. Carrel A. On the permanent life of tissues outside of the organism. *J Exp Med*. 1912; 15(5):516—28.

22. Friedman DM. *The Immortalists: Charles Lindbergh, Dr. Alexis Carrel, and Their Daring Quest to Live Forever*. Ecco; 2007.

23. Carrel A. *Man, the Unknown*. Halcyon House; 1938.

24. Witkowski JA. Dr. Carrel's immortal cells. *Med Hist.* 1980; 24(2):129—42.

25. Hayflick L. The limited in vitro lifetime of human diploid cell strains. *Exp Cell Res.* 1965; 37:614—36.

26. Shay JW, Wright WE. Hayflick, his limit, and cellular ageing. *Nat Rev Mol Cell Biol.* 2000; 1(1):72—76.

27. Carrel, *Man, the Unknown*.

28. Watson JD. Origin of concatemeric T7 DNA. *Nat New Biol.* 1972; 239(94):197—201.

29. Blackburn EH, Gall JG. A tandemly repeated sequence at the termini of the extrachromosomal ribosomal RNA genes in Tetrahymena. *J Mol Biol.* 1978; 120 (1):33—53.

30. Cooke HJ, Smith, BA. Variability at the telomeres of the human X/Y pseudoautosomal region. *Cold Spring Harb Symp Quant Biol.* 1986; 51: 213—19.

31. Moyzis RK, Buckingham JM, Cram LS, Dani M, Deaven LL, Jones MD, et al. A highly conserved repetitive DNA sequence, (TTAGGG) n, present at the telomeres of human chromosomes. *Proc Natl Acad Sci USA.* 1988; 85(18):6622—26.

32. Harley CB, Futcher AB, Greider CW. Telomeres shorten during ageing of human fibroblasts. *Nature.* 1990; 345(6274):458—60.

33. Greider CW, Blackburn EH. Identification of a specific telomere terminal transferaseactivity in Tetrahymena extracts. *Cell.* 1985; 43(2 Pt 1):405—13.

34. Bodnar AG, Ouellette M, Frolkis M, Holt SE, Chiu CP, Morin GB, et al. Extension of life span by introduction of telomerase into normal human cells. *Science.* 1998; 279(5349):349—52.

35. Jaskelioff M, Muller FL, Paik JH, Thomas E, Jiang S, Adams AC, et al. Telomerase reactivation reverses tissue degeneration in aged telomerase-deficient mice. *Nature.* 2011;469(7328):102—6.

36. Lopez-Otin C, Blasco MA, Partridge L, Serrano M, Kroemer G. The hallmarks of aging. *Cell.* 2013; 153(6):1194—217.

37. Kim NW, Piatyszek MA, Prowse KR, Harley CB, West MD, Ho PL, et al. Specific association of human telomerase activity with immortal cells and cancer. *Science.* 1994; 266(5193):2011—15.

第 2 章　生命（和死亡）如何得以延长

1. Clark A, ed. *Aubrey's Life of John Graunt* (1620—1674). Oxford at the Clarendon Press; 1898.

2. Jones HW. John Graunt and His Bills of Mortality. *Bull Med Libr Assoc.* 1945; 33(1):3—4.

3. Smith R, lecturer. John Graunt, the law of natural decline and the origins of urban historical demography. Part of conference: Mortality Past and Present: John Graunt's Bills of Mortality—Part One. Barnard's Inn Hall, London. November 29, 2012.

4. "Old Medical Terminology." www.rootsweb.ancestry.com/usgwkidz/ oldmedterm.htm.

5. King JA, Ubelaker DH, eds. *Living and Dying on the 17th Century Patuxent Frontier.* Crownsville, MD: The Maryland Historical Trust Press. www.jefpat.org/ Documents/King, Julia A. & Douglas H. Ubelaker-Living and Dying on the 17th Century Patuxent Frontier. pdf.

6. Abstract of the Bill of Mortality for the Town of Boston. *N Engl J Med Surg.* 1812:1:320—21.

7. Howe HF. Boston and New England in 1812. *N Engl J Med.* 1962; 266:20—22.

8. Death-rates for 1911 in the United States and its large cities. *Boston Medical and Surgical Journal.* 1912; CLXVI(2):63—64.

9. The state of US health, 1990—2010: burden of diseases, injuries, and risk factors. *JAMA.* 2013; 310(6):591—608.

10. Hsiang-Ching Kung DLH, Xu J, Murphy SL. *Deaths: Final Data for 2005.* National Vital Statistics Report. Centers for Disease Control and Prevention; 2008.

11. Bodenheimer T, Chen E, Bennett HD. Confronting the growing burden of chronic disease: can the U.S. health care workforce do the job? *Health Aff* (Millwood). 2009; 28(1):64—74.

12. Narayan KM, Boyle JP, Thompson TJ, Sorensen SW, Williamson DF. Lifetime risk for diabetes mellitus in the United States. *JAMA*. 2003; 290(14):1884—90.

13. Jones DS, Podolsky SH, Greene JA. The burden of disease and the changing task of medicine. *N Engl J Med*. 2012; 366(25):2333—38.

14. Ziv S. President Harding's mysterious S.F. death. *San Francisco Chronicle*. December 9, 2012.

15. Gladwell M. *Blink: The Power of Thinking without Thinking*. Back Bay Books; 2007:72—75.

16. Stewart J. America *(The Book): A Citizen's Guide to Democracy Inaction*. Grand Central Publishing; 2004:378—84.

17. Voo J. America's 10 unhealthiest presidents. *Fitness Magazine*. January 2009.

18. Taylor M. A mystery of presidential proportions; new book analyzes Warren G. Harding's death in S.F.. *San Francisco Chronicle*. August 1, 1998.

19. Wilbur RL, ed. *The Memoirs of Ray Lyman Wilbur 1875–1949*. Stanford University Press; 1960.

20. Ford ES, Ajani UA, Croft JB, Critchley JA, Labarthe DR, Kottke TE, et al. Explaining the decrease in U.S. deaths from coronary disease, 1980–2000. *N Engl J Med*. 2007; 356(23):2388—98.

21. Rago J. The story of Dick Cheney's heart. *Wall Street Journal*. July 11, 2011.

22. Shane S. For Cheney, 71, new heart ends 20-month wait. *New York Times*. March 24, 2012.

23. Go AS, Mozaffarian D, Roger VL, Benjamin EJ, Berry JD, Blaha MJ, et al. Executive summary: heart disease and stroke statistics—2014 update: a report from the American Heart Association. *Circulation*. 2014; 129(3):399—410.

24. National Cancer Institute, National Center for Health Statistics, Centers for Disease Control and Prevention. *SEER Cancer Statistics Review 1975–2005*. 2008.

25. Marelli AJ, Mackie AS, Ionescu-Ittu R, Rahme E, Pilote L. Congenital heart disease in the general population: changing prevalence and age distribution. *Circulation*. 2007; 115(2):163—72.

26. Isaacs B, Gunn J, McKechan A, McMillan I, Neville Y. The concept of pre-death. *Lancet*. 1971; 1(7709):1115—18.

27. Whitney CR. Jeanne Calment, world's elder, dies at 122. *New York Times*. August 5, 1997.

28. Genesis 5:27.

29. Burger O, Baudisch A, Vaupel JW. Human mortality improvement in evolutionary context. *Proc Natl Acad Sci USA*. 2012; 109(44): 18210—14.

30. Ruse M, ed. *Evolution: The First Four Billion Years*. The Belknap Press of Harvard University Press; 2009.

31. Schwartz L. 17th-century childbirth: "exquisite torment and infinite grace." *Lancet*. 2011; 377(9776):1486—87.

32. Gurven M, Kaplan, H. Longevity among hunter-gatherers: a cross-cultural examination. *Population and Development Review*. 2007; 33(2):321—65.

33. Griffin JP. Changing life expectancy throughout history. *J R Soc Med*. 2008; 101(12):577.

34. Riley JC. *Low Income, Social Growth, and Good Health*. University of California Press; 2007.

35. Oeppen J, Vaupel JW. Demography. Broken limits to life expectancy. *Science*. 2002; 296(5570):1029—31.

36. Wilmoth JR, Deegan LJ, Lundstrom H, Horiuchi S. Increase of maximum life span in Sweden, 1861–1999. *Science*. 2000; 289(5488):2366—68.

37. Olshansky SJ, Carnes BA, Cassel C. In search of Methuselah: estimating the upper limits to human longevity. *Science*. 1990;

250(4981):634—40.

38. Wilmoth et al., Increase.

39. Hayflick L. "Anti-aging" is an oxymoron. *J Gerontol A Biol Sci Med Sci.* 2004; 59(6):B573—78.

40. Olshansky et al., In search of Methuselah.

41. Hutchison ED. *Dimensions of Human Behavior: The Changing Life Course.* 4th ed. Sage Publications; 2010.

42. Weon BM, Je JH. Theoretical estimation of maximum human lifespan. *Biogerontology.* 2009; 10(1):65—71.

43. *Ageing in the Twenty-First Century: A Celebration and a Challenge.* United Nations Population Fund (UNFPA), New York and HelpAge International, London; 2012.

44. Burger et al., Human mortality improvement.

45. Cohen AA. Female post-reproductive lifespan: a general mammalian trait. *Biol Rev Camb Philos Soc.* 2004; 79(4):733—50.

46. Jones OR, Scheuerlein A, Salguero-Gomez R, Camarda CG, Schaible R, Casper BB, et al. Diversity of ageing across the tree of life. *Nature.* 2014; 505(7482): 169—73.

47. Validated Living Supercentenarians Super Centenarian Research Foundation: Gerontology Research Group; 2014. www.supercentenarian-research-foundation.org/TableE.aspx.

48. Hamilton WD. The moulding of senescence by natural selection. *J Theor Biol.* 1966; 12(1):12—45.

49. Kim PS, Coxworth JE, Hawkes K. Increased longevity evolves from grandmothering. *Proc Biol Sci.* 2012; 279(1749):4880—84.

50. Johnstone RA, Cant MA. The evolution of menopause in cetaceans and humans: the role of demography. *Proc Biol Sci.* 2010; 277(1701):3765—71.

51. Outhwaite RB. Population change, family structure and the good of counting. *The Historical Journal.* 1979; 22(1):229—37.

52. Bird DW, Bird BB. Children on the reef. *Human Nature.* 2002; 13(2):269—97.

53. Jones BJ, Marlowe FW. Selection for delayed maturity. *Human Nature*. 2002; 13(2):199—238.

54. Institute for Health Metrics and Evaluation. *The State of US Health: Innovations, Insights, and Recommendations from the Global Burden of Disease Study*. Seattle, WA: Institute for Health Metrics and Evaluation, University of Washington; 2013.

55. Whelan D. Cranking up the volume. *Forbes*. February 8, 2008. www.forbes.com/forbes/2008/0225/032.html.

56. United States Census Bureau. Fairfax County, Virginia. quickfacts.census.gov/qfd/states/51/51059.html. 2013.

57. United States Census Bureau. McDowell County, West Virginia. quickfacts.census.gov/qfd/states/54/54047.html. 2013.

58. Kochanek KD, Arias E, Anderson RN. *How Did Cause of Death Contribute to Racial Differences in Life Expectancy in the United States in 2010?* NCHS data brief, no. 125. Hyattsville, MD: National Center for Health Statistics; 2013.

59. Riley, *Low Income.*

第 3 章　死亡现存何处

1. Ariès P. *Western Attitudes toward Death: From the Middle Ages to the Present*. Johns Hopkins University Press; 1975.

2. Boston Mortality Statistics. *Boston Med Surg J*. 1912; CLXVI(2):66.

3. Hunt RW, Bond MJ, Groth RK, King PM. Place of death in South Australia. Patterns from 1910 to 1987. *Med J Aust*. 1991; 155(8):549—53.

4. Katz BP, Zdeb MS, Therriault GD. Where people die. *Public Health Rep*. 1979; 94(6):522—27.

5. Brock DB, Foley DJ. Demography and epidemiology of dying in the U.S. with emphasis on deaths of older persons. *Hosp J*. 1998; 13(1–2):49—60.

6. Flynn A, Stewart DE. Where do cancer patients die? A review of

cancer deaths in Cuyahoga County, Ohio, 1957–1974. *J Community Health*. 1979; 5(2):126—30.

7. Cartwright A. Changes in life and care in the year before death 1969—1987. *J Public Health Med*. 1991; 13(2):81—87.

8. Zander L, Chamberlain G. ABC of labour care: place of birth. *BMJ*. 1999; 318(7185):721—23.

9. Illich I. *Medical Nemesis: The Expropriation of Health*. Pantheon Books; 1976.

10. Distress of dying. *BMJ*. 1972; 3(5820):231.

11. Brock and Foley, Demography.

12. Where do people die? *J Coll Gen Pract*. 1960; 3(4):393—94.

13. Decker SL, Higginson IJ. A tale of two cities: factors affecting place of cancer death in London and New York. *Eur J Public Health*. 2007; 17(3):285—90.

14. Gomes B, Higginson IJ. Where people die (1974—2030): past trends, future projections and implications for care. *Palliat Med*. 2008; 22(1):33—41.

15. Higginson IJ, Sen-Gupta GJ. Place of care in advanced cancer: a qualitative systematic literature review of patient preferences. *J Palliat Med*. 2000; 3(3):287—300.

16. Solloway M, LaFrance S, Bakitas M, Gerken M. A chart review of seven hundred eighty-two deaths in hospitals, nursing homes, and hospice/home care. *J Palliat Med*. 2005; 8(4):789—96.

17. Gruneir A, Mor V, Weitzen S, Truchil R, Teno J, Roy J. Where people die: a multilevel approach to understanding influences on site of death in America. *Med Care Res Rev*. 2007; 64(4):351—78.

18. Weitzen S, Teno JM, Fennell M, Mor V. Factors associated with site of death: a national study of where people die. *Med Care*. 2003; 41(2):323—35.

19. Gomes B, Higginson IJ. Factors influencing death at home in terminally ill patients with cancer: systematic review. *BMJ*. 2006; 332(7540):515—21.

20. Bell CL, Somogyi-Zalud E, Masaki KH. Factors associated with congruence between preferred and actual place of death. *J Pain Symptom Manage.* 2010; 39(3):591—604.

21. Fischer CS, Hout M. *Century of Difference: How America Changed in the Last One Hundred Years.* Russell Sage Foundation; 2008.

22. Silverstein M, Bengtson VL. Intergenerational solidarity and the structure of adult child–parent relationships in American families. *Am J Sociology.* 1997; 103(2):429—60.

23. Bianchi S, McGarry K, Seltzer J. *Geographic Dispersion and the Well-Being of the Elderly.* Michigan Retirement Research Center, University of Michigan; 2010.

24. Moinpour CM, Polissar L. Factors affecting place of death of hospice and nonhospice cancer patients. *Am J Public Health.* 1989; 79(11):1549—51.

25. Gooch RA, Kahn JM. ICU bed supply, utilization, and health care spending: an example of demand elasticity. *JAMA.* 2014; 311(6):567—68.

26. Broad et al., Where do people die?

27. Munday D, Petrova M, Dale J. Exploring preferences for place of death with terminally ill patients: qualitative study of experiences of general practitioners and community nurses in England. *BMJ.* 2009; 339:b2391.

28. Finkelstein A. The aggregate effects of health insurance: evidence from the introduction of medicare. *Q J Econ.* 2005; 122(3):1—37.

29. Sampson WI. Dying at home [letter]. *JAMA.* 1976; 235(17):1840.

30. Flory J, Yinong YX, Gurol I, Levinsky N, Ash A, Emanuel E. Place of death: U.S. trends since 1980. *Health Aff* (Millwood). 2004; 23(3):194—200.

31. National Center for Health Statistics. *Health, United States, 2010: With Special Feature on Death and Dying.* Hyattsville, MD: National Center for Health Statistics; 2011.

32. Flory et al., Place of death.

33. Hanchate A, Kronman AC, Young-Xu Y, Ash AS, Emanuel E. Racial and ethnic differences in end-of-life costs: why do minorities cost more than whites? *Arch Intern Med.* 2009; 169(5):493—501.

34. Smallwood N. Poorest people are more likely to die in hospital. *BMJ.* 2010; 341:c4518.

35. Bigger than Marx, *Economist.* May 3, 2014.

36. McEwan I. *The Cement Garden.* Anchor; 1994.

37. Smithers D. Where to die. *BMJ.* January 6, 1973; 1(5844):34—35.

第 4 章　我们如何学会放弃抢救

1. Mills J, ed. *Body Mechanics and Transfer Techniques.* 4th ed. Philadelphia, PA: Lippincott Williams & Wilkins; 2004.

2. Turk LN III, Glenn WW. Cardiac arrest; results of attempted cardiac resuscitation in 42 cases. *N Engl J Med.* 1954; 251(20):795—803.

3. 2 Kings 4:34 (KJV).

4. Mitka M. Peter J. Safar, MD: "father of CPR," innovator, teacher, humanist. *JAMA.* 2003; 289(19):2485—86.

5. Kacmarek RM. The mechanical ventilator: past, present, and future. *Respir Care.* 2011; 56(8):1170—80.

6. Perman E. Successful cardiac resuscitation with electricity in the 18th century? *BMJ.* 1978; 2(6154):1770—71.

7. Delgado H, Toquero J, Mitroi C, Castro V, Lozano IF. Principles of external defibrillators. In: Erkapic D, Bauernfeind T, eds. *Cardiac Defibrillation.* InTech; 2013.

8. Beck CS, Pritchard WH, Feil HS. Ventricular fibrillation of long duration abolished by electric shock. *JAMA.* 1947; 135(15):985.

9. Cohen SI. Resuscitation great. Paul M. Zoll, M.D.—the father of "modern" electrotherapy and innovator of pharmacotherapy for life-threatening cardiac arrhythmias. *Resuscitation.* 2007; 73(2):178—85.

10. Zoll PM, Linenthal AJ, Gibson W, Paul MH, Norman LR. Termination of ventricular fibrillation in man by externally applied electric

countershock. *N Engl J Med*. 1956; 254(16):727—32.

11. Nadkarni VM, Larkin GL, Peberdy MA, Carey SM, Kaye W, Mancini ME, et al. First documented rhythm and clinical outcome from in-hospital cardiac arrest among children and adults. *JAMA*. 2006; 295(1):50—57.

12. Vallejo-Manzur F, Varon J, Fromm R Jr, Baskett P. Moritz Schiff and the history of open-chest cardiac massage. *Resuscitation*. 2002; 53(1):3—5.

13. Hake T. Studies on ether and chloroform, from Prof. Schiff's physiological laboratory. In: Anstie F, ed. *The Practitioner: A Journal of Therapeutics and Public Health*. London, UK: Macmillan and Co; 1874.

14. Eisenberg MS. *Life in the Balance: Emergency Medicine and the Quest to Reverse Sudden Death*. Oxford University Press; 1997:110.

15. American Medical Association. Section on Surgery and Anatomy. *Transactions of the Section on Surgery and Anatomy of the American Medical Association at the 57th Annual Session*. American Medical Association Press; 1906:518.

16. Kouwenhoven WB, Jude JR, Knickerbocker GG. Closed-chest cardiac massage. *JAMA*. 1960; 173:1064—67.

17. Lawrence G. Tobacco smoke enemas. *Lancet*. 2002; 359(9315):1442.

18. Satya-Murti S. Rectal fumigation. A core rewarming practice from the past. *Pharos Alpha Omega Alpha Honor Med Soc*. 2005; 68(1):35—38.

19. Relman AS. The new medical-industrial complex. *N Engl J Med*. 1980; 303 (17): 963—70.

20. Tracking progress toward global polio eradication—worldwide, 2009–2010. *MMWR*. 2011; 60(14):441—45.

21. Drinker P, Shaw LA. An apparatus for the prolonged administration of artificial respiration, I: a design for adults and children. *J Clin Invest*. 1929; 7(2): 229—47.

22. Lassen HC. A preliminary report on the 1952 epidemic of

poliomyelitis in Copenhagen with special reference to the treatment of acute respiratory insufficiency. *Lancet*. 1953; 1(6749):37—41.

23. Andersen EW, Ibsen B. The anaesthetic management of patients with poliomyelitis and respiratory paralysis. *BMJ*. 1954; 1(4865):786—88.

24. Watson JD, Crick FH. Molecular structure of nucleic acids; a structure for deoxyribose nucleic acid. *Nature*. 1953; 171(4356): 737—38.

25. Symmers WS Sr. Not allowed to die. *BMJ*. 1968; 1(5589):442.

26. Emrys-Roberts M. Death and resuscitation. *BMJ*. 1969; 4(5679): 364—65.

27. Oken D. What to tell cancer patients. A study of medical attitudes. *JAMA*. 1961; 175:1120—28.

28. Fitts WT Jr, Ravdin IS. What Philadelphia physicians tell patients with cancer. *JAMA*. 1953; 153(10):901—4.

29. Kelly WD, Friesen SR. Do cancer patients want to be told? *Surgery*. 1950; 27(6): 822—26.

30. Is the medical profession inevitably patriarchal? *Lancet*. 1977; 2(8039):647.

31. Curtis JR, Rubenfeld GD. *Managing Death in the Intensive Care Unit: The Transition from Cure to Comfort*. Oxford University Press; 2000:11.

32. Gazelle G. The slow code—should anyone rush to its defense? *N Engl J Med*. 1998; 338(7):467—69.

33. McFadden RD. Karen Ann Quinlan, 31, dies; focus of '76 right to die case. *New York Times*. June 12, 1985.

34. Kennedy IM. The Karen Quinlan case: problems and proposals. *J Med Ethics*. 1976; 2(1):3—7.

35. Testimony begins in Karen Quinlan case. *Observer Reporter*. October 21, 1975.

36. Lepore J. *The Mansion of Happiness: A History of Life and Death*. Alfred A Knopf; 2012:153.

37. Pope Pius XII. *The Prolongation of Life*. November 24, 1957.

38. *In the Matter of Karen Quinlan, an Alleged Incompetent*. 137 N.J. Super. 227 (1975) 348 A.2d 801.

39. Lepore, *Mansion*.

40. Duff RS, Campbell AG. Moral and ethical dilemmas in the special-care nursery. *N Engl J Med*. 1973; 289(17):890—94.

41. A right to die? Karen Ann Quinlan. *Newsweek*. November 3, 1975.

42. Powledge TM, Steinfels P. Following the news on Karen Quinlan. *Hastings Cent Rep*. 1975; 5(6):5—6, 28.

43. Powledge and Steinfels, Following.

44. Rachels J. Active and passive euthanasia. In: Humber JM, Almeder RF, eds. *Biomedical Ethics and the Law*. Springer US; 1979:511—16.

45. McFadden RD. Kenneth C. Edelin, doctor at center of landmark abortion case, dies at 74. *New York Times*. December 30, 2013.

46. *Commonwealth v. Kenneth Edelin*. 371 Mass. 497. Suffolk County; 1976.

47. *In the Matter of Karen Quinlan, an Alleged Incompetent*.

48. Beresford HR. The Quinlan decision: problems and legislative alternatives. *Ann Neurol*. 1977; 2(1):74—81.

49. Cohn J. Sick. *New Republic*. May 28, 2001.

50. Palmer T. Patients' rights: hospitals finding it's more than bedside manner. *Chicago Tribune*. March 10, 1985.

51. Rabkin MT, Gillerman G, Rice NR. Orders not to resuscitate. *N Engl J Med*. 1976; 295(7):364—66.

52. Optimum care for hopelessly ill patients. A report of the Clinical Care Committee of the Massachusetts General Hospital. *N Engl J Med*. 1976; 295(7): 362—64.

53. Puchalski CM, Vitillo R, Hull SK, Reller N. Improving the spiritual dimension of whole person care: reaching national and international consensus. *J Palliat Med*. 2014; 17(6):642—56.

54. Jabre P, Belpomme V, Azoulay E, Jacob L, Bertrand L, Lapostolle F,

et al. Family presence during cardiopulmonary resuscitation. *N Engl J Med*. 2013; 368(11): 1008—18.

55. Stapleton RD, Ehlenbach WJ, Deyo RA, Curtis JR. Long-term outcomes after inhospital CPR in older adults with chronic illness. *Chest*. 2014; 146(5):1214—25.

56. Ehlenbach WJ, Barnato AE, Curtis JR, Kreuter W, Koepsell TD, Deyo RA, et al. Epidemiologic study of in-hospital cardiopulmonary resuscitation in the elderly. *N Engl J Med*. 2009; 361(1):22—31.

第 5 章 死亡如何被重新定义

1. Nolan JP, Morley PT, Vanden Hoek TL, Hickey RW, Kloeck WG, Billi J, et al. Therapeutic hypothermia after cardiac arrest: an advisory statement by the advanced life support task force of the International Liaison Committee on Resuscitation. *Circulation*. 2003; 108(1):118—21.

2. Fernandez L. Friends believe Jahi McMath, "quiet leader," is alive. NBC Bay Area.www.nbcbayarea.com/news/local/Jahi-McMath-Brain-Death-Tonsillectomy-EC-Reems-Academy-Friends-Believe-Alive-239629891.html. 2014.

3. Narang I, Mathew JL. Childhood obesity and obstructive sleep apnea. *J Nutr Metab*. 2012; 2012:134202.

4. Fernandez L. Catholic organization says Jahi McMath "with Jesus Christ." NBC Bay Area. www.nbcbayarea.com/news/local/Catholic-Organization-Says-Jahi-McMath-With-Jesus-Christ-239314591.html. 2014.

5. Klingensmith SW. Child animism; what the child means by alive. *Child Dev*. 1953; 24(1):51—61.

6. Driver R, Squires A, Rushworth P, Wood-Robinson V. *Making Sense of Secondary Science: Research into Children's Ideas*. Routledge; 1993.

7. Sheehan NW, Papalia-Finlay DE, Hooper FH. The nature of the life

concept across the life span. *Int J Aging Hum Dev.* 1980; 12(1):1—13.

8. Anderson N. Living nonliving things: 4th grade. Pages accessed at Ohio State University and the National Science Foundation at gk-12. osu.edu/Lessons/02-03/LivingNonliving_Web.pdf.

9. Benner SA. Defining life. *Astrobiology.* 2010; 10(10):1021—30.

10. Deamer D. *First Life: Discovering the Connections between Stars, Cells, and How Life Began.* Berkeley, CA: Reports of the National Center for Science Education; 2011.

11. Oparin A. *Origin of Life.* Macmillan; 1938.

12. Benner, Defining life.

13. Deamer D. *Origins of Life: The Central Concepts.* Jones & Bartlett Publishers; 1994.

14. Jabr F. Why nothing is truly alive. *New York Times.* March 12, 2014.

15. Mullen L. Forming a definition for life: interview with Gerald Joyce. *Astrobiology.* July 25, 2013.

16. Hamlin H. Life or death by EEG. *JAMA.* 1964; 190:112—14.

17. Seeley LJ. Electroencephalographic recording of a death due to nontoxic causes. *JAMA.* 1954; 156(17):1580.

18. Wertheimer P, Jouvet M, Descotes J. Diagnosis of death of the nervous system in comas with respiratory arrest treated by artificial respiration [in French]. *Presse Med.* 1959; 67(3):87—88.

19. Matis G, Chrysou O, Silva D, Birblis T. Brain death: history, updated guidelines and unanswered questions. *Internet Journal of Neurosurgery.* 2012; 8(1).

20. Tentler RL, Sadove M, Becka DR, Taylor RC. Electroencephalographic evidence of cortical death followed by full recovery; protective action of hypothermia. *JAMA.* 1957; 164(15):1667—70.

21. Hamlin, Life or death.

22. Löfstedt S, von Reis, G. Intrakraniella lesioner med bilateralt upphävd contrastpassage i a. carotis interna [Intracranial lesions with abolished passage of x-ray contrast through the internal carotid arteries]. *Opusc Med.* 1956; 202:1199—202.

23. Kinnaert P. Some historical notes on the diagnosis of death—
the emergence of the brain death concept. *Acta Chir Belg.* 2009;
109(3):421—28.

24. Haas LF. Hans Berger (1873–1941), Richard Caton (1842–1926),
and electroencephalography. *J Neurol Neurosurg Psychiatry.* 2003;
74(1):9.

25. Beecher HK. Experimentation in man. *JAMA.* 1959; 169(5):461—78.

26. Harkness J, Lederer SE, Wikler D. Laying ethical foundations for
clinical research. *Bull World Health Organ.* 2001; 79(4):365—66.

27. Beecher HK. Ethics and clinical research. *N Engl J Med.* 1966;
274(24):1354—60.

28. Beecher HK. Ethical problems created by the hopelessly unconscious
patient. *N Engl J Med.* 1968; 278(26):1425—30.

29. A definition of irreversible coma. Report of the ad hoc committee of
the Harvard Medical School to examine the definition of brain death.
JAMA. 1968; 205(6): 337—40.

30. McCoy AW. Science in Dachau's shadow: Hebb, Beecher, and the
development of CIA psychological torture and modern medical
ethics. *J Hist Behav Sci.* 2007; 43(4):401—17.

31. Giacomini M. A change of heart and a change of mind? Technology
and the redefinition of death in 1968. *Soc Sci Med.* 1997;
44(10):1465—82.

32. Vovelle M. Rediscovery of death since 1960. *Ann Am Acad Pol Soc
Sci.* 1980; 447:89—99.

33. *Black's Law Dictionary.* 488. (4th ed. 1968).

34. In Re Estate of Pyke. 427 P.2d 67 (Kan. 1967).

35. Kennedy IM. The Kansas statute on death—an appraisal. *N Engl J
Med.* 1971; 285(17):946—50.

36. Mills DH. The Kansas death statute: bold and innovative. *N Engl J
Med.* 1971; 285(17):968—69.

37. United States President's Commission for the Study of Ethical
Problems in Medicine and Biomedical and Behavioral Research.

Defining Death: A Report on the Medical, Legal and Ethical Issues in the Determination of Death. 1981.

38. Charron W. Death: a philosophical perspective on the legal definitions. *Washington University Law Review*. 1975; 1975(4).

39. Veatch R, Ross LF. Part One: Defining Death. In: *Transplantation Ethics*. 2nd ed. Georgetown University Press; 2000.

40. United States President's Commission, Defining Death. 1981.

41. Youngner SJ, Landefeld CS, Coulton CJ, Juknialis BW, Leary M. "Brain death" and organ retrieval. A cross-sectional survey of knowledge and concepts among health professionals. *JAMA*. 1989; 261(15):2205—10.

42. Kramer AH, Zygun DA, Doig CJ, Zuege DJ. Incidence of neurologic death among patients with brain injury: a cohort study in a Canadian health region. *CMAJ*. 2013; 185(18):E838—45.

43. Smith M. Brain death: time for an international consensus. *Br J Anaesth*. 2012; 108(suppl 1):i6—9.

第 6 章　心脏何时停止跳动

1. Saba MM, Ventura HO, Saleh M, Mehra MR. Ancient Egyptian medicine and the concept of heart failure. *J Card Fail*. 2006; 12(6):416—21.

2. Serageldin I. Ancient Alexandria and the dawn of medical science. *Global Cardiology Science and Practice*. 2013; 4(47).

3. Stanton JA. Aesculapius: a modern tale. *JAMA*. 1999; 281(5):476—77.

4. Cheng TO. Hippocrates and cardiology. *JAMA*. 2001; 141(2):173—83.

5. Quinsy J. *The American Medical Lexicon, on the Plan of Quincy's Lexicon Physico-Medicum, with Many Retrenchments, Additions, and Improvements; Comprising an Explanation of the Etymology and Signification of the Terms Used in Anatomy, Physiology, Surgery, Materia*. Reprinted. Forgotten Books; 2013.

6. Powner DJ, Ackerman BM, Grenvik A. Medical diagnosis of death in

adults: historical contributions to current controversies. *Lancet.* 1996; 348(9036):1219—23.

7. Death or coma? *BMJ.* 1885; 2(1296):841—42.

8. Poe EA. *The Premature Burial.* Reprint ed. Quill Pen Classics; 2008.

9. Gairdner W. Case of lethargic stupor or trance. *Lancet.* 1884; 123(3150):56—58.

10. Williamson J. Premature burial. *Scientific American.* May 9, 1896.

11. Anabiosis—life in death. *Literary Digest.* August 22, 1914:304.

12. Baldwin JF. Premature burial. *Scientific American.* October 24, 1896:315.

13. To stop premature burial; bill introduced yesterday in the assembly by Mr. Redington of New York. *New York Times.* January 19, 1899.

14. Alexander M. "The Rigid Embrace of the Narrow House": premature burial & the signs of death. *Hastings Cent Rep.* 1980;10(3):25—31.

15. Beecher, Ethical problems [见 "死亡如何被重新定义" 注释 28].

16. What and when is death? *JAMA.* 1968; 204(6):539—40.

17. Watson CJ, Dark JH. Organ transplantation: historical perspective and current practice. *Br J Anaesth.* 2012; 108(suppl 1):i29—42.

18. Merrill JP, Murray JE, Harrison JH, Guild WR. Successful homotransplantation of the human kidney between identical twins. *JAMA.* 1956; 160(4):277—82.

19. Machado C. The first organ transplant from a brain-dead donor. *Neurology.* 2005; 64(11):1938—42.

20. Powner et al., Medical diagnosis.

21. Iltis AS, Cherry MJ. Death revisited: rethinking death and the dead donor rule. *J Med Philos.* 2010; 35(3):223—41.

22. DeVita MA, Snyder JV. Development of the University of Pittsburgh Medical Center policy for the care of terminally ill patients who may become organ donors after death following the removal of life support. *Kennedy Inst Ethics J.* 1993; 3(2):131—43.

23. Institute of Medicine. *Non-Heart-Beating Organ Transplantation. Practice and Protocols. Committee on Non-Heart-Beating*

Transplantation II: The Scientific and Ethical Basis for Practice and Protocols. Washington, DC: Institute of Medicine; 2000.

24. Halazun KJ, Al-Mukhtar A, Aldouri A, Willis S, Ahmad N. Warm ischemia in transplantation: search for a consensus definition. *Transplant Proc.* 2007; 39(5):1329—31.

25. Institute for Health Metrics and Evaluation, The state of US health [见 "生命（和死亡）如何得以延长" 注释 9].

26. Sheth KN, Nutter T, Stein DM, Scalea TM, Bernat JL. Autoresuscitation after asystole in patients being considered for organ donation. *Crit Care Med.* 2012; 40(1):158—61.

27. Krarup NH, Kaltoft A, Lenler-Petersen P. Risen from the dead: a case of the Lazarus phenomenon—with considerations on the termination of treatment following cardiac arrest in a prehospital setting. *Resuscitation.* 2010; 81(11):1598—99.

28. Shewmon DA. *Mental Disconnect: "Physiological Decapitation" as a Heuristic for Understanding Brain Death.* Scripta Varia 110. Vatican City: Pontifical Academy of Sciences; 2007.

29. White RJ, Wolin LR, Massopust LC Jr, Taslitz N, Verdura J. Cephalic exchange transplantation in the monkey. *Surgery.* 1971; 70(1):135—99.

30. Lizza JP. Where's Waldo? The "decapitation gambit" and the definition of death. *J Med Ethics.* 2011; 37(12):743—46.

31. www.neurology.org/content/82/10_Supplement/P4.285

32. www.washingtontimes.com/news/2015/may/10/jury-doctor-who-had-affairwith-patient-must-pay-h/

33. United States President's Commission for the Study of Ethical Problems in Medicine and Biomedical and Behavioral Research. *Defining Death: A Report on the Medical, Legal and Ethical Issues in the Determination of Death.* 1981.

第 7 章　何时超越死亡

1. Levy DE, Caronna JJ, Singer BH, Lapinski RH, Frydman H, Plum

F. Predicting outcome from hypoxic-ischemic coma. *JAMA*. 1985; 253(10):1420—26.

2. Wijdicks EF, Hijdra A, Young GB, Bassetti CL, Wiebe S. Practice parameter: prediction of outcome in comatose survivors after cardiopulmonary resuscitation (an evidence-based review): report of the Quality Standards Subcommittee of the American Academy of Neurology. *Neurology*. 2006; 67(2):203—10.

3. Culotta E. On the origin of religion. *Science*. 2009; 326(5954):784—87.

4. Henshilwood CS, d'Errico F, Watts I. Engraved ochres from the Middle Stone Age levels at Blombos Cave, South Africa. *J Hum Evol*. 2009; 57(1):27—47.

5. Vandermeersch B. The excavation of Qafzeh. *Bulletin du Centre de recherché français à Jérusalem*. 2002; 10:65—70.

6. Culotta, On the origin of religion.

7. Barrett JL. Exploring the natural foundations of religion. *Trends Cogn Sci*. 2000; 4(1):29—34.

8. Povinelli DJ, Preuss TM. Theory of mind: evolutionary history of a cognitive specialization. *Trends Neurosci*. 1995; 18(9):418—24.

9. Kelemen D. Why are rocks pointy? Children's preference for teleological explanations of the natural world. *Dev Psychol*. 1999; 35(6):1440—52.

10. Kelemen D, Rosset E. The human function compunction: teleological explanation in adults. *Cognition*. 2009; 111(1):138—43.

11. Harris P. On not falling down to earth: children's metaphysical questions. In: Rosegren K, Johnson C, Harris P, eds. *Imagining the Impossible: Magical, Scientific, and Religious Thinking in Children*. Cambridge University Press; 2000.

12. Sosis R. Religious behaviors, badges, and bans: signaling theory and the evolution of religion. In: McNamara P, ed. *Where God and Science Meet: How Brain and Evolutionary Studies Alter Our Understanding of Religion*. Vol. 1. Praeger; 2006:61—86.

13. Sosis R, Bressler, ER. Cooperation and commune longevity: a test

of the costly signaling theory of religion. *Cross Cultural Research.* 2003; 37:211—39.

14. Bering JM, Blasi CH, Bjorklund DF. The development of afterlife beliefs in religiously and secularly schooled children. *Br J Dev Psychol.* 2005; 23(4):587—607.

15. Becker E. *The Denial of Death.* Reprinted. Free Press; 1987.

16. Rosenblatt A, Greenberg J, Solomon S, Pyszczynski T, Lyon D. Evidence for terror management theory, I: the effects of mortality salience on reactions to those who violate or uphold cultural values. *J Pers Soc Psychol.* 1989; 57(4):681—90.

17. Rosenblatt et al., Evidence.

18. Pyszczynski T, Abdollahi A, Solomon S, Greenberg J, Cohen F, Weise D. Mortality salience, martyrdom, and military might: the great satan versus the axis of evil. *Pers Soc Psychol Bull.* 2006; 32(4):525—37.

19. Landau MJ, Solomon S, Greenberg J, Cohen F, Pyszczynski T, Arndt J, et al. Deliver us from evil: the effects of mortality salience and reminders of 9/11 on support for President George W. Bush. *Pers Soc Psychol Bull.* 2004; 30(9):1136—50.

20. Yum YO, Schenck-Hamlin W. Reactions to 9/11 as a function of terror management and perspective taking. *J Soc Psychol.* 2005; 145(3):265—86.

21. Jong J, Halberstadt J, Bluemke M. Foxhole atheism, revisited: the effects of mortality salience on explicit and implicit religious belief. *J Exp. Med.* 2012; 48(5):983–89.

22. Dezutter J, Soenens B, Luyckx K, Bruyneel S, Vansteenkiste M, Duriez B, et al. The role of religion in death attitudes: distinguishing between religious belief and style of processing religious contents. *Death Studies.* 2009; 33(1):73—92.

23. Pyne D. A model of religion and death. *J Exp. Med.* 2010; 39(1):46.

24. Kübler-Ross E. *On Death and Dying.* Simon and Schuster; 1969:479—83.

25. Branson R. The secularization of American medicine. *Stud Hastings Cent.* 1973; 1(2):17—28.

26. Gallup. Religion. 2014. www.gallup.com/poll/1690/religion.aspx.

27. Koenig HG. Religious attitudes and practices of hospitalized medically ill older adults. *Int J Geriatr Psychiatry.* 1998; 13(4):213—24.

28. Roberts JA, Brown D, Elkins T, Larson DB. Factors influencing views of patients with gynecologic cancer about end-of-life decisions. *Am J Obstet Gynecol.* 1997; 176(1 Pt 1):166—72.

29. Breitbart W, Gibson C, Poppito SR, Berg A. Psychotherapeutic interventions at the end of life: a focus on meaning and spirituality. *Can J Psychiatry.* 2004; 49(6):366—72.

30. Vachon M, Fillion L, Achille M. A conceptual analysis of spirituality at the end of life. *J Palliat Med.* 2009; 12(1):53—59.

31. Shahabi L, Powell LH, Musick MA, Pargament KI, Thoresen CE, Williams D, et al. Correlates of self-perceptions of spirituality in American adults. *Ann Behav Med.* 2002; 24(1):59—68.

32. Halstead MT, Fernsler JI. Coping strategies of long-term cancer survivors. *Cancer Nurs.* 1994; 17(2):94—100; Gall TL. The role of religious coping in adjustment to prostate cancer. *Cancer Nurs.* 2004; 27(6):454—61; VandeCreek L, Rogers E, Lester J. Use of alternative therapies among breast cancer outpatients compared with the general population. *Altern Ther Health Med.* 1999; 5(1):71—76.

33. Yates JW, Chalmer BJ, St James P, Follansbee M, McKegney FP. Religion in patients with advanced cancer. *Med Pediatr Oncol.* 1981; 9(2):121—28.

34. Smith TB, McCullough ME, Poll J. Religiousness and depression: evidence for a main effect and the moderating influence of stressful life events. *Psychol Bull.* 2003; 129(4):614—36.

35. McClain CS, Rosenfeld B, Breitbart W. Effect of spiritual well-being on end-oflife despair in terminally-ill cancer patients. *Lancet.* 2003; 361(9369):1603—7.

36. Koff man J, Morgan M, Edmonds P, Speck P, Higginson IJ. "I

know he controls cancer": the meanings of religion among Black Caribbean and White British patients with advanced cancer. *Soc Sci Med.* 2008; 67(5):780—89.

37. Morgan PD, Fogel J, Rose L, Barnett K, Mock V, Davis BL, et al. African American couples merging strengths to successfully cope with breast cancer. *Oncol Nurs Forum.* 2005; 32(5):979—87.

38. Okon TR. Spiritual, religious, and existential aspects of palliative care. *J Palliat Med.* 2005; 8(2):392—414.

39. Balboni TA, Vanderwerker LC, Block SD, Paulk ME, Lathan CS, Peteet JR, et al. Religiousness and spiritual support among advanced cancer patients and associations with end-of-life treatment preferences and quality of life. *J Clin Oncol.* 2007; 25(5):555—60; True G, Phipps EJ, Braitman LE, Harralson T, Harris D, Tester W. Treatment preferences and advance care planning at end of life: the role of ethnicity and spiritual coping in cancer patients. *Ann Behav Med.* 2005; 30(2):174—79; Johnson KS, Elbert-Avila KI, Tulsky JA. The influence of spiritual beliefs and practices on the treatment preferences of African Americans: a review of the liter a ture. *J Am Geriatr Soc.* 2005; 53(4):711—19.

40. Phelps AC, Maciejewski PK, Nilsson M, Balboni TA, Wright AA, Paulk ME, et al. Religious coping and use of intensive life-prolonging care near death in patients with advanced cancer. *JAMA.* 2009; 301(11):1140—47.

41. Powell LH, Shahabi L, Thoresen CE. Religion and spirituality. Linkages to physical health. *Am Psychol.* 2003; 58(1):36—52.

42. PRRI, Pre-Election American Values Survey.publicreligion.org/ research/2012/10/american-values-survey-2012/.2012.

43. Phelps et al., Religious coping.

44. Jacobs LM, Burns K, Bennett Jacobs B. Trauma death: views of the public and trauma professionals on death and dying from injuries. *Arch Surg.* 2008; 143(8):730—35.

45. Silvestri GA, Knittig S, Zoller JS, Nietert PJ. Importance of faith

on medical decisions regarding cancer care. *J Clin Oncol.* 2003; 21(7):1379—82.

46. BBC. Mother dies after refusing blood. news.bbc.co.uk/2/hi/uk_ news/england/shropshire/7078455.stm.2007.

47. Tulsky JA, Chesney MA, Lo B. How do medical residents discuss resuscitation with patients? *J Gen Intern Med.* 1995; 10(8):436—42.

48. Engelhardt HT Jr, Iltis AS. End-of-life: the traditional Christian view. *Lancet.* 2005; 366(9490):1045—49.

49. Pope Pius XII, *The Prolongation of Life* [见 "我们如何学会放弃抢救" 注释 39].

50. Pope John Paul II (1995) Evangelium Vitae, March 25, www.vatican. va.

51. Unitarian Universalist Association. The Right to Die with Dignity. 1988 General Resolution.www.uua.org/statements/statements/14486. shtml.

52. The Holy Synod of the Church of Greece, Bioethics Committee (2000) Press release, August 17. Basic positions on the ethics of transplantation and euthanasia. www.bioethics.org.gr.

53. Steinberg A, Sprung CL. The dying patient: new Israeli legislation. *Intensive Care Med.* 2006; 32(8):1234—7; Weiss RB. Pain management at the end of life and the principle of double effect: a Jewish perspective. *Cancer Invest.* 2007; 25(4):274—47.

54. Rappaport ZH, Rappaport IT. Brain death and organ transplantation: concepts and principles in Judaism. *Adv Exp Med Biol.* 2004; 550:133—37.

55. Dorff EN. End-of-life: Jewish perspectives. *Lancet.* 2005; 366(9488):862—65.

56. Dorff, End-of-life.

57. Dorff, End-of-life.

58. Baeke G, Wils JP, Broeckaert B. "Be patient and grateful"—elderly Muslim women's responses to illness and suffering. *J Pastoral Care Counsel.* 2012; 66(3–4):5.

59. Banning M, Hafeez H, Faisal S, Hassan M, Zafar A. The impact of culture and sociological and psychological issues on Muslim patients with breast cancer in Pakistan. *Cancer Nurs.* 2009; 32(4):317—24.

60. Dein S, Swinton J, Abbas SQ. Theodicy and end-of-life care. *J Soc Work End Life Palliat Care.* 2013; 9(2–3):191—208.

61. Pew Research Center. Religious groups' views on end-of-life issues. November 2013.

62. da Costa DE, Ghazal H, Al Khusaiby S. Do Not Resuscitate orders and ethical decisions in a neonatal intensive care unit in a Muslim community. Arch Dis Child Fetal Neonatal Ed. 2002; 86(2):F115–9; Ebrahim AF. The living will (Wasiyat Al-Hayy): a study of its legality in the light of Islamic jurisprudence. *Med Law.* 2000; 19(1):147—60.

63. Gupta R. Death beliefs and practices from an Asian Indian American Hindu perspective. *Death Stud.* 2011; 35(3):244—66.

64. Firth S. End-of-life: a Hindu view. *Lancet.* 2005; 366(9486):682—86.

65. Desai PN. Medical ethics in India. *J Med Philos.* 1988; 13(3):231—55.

66. McClain-Jacobson C, Rosenfeld B, Kosinski A, Pessin H, Cimino JE, Breitbart W. Belief in an afterlife, spiritual well-being and end-of-life despair in patients with advanced cancer. *Gen Hosp Psychiatry.* 2004; 26(6):484—86.

67. Matsumura S, Bito S, Liu H, Kahn K, Fukuhara S, Kagawa-Singer M, et al. Acculturation of attitudes toward end-of-life care: a cross-cultural survey of Japanese Americans and Japanese. *J Gen Intern Med.* 2002; 17(7):531—39.

68. Pirutinsky S, Rosmarin DH, Pargament KI, Midlarsky E. Does negative religious coping accompany, precede, or follow depression among Orthodox Jews? *J Affect Disord.* 2011; 132(3):401—5.

69. Pearson SD, Goldman L, Orav EJ, Guadagnoli E, Garcia TB, Johnson PA, et al. Triage decisions for emergency department patients with chest pain: do physicians' risk attitudes make the

difference? *J Gen Intern Med.* 1995; 10(10):557—64.

70. Pines JM, Hollander JE, Isserman JA, Chen EH, Dean AJ, Shofer FS, et al. The association between physician risk tolerance and imaging use in abdominal pain. *Am J Emerg Med.* 2009; 27(5):552—7.

71. Bensing J, Schreurs K, De Rijk AD. The role of the general practitioner's affective behaviour in medical encounters. *Psychology and Health.* 1996; 11(6):825—38.

72. Geller SE, Burns LR, Brailer DJ. The impact of nonclinical factors on practice variations: the case of hysterectomies. *Health Serv Res.* 1996; 30(6):729—50.

73. Curlin FA, Lantos JD, Roach CJ, Sellergren SA, Chin MH. Religious characteristics of U.S. physicians: a national survey. *J Gen Intern Med.* 2005; 20(7):629—34.

74. Curlin FA, Sellergren SA, Lantos JD, Chin MH. Physicians' observations and interpretations of the influence of religion and spirituality on health. *Arch Intern Med.* 2007; 167(7):649—54.

75. Curlin FA, Chin MH, Sellergren SA, Roach CJ, Lantos JD. The association of physicians' religious characteristics with their attitudes and self-reported behaviors regarding religion and spirituality in the clinical encounter. *Med Care.* 2006; 44(5):446—53.

76. Curlin et al., Physicians' observations.

77. Wenger NS, Carmel S. Physicians' religiosity and end-of-life care attitudes and behaviors. *Mt Sinai J Med.* 2004; 71(5):335—43.

78. Curlin FA, Nwodim C, Vance JL, Chin MH, Lantos JD. To die, to sleep: US physicians' religious and other objections to physician-assisted suicide, terminal sedation, and withdrawal of life support. *Am J Hosp Palliat Care.* 2008; 25(2): 112—20.

79. Cohen J, van Delden J, Mortier F, Lofmark R, Norup M, Cartwright C, et al. Influence of physicians' life stances on attitudes to end-of-life decisions and actual end-of-life decision-making in six countries. *J Med Ethics.* 2008; 34(4):247—53.

80. Asch DA, DeKay ML. Euthanasia among US critical care nurses.

Practices, attitudes, and social and professional correlates. *Med Care.* 1997; 35(9):890—900.

81. Sprung CL, Maia P, Bulow HH, Ricou B, Armaganidis A, Baras M, et al. The importance of religious affiliation and culture on end-of-life decisions in European intensive care units. *Intensive Care Med.* 2007; 33(10):1732—39.

82. Romain M, Sprung CL. End-of-life practices in the intensive care unit: the importance of geography, religion, religious affiliation, and culture. *Rambam Maimonides Med J.* 2014; 5(1):e0003.

83. Tierney E, Kauts V. "Do Not Resuscitate" (DNR) policies in the ICU—the time has come for openness and change. *Bahrain Medical Bulletin.* 2014; 36(2).

84. Saeed F, Kousar N, Aleem S, Khawaja O, Javaid A, Siddiqui MF, et al. End-of-life care beliefs among Muslim physicians. *Am J Hosp Palliat Care.* 2014.

85. MacLean CD, Susi B, Phifer N, Schultz L, Bynum D, Franco M, et al. Patient preference for physician discussion and practice of spirituality. *J Gen Intern Med.* 2003; 18(1):38—43.

86. Monroe MH, Bynum D, Susi B, Phifer N, Schultz L, Franco M, et al. Primary care physician preferences regarding spiritual behavior in medical practice. *Arch Intern Med.* 2003; 163(22):2751—56.

87. MacLean et al., Patient preference.

88. Ellis MR, Vinson DC, Ewigman B. Addressing spiritual concerns of patients: family physicians' attitudes and practices. *J Fam Pract.* 1999; 48(2):105—9.

89. Luckhaupt SE, Yi MS, Mueller CV, Mrus JM, Peterman AH, Puchalski CM, et al. Beliefs of primary care residents regarding spirituality and religion in clinical encounters with patients: a study at a midwestern U.S. teaching institution. *Acad Med.* 2005; 80(6):560—70.

90. Balboni TA, Paulk ME, Balboni MJ, Phelps AC, Loggers ET, Wright AA, et al. Provision of spiritual care to patients with advanced

cancer: associations with medical care and quality of life near death. *J Clin Oncol.* 2010; 28(3):445—52.

91. Balboni TA, Balboni M, Enzinger AC, Gallivan K, Paulk ME, Wright A, et al. Provision of spiritual support to patients with advanced cancer by religious communities and associations with medical care at the end of life. *JAMA. Intern Med.* 2013; 173(12):1109—17.

92. Puchalski C, Romer AL. Taking a spiritual history allows clinicians to understand patients more fully. *J Palliat Med.* 2000; 3(1):129—37.

93. Lo B, Kates LW, Ruston D, Arnold RM, Cohen CB, Puchalski CM, et al. Responding to requests regarding prayer and religious ceremonies by patients near the end of life and their families. *J Palliat Med.* 2003; 6(3):409—15.

94. Sinclair S, Pereira J, Raffi n S. A thematic review of the spirituality literature within palliative care. *J Palliat Med.* 2006; 9(2):464—79.

95. PRRI, Pre-Election American Values Survey.

96. Norenzayan A, Gervais WM. The origins of religious disbelief. *Trends Cogn Sci.* 2013; 17(1):20—25. 2012.

97. Zuckerman P. *Society without God.* New York University Press; 2008.

98. Norenzayan A, Gervais WM, Trzesniewski KH. Mentalizing deficits constrain belief in a personal God. *PLoS ONE.* 2012; 7(5):e36880.

99. Paul GS. Religiosity tied to socioeconomic status. *Science.* 2010; 327(5966):642.

100. Bulow HH, Sprung CL, Baras M, Carmel S, Svantesson M, Benbenishty J, et al. Are religion and religiosity important to end-of-life decisions and patient autonomy in the ICU? The Ethicatt study. *Intensive Care Med.* 2012; 38(7): 1126—33.

101. Curlin et al., Religious characteristics.

102. Smith-Stoner M. End-of-life preferences for atheists. *J Palliat Med.* 2007; 10(4): 923—28.

103. Dennett D. The bright stuff. *New York Times.* July 12, 2003.

104. Pew Research Center. How Americans Feel About Religious

现代死亡

Groups. www.pewforum.org/2014/07/16/how-americans-feel-about-religious-groups/. July 16, 2014.

105. Jones JM. Some Americans reluctant to vote for Mormon, 72-year-old presidential candidates: Based on February 9—11, 2007, Gallup poll. Gallup News Service. www.gallup.com/poll/26611/some-americans-reluctant-vote-mormon-72yearold-presidential-candidates.aspx. 2007.

106. Edgell P, Gerteis J, Hartmann D. Atheists as "other": moral bound aries and cultural membership in American society. *ASR.* 2006; 71(2):211—34.

107. Gervais WM, Shariff AF, Norenzayan A. Do you believe in atheists? Distrust is central to anti-atheist prejudice. *J Pers Soc Psychol.* 2011; 101(6):1189—206.

108. Swan LK, Heesacker M. Anti-atheist bias in the United States: testing two critical assumptions. *Secularism and Nonreligion.* 2012; 1:32—42.

109. Gervais WM. Every thing is permitted? People intuitively judge immorality as representative of atheists. *PLoS ONE.* 2014; 9(4):e92302.

110. Charles et al., Insights from studying prejudice [见 "我们如何学会放弃抢救" 注释 37].

111. Zuckerman et al., Atheism [见 "我们如何学会放弃抢救" 注释 38].

112. Shahabi et al., Correlates of self-perceptions.

113. Roberts et al., Factors influencing views of patients.

114. Collin M. The search for a higher power among terminally ill people with no previous religion or belief. *Int J Palliat Nurs.* 2012; 18(8):384—89.

115. Smith-Stoner, End-of-life preferences.

116. Smith-Stoner, End-of-life preferences.

117. Baggini J, Pym M. End of life: the humanist view. *Lancet.* 2005; 366(9492):1235—37.

118. Smith-Stoner, End-of-life preferences.

119. Wenger and Carmel, Physicians' religiosity; Cohen et al., Influence of physicians' life stances; Bulow et al., Are religion and religiosity important.

120. Vail KE III, Arndt J, Abdollahi A. Exploring the existential function of religion and supernatural agent beliefs among Christians, Muslims, atheists, and agnostics. *Pers Soc Psychol Bull*. 2012; 38(10):1288—300.

121. The World Health Organization Quality of Life assessment (WHOQOL): position paper from the World Health Organization. *Soc Sci Med*. 1995; 41(10):1403—9; JCAHO. Joint Commission on Accreditation of Healthcare Organizations. CAMH Refreshed Core, January, 1998.

第 8 章 护理何时成了一种负担

1. Labbate LA, Benedek DM. Bedside stuffed animals and borderline personality. *Psychol Rep*. 1996; 79(2):624—26.

2. Cervenka MC, Lesser R, Tran TT, Fortune T, Muthugovindan D, Miglioretti DL. Does the teddy bear sign predict psychogenic nonepileptic seizures? *Epilepsy Behav*. 2013;28(2):217—20; Schmaling KB, DiClementi JD, Hammerly J. The positive teddy bear sign: transitional objects in the medical setting. *J Nerv Ment Dis*. 1994; 182(12):725.

3. Stern TA, Glick RL. Significance of stuffed animals at the bedside and what they can reveal about patients. *Psychosomatics*. 1993; 34(6):519—21.

4. Adelman RD, Tmanova LL, Delgado D, Dion S, Lachs MS. Caregiver burden: a clinical review. *JAMA*. 2014; 311(10):1052—60.

5. Liu Y, Kim K, Almeida DM, Zarit SH. Daily fluctuation in negative affect for family caregivers of individuals with dementia. *Health Psychol*. 2014.

6. Rabow MW, Hauser JM, Adams J. Supporting family caregivers at the end of life: "they don't know what they don't know." *JAMA*. 2004; 291(4):483—91.

7. Lynn Feinberg SCR, Ari Houser, and Rita Choula. *Valuing the Invaluable: 2011 Update. The Growing Contributions and Costs of Family Caregiving*. AARP Public Policy Institute; 2011.

8. Feinberg et al., *Valuing*.

9. National Alliance for Caregiving and AARP. *Caregiving in the U.S.* www.caregiving.org/wp-content/uploads/2015/05/2015_CaregivingintheUS_Final-Report-June-4_WEB.pdf. 2015.

10. National Alliance for Caregiving and AARP, *Caregiving*.

11. National Alliance for Caregiving and AARP, *Caregiving*.

12. Feinberg et al., *Valuing*.

13. Hurd MD, Martorell P, Delavande A, Mullen KJ, Langa KM. Monetary costs of dementia in the United States. *N Engl J Med*. 2013; 368(14):1326—34.

14. Hurd et al., Monetary costs.

15. Schulz R, Beach SR. Caregiving as a risk factor for mortality: the Caregiver Health Effects Study. *JAMA*. 1999; 282(23):2215—19.

16. Pochard F, Azoulay E, Chevret S, Lemaire F, Hubert P, Canoui P, et al. Symptoms of anxiety and depression in family members of intensive care unit patients: ethical hypothesis regarding decision-making capacity. *Crit Care Med*. 2001; 29(10): 1893—97.

17. Cochrane JJ, Goering PN, Rogers JM. The mental health of informal caregivers in Ontario: an epidemiological survey. *Am J Public Health*. 1997; 87(12):2002—7.

18. Prigerson HG, Jacobs SC. Perspectives on care at the close of life. Caring for bereaved patients: "all the doctors just suddenly go." *JAMA*. 2001; 286 (11): 1369—76.

19. Christakis NA, Allison PD. Mortality after the hospitalization of a spouse. *N Engl J Med*. 2006;354(7):719—30.

20. Emanuel EJ, Fairclough DL, Slutsman J, Alpert H, Baldwin D,

Emanuel LL. Assistance from family members, friends, paid care givers, and volunteers in the care of terminally ill patients. *N Engl J Med.* 1999; 341(13):956—63.

21. Gallicchio L, Siddiqi N, Langenberg P, Baumgarten M. Gender differences in burden and depression among informal caregivers of demented elders in the community. *Int J Geriatr Psychiatry.* 2002; 17(2):154—63.

22. Vincent C, Desrosiers J, Landreville P, Demers L, group B. Burden of caregivers of people with stroke: evolution and predictors. *Cerebrovasc Dis.* 2009; 27(5):456—64; Salmon JR, Kwak J, Acquaviva KD, Brandt K, Egan KA. Transformative aspects of caregiving at life's end. *J Pain Symptom Manage.* 2005; 29(2):121—29.

23. Steadman PL, Tremont G, Davis JD. Premorbid relationship satisfaction and caregiver burden in dementia caregivers. *J Geriatr Psychiatry Neurol.* 2007; 20(2): 115—19.

24. Burton AM, Sautter JM, Tulsky JA, Lindquist JH, Hays JC, Olsen MK, et al. Burden and well-being among a diverse sample of cancer, congestive heart failure, and chronic obstructive pulmonary disease caregivers. *J Pain Symptom Manage.* 2012; 44(3):410—20.

25. van Exel J, Bobinac A, Koopmanschap M, Brouwer W. The invisible hands made visible: recognizing the value of informal care in healthcare decision-making. *Expert Rev Pharmacoecon Outcomes Res.* 2008; 8(6):557—61.

26. Kelton Global. The Conversation Project National Survey. theconversationproject.org/wp-content/uploads/2013/09/TCP-Survey-Release_FINAL-9-18-13. pdf. 2013.

27. Daitz B. With poem, broaching the topic of death. *New York Times.* January 24, 2011.

28. Dying Matters Coalition Survey. comres.co.uk/poll/669/dying-matters- coalition-survey-of-gps-and-the-public.htm. 2012.

29. Forrow L. The "4 R's" of respecting patients' preferences. www. boston.com/lifestyle/health/mortalmatters/2013/09/the_4_rs_of_

respecting_patients_preferences. html. 2013.

30. Kutner L. Due process of euthanasia: the living will, a proposal. *Indiana Law Journal.* 1969; 44(4):539—54.

31. Annas GJ. The health care proxy and the living will. *N Engl J Med.* 1991; 324(17):1210—13.

32. La Puma J, Orentlicher D, Moss RJ. Advance directives on admission. Clinical implications and analysis of the Patient Self-Determination Act of 1990. *JAMA.* 1991; 266(3):402—5.

33. Butler M, Ratner E, McCreedy E, Shippcc N, Kane RL. Decision aids for advance care planning: an overview of the state of the science. *Ann Intern Med.* 2014; 161(6):408—18.

34. In re Martin. 538 NW2d 399; Mich. 1995.

35. Emanuel LL, Barry MJ, Stoeckle JD, Ettelson LM, Emanuel EJ. Advance directives for medical care—a case for greater use. *N Engl J Med.* 1991; 324(13): 889—95.

36. Holley JL, Stackiewicz L, Dacko C, Rault R. Factors influencing dialysis patients' completion of advance directives. *Am J Kidney Dis.* 1997; 30(3):356—60.

37. Morrison RS, Olson E, Mertz KR, Meier DE. The inaccessibility of advance directives on transfer from ambulatory to acute care settings. *JAMA.* 1995; 274(6): 478—82.

38. Morrison et al., The inaccessibility of advance directives.

39. Omer ZB, Hwang ES, Esserman LJ, Howe R, Ozanne EM. Impact of ductal carcinoma in situ terminology on patient treatment preferences. *JAMA. Intern Med.* 2013; 173(19):1830—31.

40. Ott BB. Advance directives: the emerging body of research. *Am J Crit Care.* 1999; 8(1):514—19.

41. Danis M, Garrett J, Harris R, Patrick DL. Stability of choices about life-sustaining treatments. *Ann Intern Med.* 1994; 120(7):567—73.

42. New York Bar Association. New York Living Will. www.nysba.org/ WorkArea/ DownloadAsset.aspx?id=26506. 2014.

43. Brett AS. Limitations of listing specific medical interventions in

advance directives. *JAMA*. 1991; 266(6):825—28.

44. NPR. Episode 521: The Town That Loves Death. Planet Money. www.npr.org/blogs/money/2014/02/28/283444163/episode-521-the-town-that-loves-death. 2014.

45. Hammes BJ, Rooney BL. Death and end-of-life planning in one midwestern community. *Arch Intern Med*. 1998; 158(4):383—90.

46. United States Census Bureau. QuicksFacts: La Crosse County, Wisconsin. quickfacts.census.gov/qfd/states/55/55063.html. 2014.

47. Puchalski CM, Zhong Z, Jacobs MM, Fox E, Lynn J, Harrold J, et al. Patients who want their family and physician to make resuscitation decisions for them: observations from SUPPORT and HELP. Study to Understand Prognoses and Preferences for Outcomes and Risks of Treatment. Hospitalized Elderly Longitudinal Project. *J Am Geriatr Soc*. 2000; 48(5 suppl):S84—90.

第 9 章　如何商讨死亡

1. Kumar A, Aronow WS, Alexa M, Gothwal R, Jesmajian S, Bhushan B, et al. Prevalence of use of advance directives, health care proxy, legal guardian, and living will in 512 patients hospitalized in a cardiac care unit/intensive care unit in 2 community hospitals. *Arch Med Sci*. 2010; 6(2):188—91.

2. Kirkpatrick JN, Guger CJ, Arnsdorf MF, Fedson SE. Advance directives in the cardiac care unit. *Am Heart J*. 2007; 154(3):477—81.

3. Escher M, Perrier A, Rudaz S, Dayer P, Perneger TV. Doctors' decisions when faced with contradictory patient advance directives and health care proxy opinion: a randomized vignette-based study. *J Pain Symptom Manage*. 2014.

4. Escher et al., Doctors' decisions.

5. Diekema DS. Revisiting the best interest standard: uses and misuses. *J Clin Ethics*. 2011; 22(2):128—33.

6. Himmelstein DU, Thorne D, Warren E, Woolhandler S. Medical

bankruptcy in the United States, 2007: results of a national study. *Am J Med.* 2009; 122(8):741—46.

7. Senelick R. Get your doctor to stop using medical jargon. Huffington Post. www.huffingtonpost.com/richard-c-senelick-md/medical-jargon_b_1450797.html. 2012.

8. Fagerlin A, Schneider CE. Enough. The failure of the living will. *Hastings Cent Rep.* 2004; 34(2):30—42.

9. Brickman P, Coates D, Janoff-Bulman R. Lottery winners and accident victims: is happiness relative? *J Pers Soc Psychol.* 1978; 36(8):917—27.

10. Silver RL. *Coping with an Undesirable Life Event: A Study of Early Reactions to Physical Disability* [dissertation]. Northwestern University; 1982.

11. Schkade DA, Kahneman, D. Does living in California make people happy? A focusing illusion in judgments of life satisfaction. *Psychological Science.* 1998; 9(5): 340—46.

12. Shalowitz DI, Garrett-Mayer E, Wendler D. The accuracy of surrogate decision makers: a systematic review. *Arch Intern Med.* 2006; 166(5):493—97.

13. Danis et al., Stability of choices [见 "护理何时成了一种负担" 注释 41]。

14. Suhl J, Simons P, Reedy T, Garrick T. Myth of substituted judgment. Surrogate decision making regarding life support is unreliable. *Arch Intern Med.* 1994; 154(1):90—96.

15. Coppola KM, Ditto PH, Danks JH, Smucker WD. Accuracy of primary care and hospital-based physicians' predictions of elderly outpatients' treatment preferences with and without advance directives. *Arch Intern Med.* 2001; 161(3):431—40.

16. Vig EK, Starks H, Taylor JS, Hopley EK, Fryer-Edwards K. Surviving surrogate decision-making: what helps and hampers the experience of making medical decisions for others. *J Gen Intern Med.* 2007; 22(9):1274—79.

17. Watson A, Sheridan B, Rodriguez M, Seifi A. Biologically-related or emotionallyconnected: who would be the better surrogate decision-maker? *Med Health Care Philos.* 2014.

18. Emanuel EJ. Living wills: are durable powers of attorney better? *Hastings Cent Rep.* 2004; 34(6):5—6; author reply 7.

19. Wastila LJ, Farber NJ. Residents' perceptions about surrogate decision makers' financial conflicts of interest in ventilator withdrawal. *J Palliat Med.* 2014; 17(5):533—39.

20. Rodriguez RM, Navarrete E, Schwaber J, McKleroy W, Clouse A, Kerrigan SF, et al. A prospective study of primary surrogate decision makers' knowledge of intensive care. *Crit Care Med.* 2008;36(5):1633—6; Azoulay E, Chevret S, Leleu G, Pochard F, Barboteu M, Adrie C, et al. Half the families of intensive care unit patients experience inadequate communication with physicians. *Crit Care Med.* 2000; 28(8):3044—49.

第 10 章　家庭因何崩溃

1. Quinn JR, Schmitt M, Baggs JG, Norton SA, Dombeck MT, Sellers CR. Family members' informal roles in end-of-life decision making in adult intensive care units. *Am J Crit Care.* 2012; 21(1):43—51.

2. Hawkins NA, Ditto PH, Danks JH, Smucker WD. Micromanaging death: process preferences, values, and goals in end-of-life medical decision making. *Gerontologist.* 2005; 45(1):107—17.

3. Puchalski et al., Patients who want [见 "护理何时成了一种负担" 注释 47].

4. Long AC, Curtis JR. The epidemic of physician-family conflict in the ICU and what we should do about it. *Crit Care Med.* 2014; 42(2):461—62.

5. Studdert DM, Mello MM, Burns JP, Puopolo AL, Galper BZ, Truog RD, et al. Conflict in the care of patients with prolonged stay in the ICU: types, sources, and predictors. *Intensive Care Med.* 2003;

29(9):1489—97.

6. Schuster RA, Hong SY, Arnold RM, White DB. Investigating conflict in ICUs—is the clinicians' perspective enough? *Crit Care Med.* 2014; 42(2):328—35.

7. Breen CM, Abernethy AP, Abbott KH, Tulsky JA. Conflict associated with decisions to limit life-sustaining treatment in intensive care units. *J Gen Intern Med.* 2001; 16(5):283—89.

8. Studdert et al., Conflict.

9. Silveira MJ, Kim SY, Langa KM. Advance directives and outcomes of surrogate decision making before death. *N Engl J Med.* 2010; 362(13):1211—18.

10. Majesko A, Hong SY, Weissfeld L, White DB. Identifying family members who may struggle in the role of surrogate decision maker. *Crit Care Med.* 2012; 40(8):2281—86.

11. Marks MA, Arkes HR. Patient and surrogate disagreement in end-of-life decisions: can surrogates accurately predict patients' preferences? *Med Decis Making.* 2008; 28(4):524—31.

12. Schenker Y, Crowley-Matoka M, Dohan D, Tiver GA, Arnold RM, White DB. I don't want to be the one saying "we should just let him die": intrapersonal tensions experienced by surrogate decision makers in the ICU. *J Gen Intern Med.* 2012; 27(12):1657—65.

13. Parks SM, Winter L, Santana AJ, Parker B, Diamond JJ, Rose M, et al. Family factors in end-of-life decision-making: family conflict and proxy relationship. *J Palliat Med.* 2011; 14(2):179—84.

14. Studdert et al., Conflict.

15. Breen et al., Conflict.

16. Salam R. How La Crosse, Wisconsin slashed end-of-life medical expenditures. *National Review.*www.nationalreview.com/agenda/372501/how-la-crosse-wisconsin-slashed-end-life-medical-expenditures-reihan-salam. 2014.

17. Fritsch J, Petronio S, Helft PR, Torke AM. Making decisions for hospitalized older adults: ethical factors considered by family

surrogates. *J Clin Ethics*. 2013; 24(2):125—34.

18. Knickle K, McNaughton N, Downar J. Beyond winning: mediation, conflict resolution, and non-rational sources of conflict in the ICU. *Crit Care*. 2012; 16 (3):308.

19. Kramer BJ, Kavanaugh M, Trentham-Dietz A, Walsh M, Yonker JA. Predictors of family conflict at the end of life: the experience of spouses and adult children of persons with lung cancer. *Gerontologist*. 2010; 50(2):215—25.

20. Sherer RA. Who will care for elder orphans. *Geriatric Times*. 2004; 5(1). Available at www.cmellc.com/geriatrictimes/g040203.html.

21. McPherson M, Lynn, S., Brashears, M. Social isolation in America: changes in core discussion networks over two decades. *ASR*. 2006; 71(3):353—75.

22. Sessums LL, Zembrzuska H, Jackson JL. Does this patient have medical decisionmaking capacity? *JAMA*. 2011; 306(4):420—27.

23. Holt-Lunstad J, Smith TB, Layton JB. Social relationships and mortality risk: a meta-analytic review. *PLoS Med*. 2010; 7(7):e1000316.

24. Ettema EJ, Derksen LD, van Leeuwen E. Existential loneliness and end-of-life care: a systematic review. *Theor Med Bioeth*. 2010; 31(2):141—69.

25. Meisel A, Jennings B., Ethics, end-of-life care, and the law: overview. In: Doka KJ, ed. *Living with Grief: Ethical Dilemmas at the End of Life*. Hospice Foundation of America; 2005:63—79.

26. Hornung CA, Eleazer GP, Strothers HS III, Wieland GD, Eng C, McCann R, et al. Ethnicity and decision-makers in a group of frail older people. *J Am Geriatr Soc*. 1998; 46(3):280—86.

27. Meisel and Jennings, Ethics.

28. White DB, Curtis JR, Wolf LE, Prendergast TJ, Taichman DB, Kuniyoshi G, et al. Life support for patients without a surrogate decision maker: who decides? *Ann Intern Med*. 2007; 147(1):34—40.

29. Norris WM, Nielsen EL, Engelberg RA, Curtis JR. Treatment

preferences for resuscitation and critical care among homeless persons. *Chest.* 2005; 127(6):2180—87.

30. Chawla N, Arora NK. Why do some patients prefer to leave decisions up to the doctor: lack of self-efficacy or a matter of trust? *J Cancer Surviv.* 2013; 7(4):592—601.

31. Alemayehu E, Molloy DW, Guyatt GH, Singer J, Penington G, Basile J, et al. Variability in physicians' decisions on caring for chronically ill elderly patients: an international study. *CMAJ.* 1991; 144(9):1133—38.

32. Phillips C, O'Hagan M, Mayo J. Secrecy hides cozy ties in guardianship cases. *Seattle Times.* April 21, 2010.

33. Colbert JA, Adler JN. Clinical decisions. Family presence during cardiopulmonary resuscitation—polling results. *N Engl J Med.* 2013; 368(26):e38.

34. Jabre et al., Family presence [见 "我们如何学会放弃抢救" 注释 54].

35. Kramer DB, Mitchell SL. Weighing the benefits and burdens of witnessed resuscitation. *N Engl J Med.* 2013; 368(11):1058—59.

36. Hafner JW, Sturgell JL, Matlock DL, Bockewitz EG, Barker LT. "Stayin' Alive": a novel mental metronome to maintain compression rates in simulated cardiac arrests. *J Emerg Med.* 2012; 43(5):e373—77.

37. Idris AH, Guffey D, Aufderheide TP, Brown S, Morrison LJ, Nichols P, et al. Relationship between chest compression rates and outcomes from cardiac arrest. *Circulation.* 2012; 125(24):3004—12.

第 11 章　何时渴望死亡

1. A piece of my mind. It's over, Debbie. *JAMA.* 1988; 259(2):272.

2. It's almost over—more letters on Debbie. *JAMA.* 1988;

260(6):787—89.

3. Gaylin W, Kass LR, Pellegrino ED, Siegler M. "Doctors must not kill." *JAMA*. 1988; 259(14):2139—40.

4. Parachini A. AMA journal death essay triggers flood of controversy. *Los Angeles Times*. February 19, 1988.

5. Wilkerson I. Essay on mercy killing reflects conflict on ethics for physicians and journalists. *New York Times*. February 23, 1988.

6. It's almost over—more letters on Debbie.

7. It's almost over—more letters on Debbie.

8. Lundberg GD. "It's over, Debbie" and the euthanasia debate. *JAMA*. 1988; 259(14):2142—43.

9. Lundberg G. *Severed Trust: Why American Medicine Hasn't Been Fixed*. Basic Books; 2002:228.

10. Lundberg, "It's over, Debbie" and the euthanasia debate.

11. Van Guilder S. My right to die: a cancer patient argues for voluntary euthanasia. *Los Angeles Times*. June 26, 1988.

12. Lombardo PA. Eugenics at the movies. *Hastings Cent Rep*. 1997; 27(2):43; Surgeon lets baby, born to idiocy, die. *New York Times*. July 25, 1917:11.

13. Vote to oust Haiselden; medical society's committee against Bollinger baby's physician. *New York Times*. December 15, 1915:9.

14. Judges 16:28—30 (NASB).

15. Crone DM. Historical attitudes toward suicide. *Duquesne Law Rev*. 1996; 35(1):7—42.

16. Celsus. *De Medicina*. Book 5. 26:1. First century BC.

17. Pliny the Elder. *The Natural History*. Bostock J and Riley HT, trans. Book 7: Man, His Birth, His Organization, and the Invention of the Arts. Chapter 50. 1855.

18. Hippocrates. Oath of Hippocrates. In: Chadwick J, Mann WN, trans. *Hippocratic Writings*. Penguin Books; 1950.

19. Papadimitriou JD, Skiadas P, Mavrantonis CS, Polimeropoulos V, Papadimitriou DJ, Papacostas KJ. Euthanasia and suicide in

antiquity: viewpoint of the dramatists and philosophers. *J R Soc Med.* 2007; 100(1):25—28.

20. Koop CE. Introduction (to a symposium on assisted suicide). *Duquesne Law Rev.* 1996; 35(1):1—5.

21. Frum D. Who was the real Cato? *Daily Beast.* December 20, 2012.

22. Thorne MA. *Lucan's Cato, the Defeat of Victory, the Triumph of Memory* [dissertation]. University of Iowa.ir.uiowa.edu/etd/749. 2010.

23. Kaplan KJ, Schwartz MB. Zeno vs. Job: The Biblical Case against "Rational Suicide." In: *A Psychology of Hope: A Biblical Response to Tragedy and Suicide.* Revised and expanded ed. Wm B Eerdmans Publishing Co; 2008.

24. Crone, Historical attitudes.

25. Eberl JT. Aquinas on euthanasia, suffering, and palliative care. *Natl Cathol Bioeth Q.* 2003; 3(2):331—54.

26. More T. *Utopia and Other Writings.* New American Library; 1984.

27. Baker R, reviewer. *Bulletin of the History of Medicine.* 2006; 80(4):789—90. Review of: Dowbiggin I. *A Concise History of Euthanasia: Life, Death, God, and Medicine.*

28. Hume D. *Essays on Suicide and the Immortality of the Soul: The Complete Unauthorized Edition.* 1783.

29. Paterson C. *Assisted Suicide and Euthanasia: A Natural Law Ethics Approach.* Ashgate Publishing; 2012:23.

30. Locke J. *Two Treatises of Government.* Book II, chapter IV, section 23. 1689.

31. Brassington I. Killing people: what Kant could have said about suicide and euthanasia but did not. *J Med Ethics.* 2006; 32(10):571—74.

32. Genesis 3:16 (KJV, Cambridge Edition).

33. Warren JC. *Etherization with Surgical Remarks.* William D Ticknor & Co; 1848: 36, 69—71.

34. Warren, *Etherization.*

35. Euthanasia. *Popular Science Monthly.* 1873; 3:90—96.

36. Emmanuel L. *Regulating How We Die: The Ethical, Medical, and Legal Issues Surrounding Physician-Assisted Suicide.* Harvard University Press; 1998:185.

37. The moral side of euthanasia. *Journal of the American Medical Association.* 1885;5:382—83; Euthanasia. *Br Med J.* 1906; 1:638—39.

38. Darwin C. *The Descent of Man, and Selection in Relation to Sex.* Volume 1, chapter 5, part 1. D Appleton; 1872:162.

39. Sofair AN, Kaldjian LC. Eugenic sterilization and a qualified Nazi analogy: the United States and Germany, 1930–1945. *Ann Intern Med.* 2000; 132(4):312—19.

40. Gauvey SK, Shuger NB. The permissibility of involuntary sterilization under the parens patriae and police power authority of the state: In re Sterilization of Moore. *Univ Md Law Forum.* 1976; 6(3):109—28.

41. Spriggs EJ. Involuntary sterilization: an unconstitutional menace to minorities and the poor. *Rev Law Soc Change.* 1974; 4(2):127—51.

42. Sofair and Kaldjian, Eugenic sterilization.

43. Feeble-mindedness and the future [editorial]. *N Engl J Med.* 1933; 208:852—53.

44. Sterilization and its possible accomplishments [editorial]. *N Engl J Med.* 1934; 211:379—80.

45. *Carrie Buck v. John Hendren Bell, Superintendent of State Colony for Epileptics and Feeble Minded.* 274 US 200. 1927.

46. *Carrie Buck v. John Hendren Bell.*

47. Marker RL, Smith WJ. The art of verbal engineering. *Duquesne Law Rev.* 1996; 35(1):81—107.

48. Humphry D. *What's in a Word? The Results of a Roper Poll of Americans on How They View the Importance of Language in the Debate Over the Right to Choose to Die.* Junction City, OR: Euthanasia Research and Guidance Organization; 1993:1—3.

49. Marker and Smith, The art of verbal engineering.

50. Davis A. Jack Kevorkian: a medical hero? His actions are the antithesis of heroism. *BMJ.* 1996; 313(7051):228.

51. Roberts J, Kjellstrand C. Jack Kevorkian: a medical hero. *BMJ.* 1996; 312(7044):1434.

52. *Vacco, Attorney General of New York, et al. v. Quill et al.* 521 US 793. 1997.

53. *Washington, et al., Petitioners v. Harold Glucksberg, et al.* 521 US 702. 1997.

54. Simons M. *Between Life and Death.* The Age; 2013.

55. Kissane DW, Street A, Nitschke P. Seven deaths in Darwin: case studies under the Rights of the Terminally Ill Act, Northern Territory, Australia. *Lancet.* 1998; 352(9134):1097—102.

56. Kissane DW. Case presentation: a case of euthanasia, the Northern Territory, Australia. *J Pain Symptom Manage.* 2000; 19(6):472—73.

57. Sheldon T. Obituary: Andries Postma. *Br Med J.* 2007; 334:320.

58. Van Der Maas PJ, Van Delden JJ, Pijnenborg L, Looman CW. Euthanasia and other medical decisions concerning the end of life. *Lancet.* 1991; 338(8768):669—74.

59. Green K. Physician-assisted suicide and euthanasia: safeguarding against the"slippery slope"—The Netherlands versus the United States. *Indiana Int Comp Law Rev.* 2003; 13(2):639—81.

60. Glick S. Euthanasia in The Netherlands. *J Med Ethics.* 1999; 25(1):60.

61. van der Maas PJ, van der Wal G, Haverkate I, de Graaff CL, Kester JG, Onwuteaka-Philipsen BD, et al. Euthanasia, physician-assisted suicide, and other medical practices involving the end of life in the Netherlands, 1990–1995. *N Engl J Med.* 1996; 335(22):1699—705.

62. Onwuteaka-Philipsen BD, van der Heide A, Koper D, Keij-Deerenberg I, Rietjens JA, Rurup ML, et al. Euthanasia and other end-of-life decisions in the Netherlands in 1990, 1995, and 2001. *Lancet.* 2003; 362(9381):395—99.

63. Bilsen J, Cohen J, Chambaere K, Pousset G, Onwuteaka-Philipsen

BD, Mortier F, et al. Medical end-of-life practices under the euthanasia law in Belgium. *N Engl J Med.* 2009; 361(11):1119—21.

64. Watson R. Luxembourg is to allow euthanasia from 1 April. *BMJ.* 2009; 338:b1248.

65. Steck N, Egger M, Maessen M, Reisch T, Zwahlen M. Euthanasia and assisted suicide in selected European countries and US states: systematic literature review. *Med Care.* 2013; 51(10):938—44.

第 12 章 何时终止治疗

1. Maynard B. My right to death with dignity at 29. CNN.com.www.cnn.com/2014/10/07/opinion/maynard-assisted-suicide-cancer-dignity/. 2014.

2. Willems DL, Daniels ER, van der Wal G, van der Maas PJ, Emanuel EJ. Attitudes and practices concerning the end of life: a comparison between physicians from the United States and from The Netherlands. *Arch Intern Med.* 2000; 160(1):63—8; Meier DE, Emmons CA, Wallenstein S, Quill T, Morrison RS, Cassel CK. A national survey of physician-assisted suicide and euthanasia in the United States. *N Engl J Med.* 1998; 338(17):1193—201.

3. Meier et al., A national survey of physician-assisted suicide and euthanasia in the United States. *N Engl J Med.* 1998; 338(17):1193—201.

4. Lee MA, Nelson HD, Tilden VP, Ganzini L, Schmidt TA, Tolle SW. Legalizing assisted suicide—views of physicians in Oregon. *N Engl J Med.* 1996; 334(5):310—15.

5. Meier et al., A national survey.

6. Asch DA. The role of critical care nurses in euthanasia and assisted suicide. *N Engl J Med.* 1996; 334(21):1374—79.

7. Kolata G. 1 in 5 nurses tell survey they helped patients die. *New York Times.* May 23, 1996.

8. Emanuel EJ, Fairclough DL, Daniels ER, Clarridge BR. Euthanasia

and physician-assisted suicide: attitudes and experiences of oncology patients, oncologists, and the public. *Lancet*. 1996; 347(9018):1805—10.

9. Wilson KG, Scott JF, Graham ID, Kozak JF, Chater S, Viola RA, et al. Attitudes of terminally ill patients toward euthanasia and physician-assisted suicide. *Arch Intern Med*. 2000; 160(16):2454—60.

10. Oregon Public Health Division, Death with Dignity Annual Report—2013. public.health.oregon.gov/ProviderPartnerResources/EvaluationResearch/DeathwithDignityAct/Documents/year16.pdf. January 28, 2014.

11. Battin MP, van der Heide A, Ganzini L, van der Wal G, Onwuteaka-Philipsen BD. Legal physician-assisted dying in Oregon and the Netherlands: evidence concerning the impact on patients in "vulnerable" groups. *J Med Ethics*. 2007; 33(10):591—97.

12. Levy MH. Pharmacologic treatment of cancer pain. *N Engl J Med*. 1996; 335 (15):1124—32.

13. Marquet RL, Bartelds A, Visser GJ, Spreeuwenberg P, Peters L. Twenty five years of requests for euthanasia and physician assisted suicide in Dutch general practice: trend analysis. *BMJ*. 2003; 327(7408):201—2.

14. Ganzini L, Goy ER, Dobscha SK. Why Oregon patients request assisted death: family members' views. *J Gen Intern Med*. 2008; 23(2):154—57.

15. Maynard, My right.

16. Oregon Public Health Division, *Death with Dignity Annual Report*.

17. Tucker KL. State of Washington, third state to permit aid in dying. *J Palliat Med*. 2009; 12(7):583—4; discussion 5.

18. Rich BA. Baxter v. Montana: what the Montana Supreme Court said about dying, dignity, and palliative options of last resort. *Palliat Support Care*. 2011; 9(3): 233—37.

19. McCarthy M. Vermont governor agrees to sign bill on physician assisted suicide. *BMJ*. 2013; 346:f3210.

20. Angell M. The Brittany Maynard effect: how she is changing the debate on assisted dying. *Washington Post.* October 31, 2014.

21. Bever L. Brittany Maynard, as promised, ends her life at 29. *Washington Post.* November 2, 2014.

22. Glass RM. AIDS and suicide. *JAMA.* 1988; 259(9):1369—70.

23. Campo R. *The Final Show: What the Body Told.* Duke University Press; 1996.

24. Hermann C, Looney S. The effectiveness of symptom management in hospice patients during the last seven days of life. *J Hosp Palliat Nurs.* 2001; 3(3); Georges JJ, Onwuteaka-Philipsen BD, van der Heide A, van der Wal G, van der Maas PJ. Symptoms, treatment and "dying peacefully" in terminally ill cancer patients: a prospective study. *Support Care Cancer.* 2005; 13(3):160—68.

25. Morita T, Inoue S, Chihara S. Sedation for symptom control in Japan: the importance of intermittent use and communication with family members. *J Pain Symptom Manage.* 1996; 12(1):32—38.

26. Mangan JT. An historical analysis of the principle of double effect. *Theol Studies.* 1949; 10:41—61; Quill TE, Dresser R, Brock DW. The rule of double effect—a critique of its role in end-of-life decision making *N Engl J Med.* 1997; 337(24):1768—71.

27. *Vacco, Attorney General of New York, et al. v. Quill et al.* 521 US 793. 1997; *Washington, et al., Petitioners v. Harold Glucksberg, et al.* 521 US 702. 1997.

28. Brief of the American Medical Association, et al., as amici curiae in support of petitioners, at 6, *Washington v. Glucksberg,* 117 S. Ct. 2258 (No. 96—110). 1997.

29. Billings JA, Block SD. Slow euthanasia. *J Palliat Care.* 1996; 12(4):21—30.

30. Quill, TE. Death and dignity. A case of individualized decision making. *N Engl J Med.* 1991; 324(10):691—94.

31. Quill TE. The ambiguity of clinical intentions. *N Engl J Med.* 1993; 329(14):1039—40.

32. Orentlicher D. The Supreme Court and terminal sedation: rejecting assisted suicide, embracing euthanasia. *Hastings Constit Law Q.* 1997; 24(4):947—68.

33. Bruce A, Boston P. Relieving existential suffering through palliative sedation: discussion of an uneasy practice. *J Adv Nurs.* 2011; 67(12):2732—40.

34. AMA. Opinion 2.201—Sedation to Unconsciousness in End-of-Life Care. 2008.

35. Sykes N, Th orns A. Sedative use in the last week of life and the implications for end-of-life decision making. *Arch Intern Med.* 2003;163(3):341—4; Thorns A, Sykes N. Opioid use in last week of life and implications for end-of-life decision making. *Lancet.* 2000; 356(9227):398—99.

36. Claessens P, Menten J, Schotsmans P, Broeckaert B. Palliative sedation: a review of the research literature. *J Pain Symptom Manage.* 2008; 36(3):310—33.

37. Patterson JR, Hodges MO. The rule of double effect. *N Engl J Med.* 1998; 338(19):1389; author reply 90.

38. Lo B, Rubenfeld G. Palliative sedation in dying patients: "we turn to it when every thing else hasn't worked." *JAMA.* 2005; 294(14):1810—16.

39. Johnson D. Questions of law live on after father helps son die. *New York Times.* May 7, 1989.

40. Johnson, Questions of law.

41. Mitchell C. On heroes and villains in the Linares drama. *Law Med Health Care.* 1989; 17(4):339—46.

42. Man who unplugged son takes PCP. *Los Angeles Times.* June 2, 1989.

43. Fairman RP. Withdrawing life-sustaining treatment. Lessons from Nancy Cruzan. *Arch Intern Med.* 1992; 152(1):25—27.

44. Busalacchi P. Cruzan: clear and convincing? How can they? *Hastings Cent Rep.* 1990; 20(5):6—7.

45. Lewin T. Nancy Cruzan dies, outlived by a debate over the right to die. *New York Times*. December 27, 1990.

46. Prendergast TJ, Luce JM. Increasing incidence of withholding and withdrawal of life support from the critically ill. *Am J Respir Crit Care Med*. 1997; 155(1):15—20.

47. Eddy DM. A piece of my mind. A conversation with my mother. *JAMA*. 1994; 272(3):179—81.

48. Miller FG, Meier DE. Voluntary death: a comparison of terminal dehydration and physician-assisted suicide. *Ann Intern Med*. 1998; 128(7):559—62.

49. Orentlicher D. The alleged distinction between euthanasia and the withdrawal of life-sustaining treatment: conceptually incoherent and impossible to maintain. *Univ Ill Law Rev*. 1998; 1998(3):837—59.

50. Sontheimer D. Suicide by advance directive? *J Med Ethics*. 2008; 34(9):e4.

51. Kwok AC, Semel ME, Lipsitz SR, Bader AM, Barnato AE, Gawande AA, et al. The intensity and variation of surgical care at the end of life: a retrospective cohort study. *Lancet*. 2011; 378(9800):1408—13.

52. Tschirhart EC, Du Q, Kelley AS. Factors influencing the use of intensive procedures at the end of life. *J Am Geriatr Soc*. 2014; 62(11):2088—94.

53. Battin MP. Terminal sedation: pulling the sheet over our eyes. *Hastings Cent Rep*. 2008; 38(5):27—30.

54. Bernstein N. A father's last wish, and a daughter's anguish. *New York Times*. September 25, 2014.

第 13 章　何时分享死亡

1. Angell R. The old man. *New Yorker*. February 17 & 24, 2014.

2. Chabra S. The diary of another nobody. *Oblomov's Sofa*. September 2014.

3. Erlanger S. A writer whose pen never rests, even facing death. *New*

York Times. October 31, 2014.

4. Warraich H. The rituals of modern death. *New York Times*. September 16, 2015.

5. Lowney AC, O'Brien T. The landscape of blogging in palliative care. *Palliat Med*. 2012; 26(6):858—59.

6. Smith B. Dying in the social media: when palliative care meets Facebook. *Palliat Support Care*. 2011; 9(4):429—30.

7. Cha AE. Crowdsourcing medical decisions: ethicists worry Josh Hardy case may set bad precedent. *Washington Post*. March 23, 2014.

8. Wernick A. Social media is transforming the way we view death and grieving. PRI.org. www.pri.org/stories/2014-12-11/social-media-transforming-way-we-view-death-and-grieving. December 2014.

9. Miller D. Hospices—the potential for new media. www.ucl.ac.uk/anthropology/people/academic_staff/d_miller/ mil-28. 2015.

10. Johnson I. Nobel renews debate on Chinese medicine. *New York Times*. October 10, 2015.

11. Borland S. How NHS dehumanises patients, by doctor, 32, who is dying of rare form of cancer. *Daily Mail*. June 6, 2014.

12. Miller, Hospices.

13. Davies C. The death café. Aeon.aeon.co/magazine/philosophy/death-has-become-too-sanitised/.September 11, 2013.

14. Hayasaki E. Death is having a moment. *Atlantic*. October 25, 2013.

15. Reese H. The college course that's all about death. *Atlantic*. January 14, 2014.

16. O'Connor K. The death-positive movement. *Pacific Standard Magazine*. May 16, 2013.

17. Blackie LE, Cozzolino PJ. Of blood and death: a test of dual-existential systems in the context of prosocial intentions. *Psychol Sci*. 2011; 22(8):998—1000.

18. Vail KE III, Juhl J, Arndt J, Vess M, Routledge C, Rutjens BT. When death is good for life: considering the positive trajectories of terror management. *Pers Soc Psychol Rev*. 2012; 16(4):303—29.

19. Aldwin CM, Molitor NT, Avron S III, Levenson MR, Molitor J, Igarashi H. Do stress trajectories predict mortality in older men? Longitudinal findings from the VA Normative Aging Study. *J Aging Res*. 2011; 2011:896109.

20. Periyakoil VS, Neri E, Fong A, Kraemer H. Do unto others: doctors' personal end-of-life resuscitation preferences and their attitudes toward advance directives. *PLoS ONE*. 2014; 9(5):e98246.

21. Gallo JJ, Straton JB, Klag MJ, Meoni LA, Sulmasy DP, Wang NY, et al. Life-sustaining treatments: what do physicians want and do they express their wishes to others? *J Am Geriatr Soc*. 2003; 51(7):961—69.

图书在版编目（ＣＩＰ）数据

现代死亡：医疗如何改变生命的终点 / (巴斯) 海
德·瓦莱奇著；陈靓羽译 . -- 北京：中国友谊出版公
司, 2022.11
书名原文：Modern Death
ISBN 978-7-5057-5394-5

I.①现… Ⅱ.①海… ②陈… Ⅲ.①死亡—普及读
物 Ⅳ.① Q419-49

中国版本图书馆 CIP 数据核字 (2022) 第 022654 号

著作权合同登记号　图字：01-2022-0963

本书中文简体版权归属于银杏树下（北京）图书有限责任公司。

书名	现代死亡：医疗如何改变生命的终点
作者	〔巴基斯坦〕海德·瓦莱奇
译者	陈靓羽
出版	中国友谊出版公司
发行	中国友谊出版公司
经销	新华书店
印刷	天津中印联印务有限公司
规格	889 毫米 ×1194 毫米　　32开 13.5印张　　258千字
版次	2022年11月第1版
印次	2022年11月第1次印刷
书号	ISBN 978-7-5057-5394-5
定价	58.00元
地址	北京市朝阳区西坝河南里17号楼
邮编	100028
电话	（010）64678009